冷戦変容期イギリスの核政策

大西洋核戦力構想における
ウィルソン政権の相克

小川健一

吉田書店

亡き父、小川恭逼に捧ぐ

はじめに

　核兵器とは，核分裂の連鎖反応や核融合反応で放出される莫大なエネルギーを利用した兵器の総称である。これは今までに人類が開発した最強の兵器であり，広島及び長崎で実証されたように，一発の爆弾で一つの都市を壊滅することが可能である。このため，殺傷効果などの兵器本来の軍事的な機能だけでなく，兵器を保有することによる威嚇効果や戦争の抑止効果といった政治的な機能が着目されてきた。

　このような核兵器を大量に備えた米ソ超大国が対峙した冷戦期においては，核兵器をどのように用いて戦争を抑止するのか，あるいは，万が一戦争になった際には，これが全面核戦争にエスカレートすることをどのようにして防ぐのかというような核戦略の研究が，安全保障の学問領域だけでなく，広く国際政治のそれにおいても中心的位置を占めていたと言えよう。しかしながら，冷戦期に専ら着目されていたのは，核大国であるアメリカ及びソ連の核戦略・政策であったと言っても過言ではない。米ソに次いで世界で三番目に原爆実験に成功したイギリスは，両国に比較すると国力に著しい格差があった。そのような国が，超大国に対抗できる核兵器を配備することは，量的にも，さらには質的にも不可能であった。では，核小国とも言えるイギリスは，どのような効果を期待し，また，どのような種類や規模の核兵器を配備し続けてきたのであろうか。

　多くの先行研究で指摘されているように，イギリスの核開発には，安全保障の最終手段を獲得するという軍事的な目的とともに，アメリカに対する影響力を確保することや，世界の大国としての地位を維持するという政治的な目的が存在していた。1952年に核実験に成功し，核保有国となったイギリスは，これらの目的を達成することが可能になると思われた。しかし，米ソ超大国が総力を挙げて核技術や運搬手段の絶え間ない向上を図っている中で，

1950年代半ばからイギリスは有効な核戦力を保有し続けることに様々な試練を受けることになる。その一つは、潜在的敵国であるソ連が、爆撃機に対する迎撃能力を大幅に向上させたことにより、イギリスの核兵器の主要運搬手段であったV型爆撃機が陳腐化し、抑止力として期待できなくなるという危機であった。これに対してマクミラン (Harold Macmillan) 保守党政権は、核兵器の運搬手段を、アメリカから供給される弾道ミサイルに「依存」するが、核兵器を使用する際の統制権限については、あくまでも自国が保持するという、運用上アメリカから「自立」した核抑止力を保持する政策を選択した。この核抑止力の「自立」を維持することによって、イギリスが安全保障の最終手段を確保し続け、アメリカに対して影響力を行使することや、世界的大国としての地位を維持することができると、少なくとも保守党政権の指導者たちは信じていたのである。

だが1960年代に入ると、アメリカに「依存」した核抑止力が、保守党政権にとって厄介な代物に変化する。アメリカは、ソ連との核戦力の均衡から生じた手詰まりや、核兵器が拡散することへの懸念から、西側同盟の核戦力を一元的に統制することを望むようになった。そこで彼らは、イギリスの核兵器を北大西洋条約機構 (NATO) の核戦力に統合することを模索するようになる。核抑止力の「自立」とともに、アメリカとの「特別な関係」を維持することを欲していた保守党政権は、このアメリカの政策変更によりディレンマに陥った。一方、野党であった労働党は、「自立」を放棄して「特別な関係」を維持すべきであると主張することで、与党を批判し、政権の奪回を企図するようになる。1964年秋の総選挙に勝利して政権に就いたウィルソン (Harold Wilson) 率いる労働党は、自国の核抑止力の統制権限をNATOに委譲するという「国際化」を主眼とした大西洋核戦力 (ANF) 構想を提案した。しかしながら、先行研究を吟味すると、ANF構想を提案したウィルソン政権が、本当に「自立」の放棄を意図していたか否かについては、評価が分かれている。そこで本書においては、先行研究では焦点があてられていなかった、ANF構想の起源や立案・決定過程について、従来の研究では用いられていない公文書や私文書に依拠して、精緻化することを試みたい。果たし

て，ウィルソンが核抑止力の「自立」を放棄することを欲していたのか否かという，研究史上の論争に決着をつけることが本書の第一の目的である。

　この立案・決定過程の精緻化の際に，ウィルソンらの各アクターが，自国の核兵器にどのような価値を見出していたのかについて着目したい。先に述べたように，ANF 構想は，イギリスの核戦力を「国際化」することを主眼としていた。ウィルソンは，自国の核戦力を「国際化」することが，同盟諸国との交渉に際してどのような「切り札」になると考えていたのであろうか。また，ANF 構想は，同盟諸国から受け入れられず，最終的に断念されることになる。ウィルソンが抱いていた自国の核抑止力の政治的価値と現実のそれとは，どの程度のギャップがあったのであろうか。

　イギリスにとって核兵器は，潜在的な敵国との戦いにおいて有効な軍事的な「武器」であるとともに，同盟諸国との交渉において，あるいは国際政治の舞台において自国の影響力を行使するための政治的な「武器」であると言えよう。ANF 構想の立案から断念に至る過程をつぶさに観察することにより，ウィルソン政権が直面していた外交・防衛政策上の課題が浮かび上がってくるであろう。これらの課題に対してウィルソンは，核という「武器」を用いてどのように戦おうとしていたのであろうか。さらに，それが失敗した結果，ウィルソンは以後どのようなイギリス外交の舵取りを余儀なくされるようになったのであろうか。本書は，ANF 構想の立案・決定過程という非常に狭く専門的な領域に焦点が当てられている。しかし，この核戦力構想が，ウィルソン政権の外交・防衛政策において，どのように位置づけされていたのかを分析することにより，イギリスの国内政治や西側諸国の同盟内政治，あるいは，イギリスの核戦略史や外交史におけるインプリケーションについても考察していきたい。

　ウィルソンが政権に就いた 1960 年代半ばは，国際政治史の観点から振り返ると冷戦の変容期であったと言えよう。すなわち，米ソの東西対立の視点からは，核戦争の一歩手前で踏みとどまった 1962 年のキューバ危機以降，ケネディ（John F. Kennedy）大統領とフルシチョフ（Nikita Khrushchev）第一書記の米ソ両首脳間では対話の機運が醸成され，緊張緩和（デタント）へ

と向かっていく途上にあった。ヨーロッパに目を向けると，1957年にフランス，西ドイツなどの西ヨーロッパ諸国の6カ国が，ヨーロッパ経済共同体（EEC）を設立した。これにより西ヨーロッパでは，経済統合から政治統合の動きが活性化されるようになる。ドゴール（Charles de Gaulle）率いるフランスは，アメリカのヨーロッパ支配に反発し，「ヨーロッパ人によるヨーロッパ」を主張し，独自の外交・防衛政策を模索していた。この結果，西側同盟の団結に綻びが生じていた。このような冷戦の変容を受け，NATOでは同盟を再定義する必要性が生じていた。さらに，イギリス自身においては，第二次世界大戦後に世界各地の植民地が独立した結果，「帝国」としての役割を失いつつある一方で，国際政治の舞台において自国の利益を確保するために新たな役割をどのように担うべきかに関しては，いまだ暗中模索の只中であった。イギリスの保守党政権は，核抑止力，西ヨーロッパ防衛及びスエズ以東防衛のいずれにも自国が関与し，西側同盟に貢献することが，自国の影響力を維持する上で必要不可欠であると主張してきた。しかし，国際情勢の変化や自国の財政的困窮から，従来までの規模でこれらを同時に果たしていくことはもはや限界であった。マクミラン首相は，この状況を打開する方策の一つとして，1961年にEECへの加盟を申請する。しかし，1963年にドゴール仏大統領に拒否され，加盟は実現しなかった。また，マクミランは，アメリカとの「特別な関係」を維持することで，自国の選択肢を広げ，国際的な影響力を確保しようとしていた。しかし，アメリカとの関係は，同国が推進していた多角的核戦力（MLF）構想への参加をめぐり，ディレンマに陥っていた。

　このような状況の中で，ウィルソン率いる労働党政権は，イギリスが置かれていた国際環境をどのように認識し，その中で自国をどのような方向に導いていこうとしたのであろうか。ウィルソンは，政権を奪取した2カ月後の1964年12月，イギリス下院での演説において，「自国の世界的な役割を放棄することはできない」と明言し，スエズ以東での防衛関与を継続することで，コモンウェルスとの関係を重視する姿勢を打ち出していた。また，ウィルソンも，イギリスが国際政治の舞台で影響力を行使するためには，アメリ

カとの「緊密な関係」が必要不可欠であると認識し，ジョンソン（Lyndon B. Johnson）大統領と親密な関係を構築することに積極的に取り組んだ。しかしながら，このようなウィルソンの取り組みは，必ずしも目論み通りには進展しなかった。コモンウェルス内でのイギリスの地位は低下し続け，彼らとの関係を再び強化するという選択肢は，もはや現実的なものではなかった。また，アメリカとの関係においても，ヴェトナム戦争へのイギリス軍の派兵をめぐり対立したこともあり，ウィルソンはジョンソン大統領との個人的な関係を築くことができなかった。このような状況を受けてウィルソンは，ヨーロッパ諸国との政治的・経済的関係を強化することを意図して，1967年5月にEECへの加盟を再申請し，翌年1月には，1971年末までにイギリス軍をスエズ以東から撤退させると発表することになる。ウィルソンがこれらの政策決定にたどり着くまでに，ANF構想の提案から失敗に至る過程がどのように影響を及ぼしているのであろうか。戦後イギリス外交の転換点であると指摘されている上記のウィルソンの政策変更に関する「予兆」についても本研究の考察から炙り出していきたい。

　なお，本書の内容は，筆者個人の見解であり，筆者の所属する防衛省・自衛隊の意見を代表するものではないことをあらかじめ断っておく。

目　次

　　はじめに　　i
　　　　略語一覧　　x

序　章 ……………………………………………………………………………… 1
　　1　問題の所在　1
　　2　先行研究　3
　　3　研究の意義　8
　　4　方法論と構成　10

第1章　アメリカに依存した「自立」の確立
　　　　──1940年4月〜1962年10月 ……………………………………… 17
　第1節　核兵器の独自開発　17
　　1　アメリカの核開発におけるイギリスの貢献　17
　　2　アトリー労働党政権による独自核開発の決定　19
　　3　保守党への政権交代と独自核開発の継続　21
　　4　ミサイル開発におけるアメリカへの技術依存　22
　第2節　運搬手段のアメリカへの依存と「自立」の追求　24
　　1　IRBMブルーストリークの開発中止　24
　　2　ALBMスカイボルトの購入　25
　　3　保守党政権が追求した「自立」の本質　28
　第3節　1960年代初頭の核戦力の運用計画　29
　　1　戦後の軍事戦略の変遷　29
　　2　ヨーロッパにおける核運用　31
　　3　スエズ以東における核運用　33

第2章　保守党政権の「自立」をめぐる混迷
　　　　──1962年11月〜1964年6月 ……………………………………… 39
　第1節　ナッソー協定と「自立」の維持　39
　　1　スカイボルトの代替兵器としてのSLBMポラリス　39
　　2　スエズ以東でのSLBMポラリスの独自使用をめぐる論争　42
　　3　「究極の国益条項」による「自立」の維持　43

vi

第 2 節　NATO 核戦力をめぐるアメリカ政府との軋轢　45
　1　ナッソー協定で言及された NATO 核戦力の二つの形態　45
　2　多角的な核戦力を狭義に捉えるアメリカ政府の企て　48
　3　MLF への参加を求めるアメリカ政府からの圧力　51
第 3 節　MLF への参加をめぐる外務省と国防省の軋轢　52
　1　MLF の財政及び人的負担とスエズ以東防衛への影響　52
　2　外務省の変心と MLF 作業部会への条件付き参加　53
　3　外務省の「核統制委員会」提案　55
　4　国防省の「陸上配備混成兵員核戦力」提案　57

第 3 章　野党労働党の「自立」への反発
―― 1951 年 10 月～1964 年 10 月 ……………………… 65

第 1 節　1960 年代初頭までの労働党の核政策　65
　1　労働党の下野と核コンセンサスの確立　65
　2　水爆開発を契機とした反核運動の隆盛と左派への伝播　66
　3　スカイボルトの購入決定への反発と核政策の変更　67
第 2 節　ウィルソン労働党の核政策　69
　1　ウィルソン党首の誕生　69
　2　ウィルソンの対外認識　72
　3　ウィルソン労働党が目指した国防政策　74
　4　総選挙を見据えた軌道修正　77
　5　ウィルソン労働党が明示していた「自立」の放棄　78
第 3 節　総選挙における「自立」をめぐる論戦　80
　1　「自立」に固執する保守党のマニフェスト　80
　2　核政策を曖昧にした労働党のマニフェスト　81
　3　労働党の僅差での勝利　84

第 4 章　外務省と国防省の「自立」をめぐる対立
―― 1964 年 7 月～10 月 ……………………… 91

第 1 節　核政策に関する新政権への提言文書の作成　91
　1　1964 年末までの MLF 協定署名を目標とした米独合意　91
　2　アメリカとの「特別な関係」を重視する外務省　93
　3　MLF への参加とその軌道修正を主張する外務省文書　95
　4　安全保障の最終手段としての「自立」を重視する国防省　97
　5　MLF への不参加と代替核戦力の提案を主張する国防省文書　99

第 2 節　文書の統合と「自立」放棄への傾斜　101
　　1　外務省及び国防省の各々の文書に対する批判　101
　　2　内閣官房の仲介による統合文書の作成　102
　　3　アメリカとの「特別な関係」の維持と「自立」の放棄　104
第 3 節　国防省の「自立」喪失への危機感　106
　　1　新政権に対して「自立」の必要性を訴えるための三段階作戦　106
　　2　ヨーロッパにおける「自立」の必要性　108
　　3　スエズ以東における「自立」の必要性　109

第 5 章　ANF 構想の立案と「自立」をめぐる攻防
　　　　　── 1964 年 10 月～ 11 月　115

第 1 節　ウィルソン首相の政治指針とアメリカ政府への事前説明　115
　　1　MLF 協定の年内署名に向けたアメリカ及び西ドイツ政府の動き　115
　　2　首相，外相及び国防相による非公式会合　117
　　3　ゴードン・ウォーカー外相のワシントン訪問　119
第 2 節　政府内で検討されていた代替構想　121
　　1　政権交代後の外務省及び国防省の新たな動き　121
　　2　シャックバラ NATO 常駐代表の「多角的核防衛システム」　122
　　3　外務省西側組織調整局の「北大西洋核統制組織」　123
　　4　国防省参謀長委員会の「多角的 NATO 核戦力」　124
　　5　メイヒュ海軍政務次官の「MLF 問題への新たなアプローチ」　126
第 3 節　草案作業部会による核戦力の提供方法の検討　127
　　1　トレンド内閣官房長への立案指示と草案作業部会の編成　127
　　2　草案作業部会での ANF 構想の草案作成　129
　　3　核戦力の提供方法に関する選択肢の提示　130
第 4 節　国防省の「自立」を維持するための働きかけ　132
　　1　国防省の譲れない線　132
　　2　中国の核実験とスエズ以東への核配備の必要性の現出　133
　　3　OPD(O)におけるスエズ以東への核配備の容認　135

第 6 章　ANF 構想の決定と「自立」の決着
　　　　　── 1964 年 11 月～ 12 月　143

第 1 節　MISC16 での「自立」に関する方針決定と代償の模索　143
　　1　首相，外相，国防相による「自立」に関する方針決定　143
　　2　「自立」の放棄に対する代償の模索　146

3　代償の模索に対する草案作業部会からの警告　148
　第2節　チュッカーズ会合におけるANF構想の決定　149
　　1　イギリスの三つの戦略的役割と国防支出の削減要求　149
　　2　ANF構想の承認　151
　　3　ANFへの核戦力の提供方法とポラリス潜水艦の隻数の決定　153
　　4　「自立」放棄の代償の妥結　155
　　5　閣議での最終決定と「自立」をめぐる対立の鎮静化　156
　第3節　ANF構想の実現に向けての模索と断念　158
　　1　アメリカ政府に対する提案　158
　　2　同盟諸国との交渉　161
　　3　戦力共有方式から政策協議方式への転換　163
　　4　NPGの設立とANF／MLFの放棄　166
　第4節　スエズ以東での核抑止力の「国際化」の模索　169
　　1　中国の核実験とインドへの核保証の模索　169
　　2　スエズ以東での戦略的役割とインド-太平洋核戦力構想　172
　　3　スエズ以東への核配備の断念　175
　　4　「自立」の「踏襲」　178

終　章 ·· 189
　　1　ANF構想の立案・決定過程　189
　　2　本研究から得られた知見　191
　　3　ANF構想の含意　194

おわりに　199

参考文献リスト　201
関連年表　219
人名索引　223
事項索引　225

略語一覧

ALBM　Air Launched Ballistic Missile　空中発射弾道ミサイル
ALCM　Air Launched Cruise Missile　空中発射巡航ミサイル
ANF　Atlantic Nuclear Force　大西洋核戦力
BAOR　British Army of the Rhine　ライン駐留イギリス陸軍
CENTO　Central Treaty Organization　中央条約機構
CND　Campaign for Nuclear Disarmament　反核運動
DPC　Defence Planning Committee　（NATOの）防衛計画委員会
EC　European Community　ヨーロッパ共同体
EDC　European Defence Community　ヨーロッパ防衛共同体
EEC　European Economic Community　ヨーロッパ経済共同体
GATT　General Agreement on Tariffs and Trade　関税貿易一般協定
GNP　Gross National Product　国民総生産
IANF　Inter-Allied Nuclear Force　同盟国間核戦力
ICBM　Intercontinental Ballistic Missile　大陸間弾道ミサイル
IRBM　Intermediate-Range Ballistic Missile　中距離弾道ミサイル
JSTPS　Joint Strategic Target Planning Staff　統合戦略目標立案参謀部
METO　Middle East Treaty Organization　中東条約機構
MLF　Multi-Lateral Force　多角的核戦力
MNDS　Multilateral Nuclear Defence System　多角的防衛システム
MRBM　Medium Range Ballistic Missile　準中距離弾道ミサイル
NAC　North Atlantic Council　NATO理事会
NANCO　North Atlantic Nuclear Control Organization　北大西洋核統制組織
NATO　North Atlantic Treaty Organization　北大西洋条約機構
NDAC　Nuclear Defence Affairs Committee　（NATOの）核防衛問題委員会
NPG　Nuclear Planning Group　（NATOの）核計画部会
NPT　Nuclear Non-Proliferation Treaty　核不拡散条約
NPWG　Nuclear Planning Working Group　（NATOの）核計画作業部会
OECD　Organization for Economic Cooperation and Development　経済協力開発機構
OPD　Defence and Overseas Policy Committee　防衛・対外政策（閣僚）委員会
OPD(O)　Defence and Overseas Policy (Official) Committee　防衛・対外政策事務官委員会
PAL　Permissive Action Link　核作動許可装置
SAC　Strategic Air Command　戦略空軍司令部
SACEUR　Supreme Allied Commander Europe　（NATOの）ヨーロッパ連合軍最高司令官
SACLANT　Supreme Allied Commander Atlantic　（NATOの）大西洋連合軍最高司令官
SEATO　South-East Asia Treaty Organization　東南アジア条約機構
SHAPE　Supreme Headquarters Allied Powers Europe　ヨーロッパ連合軍総司令部
SIOP　Single Integrated Operation Plan　単一統合作戦計画
SLBM　Submarine-Launched Ballistic Missile　潜水艦発射弾道ミサイル

序　章

1　問題の所在

　1952年10月に原子爆弾（以後，原爆と略す）の実験に成功したイギリスは，アメリカ，ソ連に次いで世界で三番目の核保有国となった。イギリスの核兵器の開発には，自国の安全を保障する最終手段を確保するという軍事的な動機とともに，世界の大国としての地位を維持することやアメリカの核政策への影響力を確保するという政治的な動機が存在していたと指摘されている[1]。しかし，アメリカ及びソ連という超大国に比較すると国力に劣るイギリスは，独力で米ソ両国に匹敵する核兵器を開発して配備し，これを運用し続けることが困難であった。そこで1950年代半ばからイギリスの保守党政権は，アメリカから核開発に際しての技術支援を受けるとともに，核攻撃の目標情報の提供など運用上の支援も受けるようになった。このアメリカへの依存は，1960年代に入るとますます顕著になっていく。1960年3月にマクミラン（Harold Macmillan）首相は，アメリカで開発中の空中発射弾道ミサイル（ALBM）スカイボルトを同国から購入することを決定したのである。これによりイギリスは，核兵器の運搬手段の供給をもアメリカに依存するようになった。しかし保守党政権は，核使用の最終決定権に関してはあくまでも自国が保持していることを理由に，イギリスの核戦力が運用上アメリカから「自立」していると主張していた[2]。

　この核抑止力の「自立」を追求する核政策の根底を覆す事態が1962年11月に生起した。アメリカ政府がALBMスカイボルトの開発中止を通告してきたのである。翌12月に当時イギリス領であったバハマ諸島の都市ナッソーで行われた英米首脳会談においてマクミランは，ケネディ（John F. Kennedy）大統領に潜水艦発射弾道ミサイル（SLBM）ポラリスをスカイボルトの代替として供与するよう求めた。これに対してケネディは，SLBMポラリスを搭載した原子力潜水艦（以後，ポラリス潜水艦と略す）を北大西洋条約機構

(NATO)の核戦力に提供することに加えて,アメリカ政府が同盟諸国に対して提案中の多角的な核戦力構想の設立に協力することを見返りとして要求した。マクミランは,「究極の国益が危機に瀕しているとイギリス政府が判断する場合を除き,ポラリス潜水艦を西側同盟の国際的な防衛目的のために使用する³⁾」という「究極の国益条項」を共同声明に挿入することを条件にこれを受け入れた。マクミランは,SLBMポラリスを獲得するとともに,NATO核戦力に提供するポラリス潜水艦を自国の判断で独自使用できる権利をケネディに認めさせることによって,核抑止力の「自立」を維持することに成功したと主張していた⁴⁾。

一方,野党労働党の党首であったウィルソン(Harold Wilson)は,ナッソー協定により維持されることになった核抑止力に対して,「イギリスのものでもなく,自立もしておらず,抑止力としても信頼できない⁵⁾」と批判していた。また,「西側の核抑止力に何ら貢献することなく,自国資源の無駄遣いでもあるので,自立した核保有国であり続ける政策を断念すべきである⁶⁾」とも主張していた。ウィルソン労働党は,1964年10月の総選挙に僅差で勝利し,13年ぶりに政権の座に返り咲くと,12月にNATOの同盟諸国に対して大西洋核戦力(ANF)構想を提案した。ANF構想は,イギリス及びアメリカから提供される国家保有の核戦力並びに非核保有諸国も参加可能な混成兵員の核戦力から編成し,参加する諸国の代表から構成される監督機関(Control Authority)がこれらを一元的に統制するという,自国の核抑止力を「国際化」することを主眼とするものであった⁷⁾。

イギリスの保守党政権が1960年代半ばまでに確立した,核抑止力の「自立」を維持する政策は,超党派性を有しており,野党時代にこれを批判していた労働党も,政権に就くとこれを受け継いできたと指摘されている⁸⁾。自国の核使用の統制権限をNATOに移譲して「国際化」するという提案を行ったウィルソンは,果たして保守党政権が追求してきた核抑止力の「自立」を維持する政策を受け継ごうとしていたのであろうか。

2 先行研究

　イギリスの核政策に関する通史的な研究は数多く存在する[9]。しかし，これらの研究において，第一次ウィルソン政権期は余り注目されてこなかった。この理由として，ベイリス（John Baylis）が指摘しているように，ウィルソンが政権に就くまでに，核抑止力の「自立」を維持するという核政策が確立され，その後はこれが受け継がれてきたと広く認識されてきたことが挙げられる[10]。

　イギリスの核政策の通史的な研究の中で，第一次ウィルソン政権期をも考察している例外としてピエール（Andrew J. Pierre）の研究を挙げることができる。1960年代前半にロンドンのアメリカ大使館に勤務していたピエールは，なぜイギリスが「自立」した核抑止力の開発・維持を追求するのかという問いを立て，同国の核政策の変遷を明らかにしている。彼は，1960年代半ば以降のイギリスの核政策について，保守党政権の核政策を批判していたウィルソンが，政権就任後に結局はこれを受け継ぐようになった経緯を明らかにしている。ピエールは，ウィルソンが政権に就く以前から，実は核抑止力の「自立」を維持することを決意していたと述べている。ウィルソンは，自国の核戦力の統制権限を同盟に移譲することを主眼とした ANF 構想を提案し，核抑止力の「集団化」や「国際化」を強調することにより，「自立」を放棄するとの印象を付与することを試みていた。しかし，NATO が継続する限りポラリス潜水艦を提供し続けると提案する一方で，提供したポラリス潜水艦と直接交信する権利を保持し，また，核兵器の発射を物理的に制約する核作動許可装置（PAL）の装着に反対することによって，これを常に自国政府が使用可能な状態に維持することを模索していた。ピエールは，ANF 構想には核抑止力の「自立」を放棄する意図はなく，労働党と保守党の核政策の差異は文言上に過ぎなかったと結論づけている[11]。

　ピエールの研究は，史料的裏付けに乏しいものの，イギリスの核政策に関する先駆的な研究として評価されている。ウィルソンが野党時代から核抑止力の「自立」を維持することを意図しており，ANF 構想においてもこれが反映されていたとの見解は，ピエールの研究以降，多くの研究者の間で主張さ

れてきた[12]。1990年代半ば以降にウィルソン政権期の公文書が公開されたのを契機として、ANF構想に関する実証的な研究も幾つか発表されてきた。これらの研究においても、ウィルソン政権が「自立」を維持することを意図していたと主張されている。

シュラステッター及びトゥィッゲ（Susanna Schrafstetter and Stephen Twigge）は、ANF構想にはNATO内で核不拡散の体制を確立させるという目的も含まれていたことに着目し、これが世界規模での核不拡散条約（NPT）の締結へと発展していく過程を明らかにしている。彼女らは、ヒーリー（Denis Healey）国防相が牽引したANF構想が、ウィルソン労働党政権の積極的な外交イニシアティヴの提示であり、アメリカが提案していた多角的核戦力（MLF）の設立阻止や労働党の選挙公約の履行という狙い以外にも、西ドイツの核保有への野望を封じ込めるという狙いがあったと述べている。シュラステッターらによると、ウィルソンは、核抑止力の「自立」を維持することによって自国が非核保有諸国に対して政治的優位に立てると認識していた。このためウィルソンは、一方的核放棄を主張していた労働党内の左派を懐柔するために「自立」性を減少させることを考慮していたが、危機の際の引き上げ権の保持という最小限の「自立」を維持することを企てていた。シュラステッターらは、ANF構想が核体制の現状維持、すなわち、アメリカとの「特別な関係」を継続し、これにより自国の特権的な地位を維持することを狙いとした提案であったと主張している[13]。

一方、上記の研究とは対照的に、ウィルソン政権が「自立」の放棄を意図していたと主張する研究も存在する。ヤング（John W. Young）は、ANF構想がNATOの核共有問題の解決に及ぼした影響を考察している論文の中で、同構想にはMLFを阻止することだけではなく、ヨーロッパにおける核不拡散を促進すること、自国の国防支出を削減すること、NATO同盟内の核政策協議を制度化すること、というような多様な目的が存在していたと指摘している。彼は、ウィルソンがこれらの目的を達成する代償として、核抑止力の「自立」を放棄することを、少なくともANF構想を同盟諸国に提案した時期には真剣に試みていたと結論づけている。ANF構想は、1964年12月に同盟

諸国に提案されて以降，NATO 内の核共有問題を協議していたパリ作業部会に付託され，有志諸国の間でその実現に向けての協議が継続された。しかし，1966 年 12 月，ANF 構想は MLF とともに正式に断念された。ヤングは，同構想は実現こそしなかったが，MLF を阻止することに成功したのみならず，ANF 構想に内包されていた，同盟内で核不拡散体制を構築することや核政策協議を制度化するという試みが，NPT の締結や核計画部会（NPG）の設立に少なからず寄与したと評価している[14]。

公開された公文書に依拠したヤングの研究は，同盟の核問題に焦点が当てられている。一方，ドクリル（Saki Dockrill）は，ウィルソン政権のスエズ以東からの撤退決定に至る過程を解明している研究の中で，イギリスの外交及び防衛政策における ANF 構想の意義について考察している。ウィルソン政権は，フランスや西ドイツとの核協力態勢が強化されることや，イギリスを排除した形でアメリカと西ドイツが核協力態勢を形成することを阻止するために，ANF 構想を提案したとドクリルは，述べている。ウィルソン政権が，核抑止力の「自立」を放棄し，これを ANF に恒久的に提供する代償として，アメリカの全ての核使用に対する影響力を獲得することを模索していたというのがドクリルの見解である[15]。

また，ウィルソン政権が核運用の領域においても世界規模での役割からヨーロッパに焦点を絞った役割に方向転換していく過程を実証的に明らかにしたストッダート（Kristan Stoddart）も，ANF 提案によってウィルソンが放棄しようとしていたのは，核抑止力そのものではなく，核抑止力の「自立」性であったと指摘している。ストッダートは，ANF 構想を提案した時点においてウィルソンらが，核抑止力の「自立」を断念することと引き換えに，NATO の核運用への影響力を確保することを企図していたと結論づけている[16]。

このように，ANF 構想を提案したウィルソン政権が，核抑止力の「自立」を維持することを意図していたのか否かという点に着目して先行研究を整理してきたが，これに関して研究者によって評価が分かれている。そもそも，ウィルソン政権の関係者の日記・回顧録からも，果たして彼らが，「自立」

を維持することを意図していたのかについては明確な回答が得られない。海外開発相，運輸相，労働相を歴任し，ウィルソンの側近の一人であったカースル（Barbara Castle）は，同政権の核政策の目標の一つが核抑止力の「自立」を放棄することであったと述べている[17]。また，同じく郵政長官，技術相を歴任した側近の一人であるベン（Tonny Benn）も，ウィルソンが「自立」した核抑止力を保持しているという幻想を最終的に打ち砕いたと述べている[18]。さらに，国防省の首席科学補佐官であったザッカーマン（Solly Zuckerman）も，ウィルソンが選挙公約を履行するために核抑止力の「自立」を放棄することを望んでいたと述べている[19]。この一方で，住宅・地方自治相のクロスマン（Richard Crossman）は，ウィルソンが閣議でANF構想を説明した際に，核抑止力の「自立」を放棄すると述べていたが，彼がこれを真剣に意図しているとは誰も信じていなかったと述べている[20]。

ウィルソン政権が「自立」を維持することを意図していたのか否かについて，研究者によって評価が分かれている理由として，先行研究ではANF構想が同盟諸国に提案された以降の過程に焦点が当てられており，それ以前の政府内での立案過程や，ウィルソン首相ら労働党首脳部が同構想を政治決定した過程については，十分に明らかにされていないことを指摘することができる。

シュラステッター及びトゥィッゲの論文では，ANF構想に内包されていた同盟内での核不拡散体制の確立という目的がNPT条約の締結へと発展していく過程が研究の焦点である。また，ストッダートの研究は，ウィルソン政権期全般の核政策を対象としている。このため，彼らの研究においては，ANF構想が政治決定された1964年11月の外交・防衛臨時委員会（チェッカーズ会合）に関しては言及されているものの，それ以前の政府内での立案過程に関しては触れられていない[21]。一方，ヤングの論文では，ANF構想が提案されて以降のANF／MLFをめぐる議論が研究の焦点であるが，同構想の立案過程についても少なからず言及されている。ヤングは，ANF構想がヒーリー国防相の功績であると評価されがちであるが，同構想の起源は，イギリスの核戦力をNATOが継続する限りこれに提供し続けるというウィルソン

のアイデアであったと述べている。また ANF 構想を具体化したのは，政権発足後にウィルソンから指示を受けたゴードン・ウォーカー（Patrick Gordon-Walker）外相であり，彼が他の閣僚に相談することなく自ら主導して立案したと述べている[22]。これに対してドクリルは，1964 年 7 月に影の国防相のヒーリーが，「究極の国益条項」を放棄した上でポラリス潜水艦を NATO 核戦力に提供するという構想をすでに発表していたと指摘している[23]。さらに，ウィルソンの政権就任以前からすでに外務省及び国防省において MLF に対する代替構想の検討が開始されており，ANF 構想がこれらを基にして立案されたとの指摘も存在する[24]。ヤング自身も，ウィルソンが政権に就く以前から，代替構想が外務省内で検討されていたと述べている。しかしヤングは，外務省の代替構想が ANF 構想にどのような影響を与えたのかについては言及しておらず，国防省のそれに関しては触れられてもいない[25]。これに加えてヤングは，「（ANF の立案過程において）参謀長たちは当初，究極の国益条項を放棄することに対して懸念を表明していたが，最終的にこれを受け入れた」と述べている。しかし，なぜ国防省が「自立」の放棄を受け入れたのかについて，十分に説明されているとは言い難い。ヤングは，ANF の使用に関するイギリス政府の拒否権が確約されたことにより，国防省が「究極の国益条項」の放棄を受け入れたと述べている。しかし，核抑止力の「自立」に関して国防省は，自国の核兵器を使用するとの決定に他国の拒否権が及ばないことが重要であると主張していた。従って，自国の核戦力を他国が使用することを拒否することができたとしても，これによって，イギリスの保守党政権や国防省が主張してきたような，核抑止力の「自立」を維持することができたとは言えない[26]。

　プリースト（Andrew Priest）は，ANF 構想がどのようにして誕生したのかは謎であると述べている[27]。先行研究を管見する限り，ANF 構想の起源や立案過程に関しては，いまだ十分に解明されていないと指摘することができよう。

3 研究の意義

本書には研究上の意義が三つある。第一は，ANF構想の立案・決定過程の精緻化である。すなわち，本書では，ANF構想の立案に携わった，内閣官房，外務省及び国防省の担当者による，草案を作成する過程で交わされた書簡や覚書，草案作業部会での会合記録など，従来のANF研究では重視されてこなかった公文書を用いて，ANF構想の立案・決定過程を精緻化することを試みる。この精緻化によって，ウィルソン政権の成立以前から外務省及び国防省内で検討されていたと指摘されている，MLFに対する代替構想がどのような内容であったのか，また，これらがウィルソン政権の誕生に伴いどのような経緯を経てANF構想へと集約されていったのか，さらに核抑止力の「自立」に固執していた国防省が，なぜこれの放棄を主眼とするANF構想を受け入れるようになったのか，という疑問を明らかにする。

ANF構想の立案・決定過程に関しては，先行研究を概観した際に確認されたように，既存の研究では十分に明らかにされていない。このため本書には，ANF構想の立案・決定過程を精緻化することにより，イギリスの核政策に関する研究史の空白を僅かではあるが埋めるという第一の意義を有する。

第二の意義は，ウィルソン政権の核抑止力に対する認識の解明である。本書では，ANF構想の立案・決定過程の精緻化の際に，ウィルソン首相ら労働党首脳部，外務省及び国防省といった立案・決定過程に関わった主要アクターが，イギリスの外交・防衛政策において，核抑止力が「自立」していることにどのような価値を見出していたのか，という点に着目する。

1947年1月に核兵器を独力で開発することを決定したアトリー（Clement Attlee）労働党政権は，核抑止力に対して，自国の大国としての地位の維持，アメリカの核政策への影響力の確保，核攻撃に対する報復力の保持という，政治的及び軍事的な価値を見出していた。アトリー政権を引き継いだ保守党政権も，アメリカとの「特別な関係」に依存しつつも，運用上「自立」した核抑止力を保持することに対して，同様の政治的・軍事的価値を見出していたと指摘されている[28]。しかし，1962年12月のナッソー協定の締結以降，保守党政権は核抑止力の「自立」を維持する政策と，アメリカとの「特別な

関係」を維持する政策との間でディレンマに陥ることになる。ナッソー協定に「究極の国益条項」が盛り込まれたことにより，イギリスは NATO 核戦力に提供した自国の戦略核戦力を危機の際には独自使用する権利を保持していた。一方，アメリカ政府，特に国務省は，イギリスの戦略核戦力を MLF に統合し，将来的には同国の「自立」を放棄させることを目論んでいた[29]。保守党政権は，財政的及び人的に過度な負担であるとともに，「自立」を喪失することを危惧して，MLF に参加することを望んでいなかった。この一方で，アメリカ政府が MLF 構想を強く推進していたため，同国との「特別な関係」を維持することを重視していた保守党政権は，同構想に強く反対することができなかった[30]。野党時代に保守党政権の核政策を批判してきたウィルソンは，首相就任後 MLF をめぐるディレンマにどのように対処しようとしたのであろうか。イギリスの核政策に関する通史的な研究は多数存在する。しかし，前述したように，その多くは 1960 年代半ばの保守党政権期までが研究対象である。このためウィルソン政権の主要アクターが，核抑止力の「自立」にどのような価値を見出して核政策を立案・決定したのかについては十分に明らかにされていない。野党時代のウィルソン労働党の核政策を実証的に明らかにしたギル（David James Gill）も，ウィルソンらが核保有の是非について，野党としての特権を最大限に活用して曖昧なままに終始したと述べている。しかしギルは，彼らが核抑止力の「自立」に対してどのような価値を認めていたのかについては明確に述べていない[31]。

　本書では，ウィルソンら労働党首脳部や外務省，国防省が，核抑止力の「自立」に対して抱いていた認識を解明するとともに，ANF 構想が保守党政権の追求してきた核抑止力の「自立」を放棄することを意図した提案であったのか否かという従来の研究史において対立している論争点について，一定の回答を提示するという第二の意義を有する。

　第三の意義は，イギリスの外交・防衛政策，あるいは国際政治史における ANF 構想の含意を明らかにすることである。ANF 構想が NPT 体制の構築や NPG の制度化に寄与したと肯定的に評価する先行研究も存在する[32]。またドクリルは，ANF 構想には，①自国とアメリカ及び西ドイツとの関係が悪化

することを防止すること，②自国の西ヨーロッパ防衛の負担を軽減すること，③自国が核不拡散交渉において優位な位置に立つこと，④自国の NATO の領域外での国防支出を削減すること，という，イギリスの外交政策上及び防衛政策上の狙いが存在していたと指摘している[33]。

ウィルソンが政権に就いた 1960 年代半ばは，冷戦構造の変容期であった。1962 年 10 月のキューバ危機以降，米ソ超大国は核戦争を回避することに共通の利益を見出し，緊張緩和を模索するようになっていた。また，米ソの核の手詰まりからヨーロッパで戦争が生起する蓋然性が低下し，これにより米ソ超大国に軍事的に依存する必要性が低下した東西両陣営の内部では多極化を模索する動きが活発になった。一方，イギリスでは，第二次世界大戦後の脱植民地化の動きが進展する中で，新たな役割を模索して苦悩していた。アメリカのアチソン（Dean Acheson）元国務長官は，1962 年 12 月の演説において「イギリスは帝国を失い，いまだ新たな役割を見出すに至っていない」とイギリスを揶揄していた[34]。このような変容する国際環境の中で提案された ANF 構想には，イギリスの外交・防衛政策においてどのような狙いがあったのであろうか。

本書は，ANF 構想の立案・決定過程の精緻化という小さな窓からではあるが，同構想がウィルソン政権の外交・防衛政策においてどのように位置づけされていたのか，これを断念することになった結果，同国の外交・防衛政策がどのような変化を迫られるようになったのかという，イギリスの政治・外交史，あるいは冷戦史における同構想の含意について明らかにするという第三の意義も有する。

4 方法論と構成

本書は，一次史料を用いた歴史的実証研究である。主に用いる一次史料は，イギリス国立公文書館（The National Archives）所蔵の，首相官邸のウィルソン政権期文書（PREM13）の核政策に関するファイル，内閣府の閣議の議事録（CAB128）及びメモランダム（CAB129），委員会ファイル（CAB130），対外・防衛政策委員会ファイル（CAB148），国防省の参謀長委員会の議事録

(DEFE4）及びメモランダム（DEFE5），プライベート・オフィス文書（DEFE13），文官部局記録（DEFE24），参謀長委員会記録（DEFE25），外務省の国防部局記録（FO371）等の未公刊史料である。

また，公刊されているイギリス議会下院の議事録 *House of Commons Debates*（*HC Deb.*）も，国内における議論を理解するために使用する。一方，核政策に関する文書は現時点でも非開示文書に指定されているものも少なくない。このため，ウィルソン首相，ヒーリー国防相など，ウィルソン政権期の政府関係者の日記・回顧録を一次史料の補完として使用する。これに加えて，労働党の野党時代の政策に関しては，同党との関係が深い London School of Economics and Political Science（LSE）のアーカイヴが所蔵する私文書を用いて分析する。さらに，アメリカとの関係については，*Foreign Relations of the United States*（*FRUS*）及び *Digital National Security Archive*（*DNSA*）を利用する。

本書の構成は以下の通りである。

第1章では，第二次世界大戦期から1960年代初頭までの，イギリスの核開発及び核運用について概観する。本章では，独自開発により確立された核抑止力が，ミサイル時代の到来に伴い，核兵器の運搬手段の供給をアメリカに依存する一方で，核使用の最終決定権は自国が保持するという意味での，核抑止力の「自立」を維持する政策が確立される過程を素描する。

第2章では，SLBMポラリスの供与に合意した1962年12月のナッソー協定の締結と，これをめぐるイギリス政府とアメリカ政府，イギリス政府内の外務省と国防省の軋轢について明らかにする。ナッソー協定においてマクミランは，ポラリス潜水艦のNATO核戦力への提供と，多角的な核戦力の創設への協力を約束した。アメリカ政府は，多角的な核戦力を混成兵員化した水上艦からのみ構成するとし，これをMLFと称し，これへのイギリスの参加を要求するようになった。イギリス政府，特に国防省は，MLFへの参加に対して，財政的・人的に負担であるとともに，核抑止力の「自立」を喪失する事態を招く恐れがあるとの理由で反対していた。一方，外務省は，アメリカ

政府が推進する MLF への参加を拒否することにより，同国との「特別な関係」が損なわれることを懸念していた。保守党政権は，MLF への参加をめぐり政府内の異なる意見を集約することができなかった。

第3章では，野党時代の労働党の核抑止力に対する主張を明らかにする。野党に下野した労働党首脳部は，保守党政権の核政策を 1950 年代末までは支持していた。一方で，同党左派は国内での反核運動に呼応し，一方的核放棄を主張するようになった。労働党首脳部は，1960 年 4 月のミサイルの独自開発の中止とアメリカからのスカイボルト購入という保守党政権の核政策の変更を契機に，「自立」の維持に異議を唱えるようになった。1963 年 2 月に労働党の党首に就任したウィルソンも，核抑止力の「自立」を放棄し，これを同盟に恒久的に提供すべきであると主張していた。

第4章では，1964 年 7 月末から 10 月までの間の，外務省及び国防省の核政策の調整過程を明らかにする。保守党政権が MLF 構想への対応を総選挙後に先送りした結果，新政権は選挙後直ちにアメリカ政府に態度を明示する必要に迫られていた。トレンド（Burke Trend）内閣官房長は，防衛・対外政策事務官委員会（OPD(O)）において新政権の速やかな対応に資するための準備を行うことを決定し，外務省と国防省に対して，核政策に関する提言文書の作成を指示した。提言文書において外務省は，アメリカとの「特別な関係」を維持するためには MLF に参加することが不可欠であり，これによって核抑止力の「自立」を喪失することになっても致し方ないと主張していた。これに対して国防省は，自国の安全と国益を確保するためには，核抑止力の「自立」を保持することが不可欠であり，これを喪失する恐れのある MLF への参加を回避すべきであると主張していた。しかし，両省の文書を統合していく過程で，外務省の主張が，OPD(O)内で支配的になっていった。

第5章では，1964 年 10 月末から 11 月半ばにかけてのイギリス政府内における ANF 構想の立案過程を解明する。ANF 構想はウィルソン首相の政治指針を受け，内閣官房，外務省及び国防省の担当から構成される草案作業部会が編成されて立案された。草案作業部会は，外務省及び国防省内で政権交代前から検討されていた，MLF に対する代替構想のあらゆる要素を盛り込み，

ANF構想の草案を作成した。この際，ANFへの自国の戦略核戦力の提供方法については，イギリスの核抑止力の「自立」の将来を左右する重要な事項であったため，三つの選択肢を提示し，この決定をウィルソンら労働党首脳部に委ねた。

　第6章では，1964年11月半ばのウィルソンら労働党首脳部による，ANF構想の決定過程を解明する。草案作業部会から報告を受けたウィルソン首相は，外相及び国防相が参加する臨時閣僚小委員会（MISC16），ウィルソン政権の外交・防衛関係者が一堂に会したチェッカーズ会合を経て，閣議においてANF構想を同盟諸国に対して提案することを決定した。同構想は，核抑止力を同盟の枠内で運用することによって西側同盟を強化することや，ヨーロッパにおける核拡散を防止することによって，東西間の緊張緩和の促進に寄与することが目的とされており，ヨーロッパにおいて核抑止力の「自立」を放棄することが意図されていた。この一方で，核実験に成功した中国の脅威に直面するアジアの同盟国や友好国に核保証を提供するために，一部の戦略核戦力を自国の統制下に控置することになっていた。

　終章においては，ANF構想の立案・決定過程を振り返り，これにウィルソンら労働党首脳部，外務省及び国防省が有していた，「自立」に対する認識がどのように作用したのか明らかにする。そして，イギリスの国内政治や核政策，スエズ以東防衛や欧州統合政策との関わりについて考察する。

注

1) Jeremy Stocker, *The United Kingdom and Nuclear Deterrence* (New York: Routledge, 2007), pp. 15-16; Dan Keohane, *Labour Party Defence Policy since 1945* (Leicester: Leicester University Press, 1993), p. 21.
2) *House of Commons Daily Debates* [*HC Deb.*], vol. 622, 26 Apr. 1960, cols. 27-28; 27 Apr. 1962, cols. 337-338.
3) PREM 11/4147, Statement on Nuclear Defence Systems, 21 Dec. 1962.
4) スカイボルトの開発中止とナッソー協定をめぐる英米間の軋轢については，Michael Middeke, "Anglo-American Nuclear Weapons Cooperation after the Nassau Conference: The British Policy of Interdependence," *Journal of Cold War Studies*, vol. 2, no. 2 (Spring 2000), pp. 69-96; 橋口豊「冷戦の中の英米関係──スカイボルト危機

とナッソー協定をめぐって」『国際政治』第126号(2001年2月), 52-64頁。
5) *HC Deb.*, vol. 687, 16 Jan. 1964, col. 437.
6) *Ibid.*, col. 438.
7) PREM 13/27, "Atlantic Nuclear Force, Outline of Her Majesty's Proposal," 7 Dec. 1964.
8) Stocker, *The United Kingdom and Nuclear Deterrence*, p. 19; Keohane, *Labour Party Defence Policy since 1945*, p. 22.
9) Richard Moore, *Nuclear Illusion, Nuclear Reality: Britain, the United States and Nuclear Weapons, 1958-64* (New York: Palgrave Macmillan, 2010); Donette Murray, *Kennedy, Macmillan and Nuclear Weapons* (London: Macmillan, 2000); John Baylis, *Ambiguity and Deterrence: British Nuclear Strategy, 1945-1964* (Oxford: Clarendon Press, 1995); Ian Clark, *Nuclear Diplomacy and the Special Relationship: Britain's Deterrent and America 1957-1962* (Oxford: Clarendon Press, 1994); Martin S. Navias, *Nuclear Weapons and British Strategic Planning 1955-1958* (Oxford: Clarendon Press, 1991); Ian Clark and Nicholas J. Wheeler, *The British Origins of Nuclear Strategy, 1945-1955* (New York: Oxford University Press, 1989); Margaret Gowing, *Britain and Atomic Energy, 1939-1945* (London: Macmillan, 1964).
10) Baylis, *Ambiguity and Deterrence*, p. 1; Martin A. Smith, "British Nuclear Weapons and NATO in the Cold War and beyond," *International Affairs*, vol. 87, no. 6 (Nov. 2011), pp. 1391-1392. 冷戦期の労働党の核政策を実証的に研究したスコットも, 労働党は野党時代には保守党政権の核政策を批判してきたが, 政権に就くと結局はこれを受け継いできたと主張している。Len Scott, "Labour and the Bomb: the First 80 Years," *International Affairs*, vol. 82, no. 4 (July 2006), pp. 685-700.
11) Andrew J. Pierre, *Nuclear Politics: The British Experience with an Independent Strategic Force 1939-1970* (London: Oxford University Press, 1972), pp. 275-292.
12) Lawrence Freedman, *Britain and Nuclear Weapons* (London: Macmillan, 1980), pp.19-30; John P. G. Freeman, *Britain's Nuclear Arms Control Policy in the Context of Anglo-American Relations, 1957-68* (London: Macmillan, 1986), pp. 178-194; Clive Ponding, *Breach of Promise: Labour in Power 1964-1970* (London: Hamish Hamilton, 1989), pp. 85-94; Philip Ziegler, *Wilson: The Authorised Life* (London: Weidenfeld & Nicolson, 1993), pp. 209-210; Christoph Bluth, *Britain, Germany, and Western Nuclear Strategy* (Oxford: Claredon, 1995), pp. 99-104.
13) Susanna Schrafstetter and Stephen Twigge, "Trick or Truth? The British ANF Proposal, West Germany and US Nonproliferation Policy, 1964-68," *Diplomacy and Statecraft*, vol. 11, no. 2 (Jul. 2000), pp. 161-184. ウィルソン政権がANF構想において核抑止力の「自立」を維持することを意図していたと主張する一次史料に依拠し

た実証的な研究は他にも，Stephen Twigge and Len Scott, *Planning Armageddon: Britain, the United States and the Command of Western Nuclear Forces 1945-1964* (Amsterdam: Harwood Academic, 2000), pp 191-193; Andrew Priest, *Kennedy, Johnson and NATO: Britain, America and the Dynamics of Alliance, 1962-68* (London: Routledge, 2006), pp. 93-112; Geraint Hughes, *Harold Wilson's Cold War: The Labour Government and East-West Politics, 1964-1970* (Wiltshire: Boydell, 2009), pp. 94-96; 橋口豊「ハロルド・ウィルソン政権の外交 1964年-1970年──『三つのサークル』の中の英米関係」『龍谷法学』第38巻，第4号（2006年3月），70-71頁；益田実・小川浩之『政権交代期の対外政策転換プロセスへの政治的リーダーシップの影響の比較分析』（平成17〜平成19年度科学研究費補助金（基盤研究(C)）研究成果報告書，2008年），300-301頁。

14) John W. Young, "Killing the MLF? The Wilson Government and Nuclear Sharing in Europe, 1964-66," *Diplomacy and Statecraft*, vol. 14, no. 2 (Jun. 2003), pp. 295-324.

15) Saki Dockrill, *Britain's Retreat from East of Suez: The Choice between Europe and the World?* (London: Palgrave Macmillan, 2002), pp. 59-64.

16) Kristan Stoddart, *Losing Empire and Finding a Role: Britain, the USA, NATO and Nuclear Weapons, 1964-70* (London: Palgrave Macmillan, 2012), pp. 18-36.

17) Barbara Castle, *The Castle Diaries 1964-1970* (London: Papermac, 1990), p. 15.

18) Tonny Benn, *Out of the Wilderness: Diaries 1963-67* (London: 1987, Hutchinson), p. 197.

19) Solly Zuckerman, *Monkeys, Men and Missiles: An Autobiography, 1946-1988* (London: Collins, 1988), p. 373.

20) Richard Crossman, *The Diaries of a Cabinet Member, vol. 1* (London: J. Cape, 1979), p. 73.

21) Schrafstetter and Twigge, "Trick or Truth," pp. 167-168; Stoddart, *Losing Empire and Finding a Role*, pp. 23-24.

22) Young, "Killing the MLF," pp. 300-301. シュラステッター及びトゥイッゲは，"Trick or Truth"論文においてANF構想がヒーリーによって提案されたと述べているが，ヤングの批判を受けて，後の研究書ではこれがゴードン・ウォーカーの主導であったと訂正している。Susanna Schrafstetter and Stephen Twigge, *Avoiding Armageddon: Europe, the United States, and the Struggle for Nuclear Nonproliferation, 1945-1970* (London: Praeger, 2004), pp. 145-146.

23) Dockrill, *Britain's Retreat from East of Suez*, p. 61.

24) Terry Macintyre, "Nuclear Sharing in NATO: Hardware or Software?," *Anglo-German Relations during the Labour Governments 1964-70: NATO Strategy, Détente and European Integration* (Manchester: Manchester University Press, 2007), p. 51; Ponding, *Breach of Promise*, p. 91.

25) Young, "Killing the MLF," p. 300.
26) Ibid., p. 302.
27) Priest, *Kennedy, Johnson and NATO*, p. 103.
28) Stocker, *The United Kingdom and Nuclear Deterrence*, p. 9.
29) *Foreign Relations of the United States [FRUS] 1961-1963*, vol. 13, no. 100, Policy Directive, "NATO and the Atlantic Nations," 20 Apr. 1961, pp. 285-291; no. 394, "Memorandum From the Assistant Secretary of State for European Affairs (Kohler) to Secretary of State Rusk," 24 May 1962, pp. 1073-1076.
30) Middeke, "Anglo-American Nuclear Weapons Cooperation after the Nassau Conference," pp. 86-92.
31) David James Gill, "The Ambiguities of Opposition: Economic Decline, International Cooperation, and Political Rivalry in the Nuclear Policies of the Labour Party, 1963-1964," *Contemporary British History*, vol. 25, no. 2 (Jun. 2011), pp. 251-276.
32) Schrafstetter and Twigge, "Trick or Truth," p. 178; Young, "Killing the MLF," p. 317; Terry Macintyre, "Nuclear Sharing in NATO: Hardware or Software?," *Anglo-German Relations during the Labour Governments 1964-70 : NATO Strategy, Détente and European Integration* (Manchester : Manchester University Press, 2007), pp. 46-72.
33) Dockrill, *Britain's Retreat from East of Suez*, p. 63.
34) Dimbledy and Reynolds, *An Ocean Apart*, p. 238.

第 1 章

アメリカに依存した「自立」の確立
1940 年 4 月〜 1962 年 10 月

　本章では，ウィルソン労働党政権が，ANF 構想において果たして核抑止力の「自立」の維持を意図していたのか否かを特定するための準備作業として，それまでの保守党政権がどのような経緯で「自立」を維持する政策を確立したのかについて概観する。この際，「自立」に対する保守党政権の認識や彼らが確立した「自立」の実態についても明らかにする。

　まず，第二次世界大戦期から 1950 年代後半までの，イギリス政府が核兵器を独自に開発することを模索する過程を述べる。次に，1960 年代に入り，運搬手段の供給をアメリカに依存する中で，運用上アメリカから「自立」した核抑止力を維持する政策を確立する過程を明らかにする。そして，1960年代初頭にヨーロッパ，中東及び極東に配備されていたイギリスの核兵器の運用計画の概要を述べる。

第 1 節　核兵器の独自開発

1　アメリカの核開発におけるイギリスの貢献

　核兵器は第二次世界大戦の末期にアメリカによって実用化された。このアメリカの核開発の過程において，イギリスの科学者たちが果たした役割は決して小さなものではなかった。そもそもイギリスは，原子力エネルギーの研究とこれを利用した兵器を開発することを国家的プロジェクトとして着手した最初の国であった[1]。

　第二次世界大戦中の 1940 年 4 月，イギリスでは，核分裂の際に放出されるエネルギーを用いた「スーパー爆弾」の製造が可能であるか否かを検証す

るために,著名な科学者を構成員とするモード委員会が設置された。1941年7月にモード委員会は,10kgのウラン235で原子爆弾の製造が可能であり,これがナチス・ドイツとの戦争において決定的な結果をもたらすであろうという報告書を提出した。このモード委員会の報告を受けたチャーチル(Winston Churchill)首相は,原爆の開発及び製造に可能な限りの優先順位を付与することを決定した。モード委員会の報告書はアメリカの科学者たちにも手渡された。この報告書に触発されたアメリカの科学者たちは,ルーズベルト(Franklin D. Roosevelt)大統領に対して,自国も原爆の開発に着手するよう働きかけた。これを受けてルーズベルトは,原爆を開発するための国家的プロジェクトであるマンハッタン計画を承認した[2]。

1941年10月,ルーズベルト大統領はチャーチル首相に,アメリカとイギリスが共同して原爆を開発することを提案した。これに対してチャーチルは,二国間での協力は必要であるが,研究は独力で行うべきであるとの考えから,丁重に断った。この時点では,核分裂の研究においてはイギリスがアメリカに先行していた。チャーチルは,アメリカとの共同開発に経済的な利点があることを認識していたが,核領域におけるイギリスの利益を保護することを重視し,ルーズベルトの申し出を断ったのであった。しかし,アメリカは,第二次世界大戦に本格的に参入するに伴い,莫大な資源を投入して核兵器の開発を推進した。これにより,1942年の半ばにはアメリカの研究水準は,イギリスとの共同研究にほとんど興味を感じない域にまで達していた[3]。

一方のイギリスでは,ナチス・ドイツとの戦争が激化するにつれて,国内での核開発が,財政的,人的・資源的,技術的に困難になってきた。この核開発の行き詰まりを打開するためにチャーチルは,ルーズベルトに対して,イギリス及びアメリカとの間で核関連の情報交換を再開することや,核兵器の共同開発を行うことを提案した。このチャーチルの提案により,1943年8月にケベック協定が締結された。これによりイギリス政府は,国内での核開発をアメリカ政府が実施中のマンハッタン計画に統合し,イギリスから50名の科学者・技術者が渡米し,アメリカの核開発に貢献するとともに,アメリカから貴重な知識を獲得することもできた[4]。

チャーチルは戦争終了後にイギリス国内で核開発を再開するためには，この戦時の協力関係を戦争後も継続する必要があると認識していた。そこで1944年9月のハイドパーク会談において，戦後も軍事目的及び商業目的の核協力を両国間で継続することをルーズベルトに同意させた[5]。

2　アトリー労働党政権による独自核開発の決定

第二次世界大戦はアメリカ軍による広島及び長崎への原爆投下により幕を閉じた。大戦末期の1945年7月に首相に就任したアトリーは，前政権が締結したケベック協定やハイドパーク合意により，イギリスとアメリカとの間の核協力関係が戦後も継続されるであろうと期待していた。しかし，アメリカ国内では，核兵器を製造するノウハウをアメリカ政府が独占すべきであるとの考えが支配的になっていた。1946年8月にアメリカの上院は，民主党のマクマホン（Brien McMahon）議員が提出した「他国との核関連の情報交換を禁止する原子力法（以後，マクマホン法と略す）」を成立させた。このマクマホン法の成立により，イギリスは核兵器の開発においてアメリカからの協力を仰ぐことができなくなった[6]。イギリスの核政策研究の先駆者であるピエールは，イギリス政府の政治・軍事指導者が，核抑止力の「自立」を希求した要因に，この戦時中の約束がアメリカ政府によって一方的に破棄されたという苦い経験も影響していると指摘している[7]。

核開発においてアメリカに「依存」する道を断たれたアトリーは，1947年1月に少数の閣僚のみが参加する閣僚小委員会において，イギリスが独力で原爆の開発を継続することを決定した。また同時期に，これを運搬するためにV型爆撃機を独自に開発することも決定した。これらの決定には，自らの防衛のためには最新かつ最強の兵器が不可欠であるという軍事的な動機に加え，核兵器を保有することによってアメリカとの核協力関係を再開するとともに，世界の大国としての地位を維持するという政治的な動機が存在していたと指摘されている[8]。

アトリー労働党政権は，独力での核兵器の開発を決定したが，彼らは戦後のイギリスの外交政策の方向性について，必ずしも一枚岩であったわけでは

なかった。ベヴィン（Ernest Bevin）外相は，労働党の左派が主張していた，イギリスが資本主義アメリカと共産主義ソ連とは独立した立場をとるべきだという「第三勢力構想」の主張に与していた。しかし，ソ連の軍備増強や東欧への政治的浸透が明白になるにつれて，同国の西欧への侵攻を防止するためにアメリカを西欧防衛に関与させる以外に方法はないと認識するようになった。こうして，イギリスの政軍の指導者たちの間では，ソ連が潜在的な敵国であるとの認識が共有され，これに対抗するためにアメリカと再び核協力を行うことを模索するようになった。

一方，戦争終了直後には原子力エネルギーの国際管理を選好したアメリカ政府も，ソ連との対立が深まるにつれ，イギリスとの核協力関係を再構築することを徐々に模索するようになった。1948年7月にアトリーは，ソ連の西ベルリン封鎖への対応策の一環として，アメリカ空軍のB-29戦略爆撃機を東イングランドに位置するアングリア空軍基地に配備することを受け入れた。これ以降，イギリス本土の空軍基地は，アメリカのソ連に対する戦略攻撃の主要基地の一つとなった。これにより，イギリス及びアメリカ両国の空軍間では，核兵器の運用についての協力が，徐々にではあるが開始されるようになった。1955年6月に，核使用に関する防衛計画及び訓練についての情報交換を定めた協定が締結された。これより，イギリス空軍の参謀のアメリカ戦略空軍司令部（SAC）への派遣，イギリス及びアメリカの空軍間の攻撃目標の効果的配分に関する討議，両司令部間のホット・ラインの設置，共通攻撃目標の設定のための手続きが作成され，英米両空軍の核攻撃力の統合が進められた[9]。

イギリス本土の基地からアメリカ空軍がソ連に対して核攻撃を行うということは，イギリスがソ連の核攻撃の目標となることを意味した。このためアトリーは，国内の空軍基地から行われるアメリカ空軍の核攻撃作戦に対して，自国政府が拒否権を保持することを要求した。1951年10月，「非常事態においてアメリカ政府がイギリスにある基地を使用する際には，その時の状況を考慮して共同で決定する」という「トルーマン＝アトリー申し合わせ」が合意された[10]。この首脳間の申し合わせによるイギリス政府の拒否権は，両

国の首脳が交代するごとに再確認されるようになる。

3　保守党への政権交代と独自核開発の継続

　1951年10月の総選挙の結果，労働党から保守党へと政権が交代した。首相に返り咲いたチャーチルは，労働党政権が追求してきた核兵器の独自開発を当然のごとく踏襲した。1952年10月に原爆実験に成功したイギリスは，世界で三番目の核保有国となった。しかしアメリカは，1952年11月に水素爆弾（以後，水爆と略す）の実験に成功し，1953年8月にはソ連もこれに続いた。このためチャーチルは，1954年7月にイギリスも水爆開発に着手することを決定した[11]。この決定の背景には，原爆よりも遥かに威力の大きな水爆を保有することによって，世界規模での戦争が生起する可能性を大幅に減少させることができるのではないかという軍事的な動機とともに，世界大国としての地位を引き続き維持することや，アメリカへの影響力を確保するという政治的な動機が存在していたと指摘されている[12]。

　また，チャーチルは，アメリカとの核協力関係を再構築することにも精力的に取り組んだ。1953年12月，チャーチルはアイゼンハワー（Dwight D. Eisenhower）大統領と自国の海外領土であるバミューダで会談し，イギリス及びアメリカとの間での核協力を促進することに合意した。これを受けて，アメリカ議会は1954年8月にマクマホン法を改正した。これによってイギリスは，核兵器の大きさ，重量，形体，破壊力及び効果といった，その外的特質に関するデータをアメリカと共有することが可能になった[13]。

　このように，イギリスとアメリカの両政府間の核協力関係は順調に回復していく中で，1956年のスエズ危機により両国の関係は一時的に悪化した。しかし，スエズ危機後に首相の座に就いたマクミランは，同危機の教訓として，自国が国際政治において影響力を行使していくためにはアメリカとの協力が必要不可欠であること，大国としての地位を維持するためには核抑止力が重要であることを再認識していた。このためマクミランは，アメリカとの関係を改善することを最優先した。一方，アメリカのアイゼンハワー政権も，ソ連との対立が激化する中で同盟国，特にイギリスとの協力関係を強化するこ

とが不可欠であると認識していた。

4　ミサイル開発におけるアメリカへの技術依存

1952年に原爆実験に成功したイギリスは，翌年からブルーダニューブ原爆の生産を開始した。また，これを運搬するために開発されていたV型爆撃機の一つであるヴァリアントが1955年2月から部隊配備に就いた。こうしてイギリスは，1950年代半ばから有人爆撃機による核攻撃態勢を保持するようになった。しかし，ソ連がイギリス本土に対するミサイル攻撃の能力を強化する中で，この先制攻撃に対して，有人爆撃機の脆弱性が懸念されるようになった。これについては，航空機を分散配備するとともに，監視警戒態勢を強化することで脆弱性を軽減することが進められていた。しかし，ソ連が航空機に対する迎撃態勢を整備しつつあったので，速度の遅い爆撃機では目標上空に到達するまでの間に撃墜され，所望の成果を達成することが困難となることが予測された。このため，ソ連の防空態勢を突破することが可能な運搬手段を開発して配備することが必要であると認識されるようになった[14]。

その一つは，対空ミサイルの射程外からの航空機による攻撃を可能とする空中発射巡航ミサイル（ALCM）であった。1954年9月にイギリスの参謀本部は，V型爆撃機に搭載するALCMの要求性能書を発出した。11月に軍需省がこれを承認し，ALCMブルースティールの開発が，1960年代初頭に装備化することを目標として開始された。しかし，ソ連の対空ミサイルの性能が向上するにつれて，射程240kmのブルースティールではスタンド・オフ[15]効果が期待できないことが開発段階から懸念されるようになった。このため，より信頼性のある運搬手段の開発が引き続き模索された[16]。

有人爆撃機の後継となる信頼性ある運搬手段としてALCMよりも期待されたのは，弾道ミサイルであった。弾道ミサイルは亜音速で飛行する戦略爆撃機よりも遥かに速く飛翔することができた。また，弾道ミサイルは，その飛翔距離と精度が増せば，敵に警戒時間を与えることなく，遠隔地から目標を破壊することが可能であった。1953年12月，イギリスのサンディス（Duncan

Sandys）軍需相とアメリカのウィルソン（Charles E. Wilson）国防長官の間で，弾道ミサイルの開発に際して両国が協力するための協議が行われた。そして1954年8月に，イギリスの中距離弾道ミサイル（IRBM）の開発にアメリカが協力することが合意された[17]。1955年8月，イギリスの参謀本部はIRBMの要求性能書を発出した。イギリスは，アメリカで開発された大陸間弾道ミサイル（ICBM）アトラスのロケットエンジン及び慣性飛行システムの技術情報の提供を受け，IRBMブルーストリークの開発を開始した。1957年の国防白書では，V型爆撃機の後継として計画されていた超音速の有人爆撃機の開発を中止し，将来の核兵器の運搬手段を弾道ミサイルに一本化することが発表された[18]。

1950年代半ば以降，イギリスはアメリカへの技術依存の下，弾道ミサイルの開発を推進していた。一方のアメリカでは，アイゼンハワーが大統領に就任以降，核兵器に重点を置いた軍事戦略を推進していた。例えば，ヨーロッパ戦域においては，在欧米軍だけでなく，NATO諸国の軍隊にも戦術核兵器を配備する政策を推進した。これにより，ベルギー，ドイツ，イタリア，ギリシャ，オランダ，トルコ，カナダ及びイギリスの諸国は，平時から自国の軍隊に戦闘爆撃機や地対地ロケット，野戦砲等の核兵器の運搬手段／発射装置を装備させ，有事の際には，アメリカがヨーロッパに持ち込み在欧米軍が管理しておいた核弾頭を装着して使用することになっていた[19]。

アイゼンハワーは，1957年3月の英米首脳会談において，アメリカのIRBMソアをイギリスに配備することを提案した。スエズ危機により悪化したアメリカとの関係を回復することを模索していたマクミラン新首相は，これを歓迎した。1958年2月，アメリカが60基の核弾頭抜きのソアを提供し，これをイギリス空軍が管理し，有事の際にはアメリカが提供する核弾頭を装着して，両国政府の共同決定により運用するという取り決めが結ばれた。1960年代半ばにIRBMブルーストリークの配備を予定していたイギリスにとってソアの自国配備は，ミサイル運用のノウハウを蓄積するために好都合であった[20]。

アメリカ政府のイギリス本土へのソアの配備提案は，ソ連の核戦力の増強

に対抗するためのものであった。IRBM ソアの配備と同時期の 1958 年 4 月，アメリカ政府は，IRBM ジュピターのイタリア及びトルコへの配備を二国間で合意している[21]。1949 年 8 月に原爆実験に成功し，世界で二番目に核保有国となったソ連は，核兵器の運搬手段としてミサイル開発を重視していた。ソ連は，1957 年 8 月には世界で最初に ICBM の実験に成功し，10 月には人工衛星スプートニクの打ち上げにも成功した。このスプートニクの打ち上げは，西側諸国に大きな衝撃を与えた。打ち上げの 2 週間後にワシントンでイギリス及びアメリカとの間で首脳会談が行われ，両国の間で核協力を強化することが合意された。この会談でアイゼンハワーは，イギリスとの核協力の妨げであったマクマホン法を改正することを約束した。1958 年 7 月にアメリカ議会は，核兵器の開発に実質的な進歩を遂げた国に対しては，全面的な核協力が可能となるようにマクマホン法を改正した。この「核兵器の開発に実質的な進歩を遂げた国」に該当するのは当時イギリスのみであった。その翌日にイギリス及びアメリカ政府との間で，「相互防衛目的のための原子力利用に関する協力協定」が締結された。これによりイギリスは，核物質や核弾頭の設計及び製造に関するデータをもアメリカから獲得し，経済的な負担を最小限にしつつ，かつ効率的に核兵器を開発することが可能となった[22]。

　イギリスは，アメリカのマクマホン法の改正により，大きな恩恵を受けるようになった。しかし，この一方で，核領域におけるアメリカへの依存を深めていくこととなる。

第 2 節　運搬手段のアメリカへの依存と「自立」の追求

1　IRBM ブルーストリークの開発中止

　アメリカからの技術支援を受けて開発が進められていた IRBM ブルーストリークの射程は 3700km であり，ソ連の防空網を突破して主要な都市や軍事基地を攻撃することが可能であった。しかし，ロケットエンジンに液体燃料を用いるため発射準備に少なくとも 10 分から 15 分程度の時間を必要とし，即応性に欠けるという欠点を有していた[23]。イギリスの三軍の参謀長たちは，

この弱点に加えて、固定されたプラットフォームから発射されるブルーストリークが先制攻撃に対して脆弱であることも指摘し、ワトキンソン（Harold Watkinson）国防相に対してこの開発を見直すことを意見具申した。ソ連は1950年代後半から弾道ミサイルの配備を開始していたが、参謀長たちは、ソ連のミサイル攻撃から残存する能力を有していなければ、信頼性ある抑止力にならないと認識していたのである。参謀長たちは、核兵器の運搬手段として、移動可能なプラットフォームから発射される弾道ミサイルを要求するようになっていた[24]。

　IRBM ブルーストリークにはソ連の先制攻撃に対して脆弱であるという軍事的な弱点の他にも、経済的な問題も抱えていた。ブルーストリークの開発には1960年までにすでに6000万ポンドが費やされていた。しかし、地上発射ミサイルから地下サイロ発射ミサイルへの変更等、相次ぐ仕様変更によって、開発コストが5〜6億ポンドにまで膨らむことが予測された[25]。ブルーストリークは軍事的には第一撃兵器としての価値をなお十分有していた。しかし、第二撃兵器でなければ核兵器の保有が受け入れられないというコンセンサスが確立しつつあったイギリスでは、そのような軍事的効果を期待できない兵器に多大な金額を費やす余裕はなかった。

　そこでマクミラン首相は、1960年2月の国防委員会において、代替兵器をアメリカから購入することを条件として、IRBM ブルーストリークの開発を中止すると決定した。

2　ALBM スカイボルトの購入

　IRBM ブルーストリークの開発中止を決定したマクミラン首相が念頭に置いていた代替兵器は、いずれもアメリカで開発中の ALBM スカイボルトまたは SLBM ポラリスであった。このうち、スカイボルトは既存の V 型爆撃機に搭載することが可能であった。一方の SLBM ポラリスは、原子力潜水艦（以後、原潜と略す）に搭載しなければその抑止効果を大きく減じることになる。しかしイギリスの原潜開発はアメリカの技術支援下にようやく前年の1959年に開始されたばかりであり、SLBM を搭載可能な原潜が就航するのは1960

年代後半を待たねばならなかった。このため保守党政権は，プラットフォームと運搬手段の組み合わせとして，1960年代半ばから1970年頃までは，V型爆撃機とスカイボルトを，1970年以降については，原潜とSLBMポラリスやV型爆撃機の後継機とスカイボルト（またはその後継ミサイル），あるいは他の移動可能なシステムのいずれかを導入することが望ましいと考えていた[26]。しかし，これらの代替兵器の供与を受けるにはアメリカ政府と交渉する必要があった。

この交渉は1960年3月末にアメリカのキャンプ・デービッドで開催された英米首脳会談において行われた。マクミランはアイゼンハワーにALBMスカイボルトとSLBMポラリスの供与を要請した。アイゼンハワーは，スカイボルトに関しては，開発が成功した際に弾頭抜きで供与することが可能であり，またこれの使用に対する制約も課せられないであろうと述べた。一方，ポラリスについては，NATO内で検討されていた準中距離弾道ミサイル（MRBM）戦力の対象兵器であるので，これが決着するまでは検討することができないと述べた[27]。

1956年11月にヨーロッパ連合軍最高司令官（SACEUR）に就任したノースタッド（Lauris Norstad）は，ヨーロッパを目標としているソ連の中距離核戦力に対抗するためにヨーロッパ連合軍に600基のMRBMを配備することを要求していた。ノースタッドは，アメリカの支援を受けてヨーロッパの有志諸国が開発・生産したMRBMに，アメリカが提供する核弾頭を装着し，これをSACEURが統制・管理するというNATO核戦力構想を目論んでいたのであった。1959年12月のNATO理事会（NAC）でアメリカ政府は，開発中のSLBMポラリスを移動式地上発射ミサイルに仕様変更して，これをヨーロッパ有志諸国が生産し，配備するMRBM構想を提案した。マクミランとアイゼンハワーとの間で首脳会談が行われた1960年3月は，この構想がNATO内でまさに検討されている時期であったのである[28]。

このような状況を理解していたマクミランは，アイゼンハワーの提案を受け入れ，IRBMブルーストリークの軍事用ミサイルとしての開発を中止し，この代替としてアメリカからALBMスカイボルトを購入することを正式に決

定した[29]。この際に、アメリカ政府は、イギリス本土の海軍基地を、自国のポラリス潜水艦の母港として提供するよう申し入れた。マクミランはこの申し入れを受け入れた[30]。

　ALBMスカイボルトはアメリカで開発途中の、それも開発初期の段階であり、空中発射という弾道ミサイルの初めての試みであるということを考慮すれば、なぜマクミラン首相がスカイボルトの購入を決定したのかという疑問が出てくる。1960年2月の内閣防衛委員会においても、サンディス航空産業相は、スカイボルトの有効性がまだ証明されていないことに懸念を表明していた[31]。サンディスの懸念は現実化することになる。次章で詳細を述べるが、キャンプ・デービッド合意の僅か1年半後に、アメリカが技術的困難から開発中止を決定しようとする際に、開発の継続、代替兵器をめぐって、イギリスとアメリカの両政府間でスエズ危機以来という激しい対立を招くことになるのである。

　イギリス政府がALBMスカイボルトの購入を決定した理由として、既存のV型爆撃機を引き続き抑止力として使用できるという利点が挙げられる。射距離1850kmのスカイボルトを搭載すれば、ソ連の防空システムの奥深くまで侵入する必要がない上に、V型爆撃機は有人の航空機であるために引き続き運用の柔軟性を確保できる。また、何よりもスカイボルトの導入はV型爆撃機の僅かな改良のみで済むので安価である。さらに、イギリス空軍は引き続き核抑止力の担い手であることを望んでおり、核協力のカウンターパートであるアメリカ空軍もこれを強力に後押ししていた。これらに加えて、イギリスで計画されているポラリス潜水艦の就航が1960年代の後半であり、SLBMポラリスを購入すると1960年代前半から後半にかけて核抑止力の保有に間隙が生じるという問題もあった。その上、イギリス海軍も抑止力の担い手としての準備ができておらず、カウンターパートのアメリカ海軍もイギリス海軍との協力関係の構築に消極的であった[32]。これらの理由から、マクミラン政権は、SLBMポラリスではなく、ALBMスカイボルトを選択した。この一方で、マクミラン政権も、スカイボルトは単にV型爆撃機の延命のためのいわば輸血処置であり、1960年代後半には、SLBMポラリスを購入する

必要があるということを認識していた[33]。このため独自の核抑止力の継続を確実にするために，スカイボルトに加えポラリスの購入をも目論んでいた。

3　保守党政権が追求した「自立」の本質

IRBM ブルーストリークの開発を中止し，ALBM スカイボルトを購入するということは，イギリスが核兵器の運搬手段の供給をアメリカに全面的に依存することを意味していた。イギリス国内では，この問題をめぐって，核抑止力の「自立」に関する激しい議論が繰り広げられた。

1988 年から 92 年まで国防事務次官を務めたクインラン（Michael Quinlan）は，イギリスがアメリカからの核抑止力の「自立」を検討する際に，二つのシナリオを考慮する必要があったと述べている。第一は，アメリカが政治的には大西洋同盟に関与しているが，ソ連との核戦争が生起することを恐れて核兵器の使用を控えるというシナリオである。第二は，長期的にアメリカがヨーロッパ諸国と離別し，同地域から部隊を引き上げ，同諸国への核兵器の提供を止めるというシナリオである。第一のシナリオに対しては，アメリカの選択にかかわらずイギリス政府が独自の判断で核兵器を発射することができるという，運用上の自立性を確保していれば対処可能である。第二のシナリオに対しては，イギリスが核兵器を独自に開発・生産するという，調達上の自立性も必要になってくる。クインランは，保守党政権が，第一のシナリオに対処することを選択し，国防予算の 5% を投じて核抑止力を整備してきたと述べている。ちなみに，このイギリス政府の選択に対してフランス政府は，第二のシナリオへの対処を選択した。このため，国防調達費の 50% を核戦力整備に充当しており，核戦力整備に要した費用はイギリスの 3 倍から 4 倍であったと言われている[34]。

保守党政権は，核抑止力の「自立」について，戦略核戦力の行使のための最終決定権を自国が保持していることを最重視していた。このため，核兵器の保有・維持・管理を自ら実施することが必要であるが，核兵器自体は必ずしもイギリス製である必要がないと主張していた[35]。キャンプ・デービット合意では，ALBM スカイボルトの使用に関しては，アメリカからいかなる条

件も課せられていなかった[36]。イギリスはスカイボルトを自由に使用することができたのである。このため，イギリスは引き続き核抑止力の「自立」を維持しているというのが保守党政権の主張であった。

　それでは，この時期の保守党政権はどのような目的で核抑止力の「自立」を維持することを追求したのであろうか。橋口は，保守党政権が核抑止力の「自立」に固執したのは，軍事的な目的と政治的な目的を達成するためであったと指摘している。すなわち，1957年10月のスプートニク・ショック以降，アメリカ政府が自国民を犠牲にしてまでヨーロッパを防衛する意図があるのかという疑問を抱いた保守党政権は，核抑止力の「自立」を保持することによって，アメリカから提供される拡大抑止を補完することを軍事的な目的としていた。また，1957年3月のバミューダ会談以降に再構築されつつあった核領域での英米間の核協力を基盤として，核抑止力の「自立」を維持することにより，世界的問題に影響力を行使することのできる大国としての地位や，同盟内における地位を維持するという政治的目的も有していた[37]。

　このように保守党政権の模索したアメリカからの「自立」とは，アメリカと離れて独自の路線を進むという政策ではなかった。スエズ危機後に首相に就任したマクミランは，イギリスが独力で大国としての地位を維持することが不可能であると自覚していた。このため，アメリカの力を利用することを模索した。マクミランは核抑止力の「自立」に，アメリカに影響力を及ぼすための手段としての価値を見出していたのである。

　以上のように，保守党政権は，IRBMブルーストリークの開発中止を契機として，運用上の「自立」を維持することを模索するようになった。では，1960年代初頭にイギリス政府は自国の核戦力をどのように運用しようとしていたのであろうか。

第3節　1960年代初頭の核戦力の運用計画

1　戦後の軍事戦略の変遷

　1945年8月に広島と長崎に原爆が投下されて以降，世界は核兵器の時代

に突入した。イギリスの軍関係者たちは，核兵器が登場した当初においては，これを通常兵器の延長線上の威力の大きな爆弾と認識していた。1947年3月にイギリスの参謀本部が中心となり戦後最初の国防概観が作成された。この中で，戦争における核兵器の役割は，軍需工場，行政組織及び一般市民を爆撃することにより敵の継戦意思を挫くことであると述べられていた。これは，第二次世界大戦の戦略爆撃と同様の戦略思想であった[38]。

しかし，ソ連が原爆を保有し，近い将来にさらに威力の大きな水爆を保有することが確実視されるにつれて，イギリスの軍関係者の間で，核兵器に対する認識に変化が生じるようになった。1952年初め，参謀本部は戦略理論の大幅な見直しを開始し，6月に「国防政策と世界戦略」と題する報告書をチャーチルに提出した。報告書において参謀長たちは，西側諸国の軍事戦略の主たる目的がソ連と中国の侵略を阻止することに変化はないが，核攻撃技術が発達し，これに対する防衛手段が存在しないことから，どのようにして戦争を遂行するのかではなく，どのようにして戦争を抑止するのかに重点を置くべきであると指摘していた。この戦争を抑止する第一の方法は，ソ連指導部に対して，いかなる侵略行為にも圧倒的な核報復を受けることになると知らしめることであった。このためにイギリスは，西側の核抑止力の一翼を担わなければならないと参謀長たちは結論づけていた。また，抑止が失敗した場合に備えて通常戦力を整備する必要性を指摘しつつも，戦力整備の重点を核抑止力に置くべきであると主張していた。さらに，このような戦力整備を，自国経済を崩壊させることなく追求せねばならないとも述べていた[39]。このように，「国防政策と世界戦略」報告は，翌年のアメリカのアイゼンハワー政権による「ニュールック」政策の主張を先取りしたものであった[40]。

核兵器が本格的に配備されるようになった1950年代後半，国防支出の負担がイギリス経済を圧迫していると批判されるようになった。マクミラン首相は，軍事力を長期的に維持するためには，自国経済の健全性を保つことが不可欠であるが，大規模な通常戦力の保持により，財政的及び人的・資源的にこれが阻害されていると認識するようになった。このためマクミランは，通常戦力を削減し，これを核戦力によって補完する戦略を検討するよう指示

した。1957年に，徴兵制を廃止して70万人の総兵力を半減し，通常戦力の不足を核戦力により補う軍事戦略が発表された[41]。これ以降，イギリスの軍事戦略は核戦力にますます依存するようになった。

このように核戦力に依存した軍事戦略が採用される中で，ヨーロッパ，中東及び極東に配備された核戦力は，どのような運用が計画されていたのであろうか。

2　ヨーロッパにおける核運用

1952年10月に核保有国となったイギリスでは，これを運搬するためのV型爆撃機の配備も1955年2月より開始するようになった。1955年にヴァリアント飛行隊，1957年にヴァルカン飛行隊，1958年にヴィクター飛行隊が作戦任務を開始するようになったのである[42]。イギリス国内には1950年代初頭から核兵器を搭載したアメリカ空軍の爆撃機も常駐していた。このためイギリス空軍は，ヨーロッパ戦域においてアメリカ空軍と共同して核攻撃計画を作成することを模索するようになった。

1955年6月，核兵器の使用に関する防衛計画及び訓練の際の情報交換を定めた協定が英米間で締結され，イギリス空軍の参謀がアメリカのSACに派遣されるようになった。1957年11月にはイギリス及びアメリカの空軍間で，有事の際の攻撃目標の効果的配分についての討議が行われた。さらにイギリス空軍の爆撃部隊司令部とアメリカ空軍のSACの間で電話連絡のための専用線が設置されるとともに，共通攻撃目標を設定するための作戦規定が作成された。イギリスは1950年代末には十分な数の核爆弾を生産していなかったので，有事には同国のキャンベラ軽爆撃機とV型爆撃機に，アメリカ製の核爆弾を搭載することも計画されていた[43]。1960年9月にアメリカ政府は，陸海空軍で別々に作成されていた有事の際の核攻撃計画を一元化するために，統合戦略目標立案参謀部（JSTPS）を設立した。アメリカ政府は，JSTPSの設立によって，自国の陸海空軍のみならず，イギリス空軍の攻撃目標の配分も一元化することを企てていた。12月にJSTPSにより作成された単一統合作戦計画（SIOP）62では，アメリカ空軍がソ連の長射程の戦略核戦力を，イ

ギリス空軍が中射程の戦域核戦力を攻撃するという相互補完的な目標配分が行われていた。また，イギリス空軍の爆撃機は，ソ連に近接しているという地理的利点を活かし，アメリカ空軍の爆撃機に先んじてソ連の防空能力を無力化するという軍事的に重要な任務も付与されていた[44]。

1960年代前半のイギリスにおいては，上記のようなアメリカと共同してソ連を攻撃する計画の他に，自国が単独でソ連を攻撃する計画も存在していた。アメリカとの共同計画では，イギリス空軍は自国を目標とするソ連の核戦力を攻撃することになっていた。しかし，イギリス単独でこれら全てを攻撃することは核爆弾及び運搬手段の制約から不可能であった。このため，単独での攻撃計画においては，ソ連に対する報復のみを目的とし，ソ連の20の主要都市を爆撃することが計画されていた[45]。

以上のイギリス空軍の核運用計画は戦略的な任務であり，イギリス本土に配備されたヴァリアント，ヴァルカン，ヴィクターのV型爆撃機128機（以下，機数はいずれも1964年10月時点）が担っていた。ヨーロッパ戦域にはこれらの戦略核戦力以外にも戦術核戦力が存在していた。西ドイツに位置していたライン駐留イギリス陸軍（BAOR）には，核砲弾を発射可能な8インチ榴弾砲やコーポラル短距離地対地ミサイルが装備されていた。また西ドイツに駐留するイギリス空軍にも，ソ連の地上軍の侵攻を阻止するという戦術任務を行うために核爆弾が搭載できるキャンベラ軽爆撃機が32機配備されていた。また，ヨーロッパ沿岸で対潜哨戒任務に就くシャクルトン哨戒機70機にも戦術用の核爆弾の搭載が可能であった。これらの戦術核兵器のプラットフォームはイギリス政府の統制下にあった。しかしながら，核弾頭は全てアメリカ製であった。これらは，平時はアメリカ軍が管理し，有事の際にはNATOの計画に基づきイギリス軍に移管され，両国政府の共同決定により使用されることになっていた。従ってこれらの戦術核兵器は，イギリス政府が核使用の最終決定権を保持している「自立」した核兵器ではなかった[46]。

このように，ヨーロッパ戦域における自国の統制下にある戦略核戦力に対してイギリス政府は，自国が単独でソ連を攻撃する際には対価値目標を，アメリカとの二国間で攻撃する際には対兵力目標を計画していた。

3 スエズ以東における核運用

　イギリスの核兵器は，ヨーロッパ戦域に主たる努力が志向されていたのは紛れもない事実である。しかし，第二次世界大戦後も帝国の遺産として自国の軍隊を世界各地に展開していたイギリスは，キプロスとシンガポールにも核戦力を配備していた。キプロス[47]に配備された核戦力は，キャンベラ軽爆撃機であった。これは1955年3月に設立された中東条約機構（METO，1959年3月に中央条約機構（CENTO）に改称）の防衛に寄与するために1957年3月に配属された2個飛行隊に端を発している。このキャンベラ軽爆撃機は当初通常任務のみに従事していた。しかし1960年に4個飛行隊に増強され，同時にキロトン級のレッドベアード核爆弾が配備されるようになった。核装備されたキャンベラ軽爆撃機32機には，CENTOの作戦を支援する戦術任務が付与されていた[48]。

　一方，極東では，1954年9月に東南アジア条約機構（SEATO）が設立された。SEATOは，アメリカ，イギリス，フランス及びアジアの親西側諸国が協力し，共産主義の脅威に共同で対処することが目的とされていた。しかし1950年代半ばまで，イギリス政府は極東での紛争において西側諸国が核兵器を使用することに反対していた。それは核使用により，現地の西側に対する感情を悪化させ，共産勢力を利することになるからであった[49]。この一方で，東南アジア諸国に対する中国の大規模な侵攻が生起したならば，極東に駐留する西側諸国の通常戦力のみでこれに対処することが極めて困難であることも理解していた。1955年にイギリスの参謀本部は，中国が東南アジアに侵攻した際の防衛計画を検討した。この結果，中国南部の8個の飛行場と20の鉄道施設を含む50個の軍事目標を戦術核兵器によって攻撃することにより，中国の地上軍の侵攻を頓挫させることが可能であるとの結論を得た。さらに検討を進めた結果，1956年には，極東での戦術核兵器の使用が必ずしもソ連を巻き込んだ全面戦争に発展することにはならず，局地戦争に限定することが可能であると認識するようになった[50]。

　一方，アメリカも極東地域において核能力を有していた。しかし，イギリスの軍関係者は，アメリカの極東における核戦略や核攻撃計画について何も

知らされていなかった。イギリスの参謀本部は，アメリカ政府が戦争勃発と同時に敵の国内の軍事目標に対して核兵器を使用し，現地勢力で対処可能なレベルまで共産勢力の通常戦力を減少させる意図を有するであろうと予測していた。イギリスの参謀本部は，アメリカ政府の安易な核使用により，アジア諸国の西側諸国への感情を悪化させることを危惧し，同国の核戦略や核攻撃計画に彼らが関与することを欲していた[51]。

　中国の侵攻への対処という軍事的理由と，アメリカへの影響力の行使という政治的理由から，1956年6月に保守党政権は，極東に核戦力を配備することを決定した。1957年7月，危機の際にイギリス本土からV型爆撃機を緊急配備する態勢が整えられた。このV型爆撃機はイギリス単独で中国の東南アジアへの侵攻を阻止するために戦術的に使用されることになっていた[52]。しかし，この核配備は恒久的なものでなかった。このため，これによって極東での英米間の核協力は進展しなかった。そこで参謀本部は，極東に恒久的に核兵器を配備することが必要であると政府に意見具申した。これを受けて保守党政権は，1960年10月にシンガポールに配備中のキャンベラ軽爆撃機8機の核武装化と，核攻撃能力を持つ空母艦隊をシンガポールに常駐させることを決定した。この決定以降，極東地域でのイギリス空軍とアメリカ空軍との間で，核運用の協力が本格的に開始されるようになった。1962年10月に作成された共同核攻撃計画においてイギリス空軍のV型爆撃機は，中国南部の都市に対する戦略爆撃任務が付与されていた[53]。

　このように，極東地域においては，緊急時に来援するV型爆撃機が，アメリカ空軍との共同運用の際に戦略任務を遂行することになっていた。その他のキャンベラ軽爆撃機8機や核攻撃が可能な空母艦載機には戦術任務が付与されていた。また，緊急時に来援するV型爆撃機も，イギリス単独での運用の際には，戦術任務のみが付与されていた[54]。

　以上のように，保守党政権は，自国の核抑止力の「自立」には，安全を保障する最終手段に加えて，大国としての地位やアメリカとの「特別な関係」を維持するためのリソースとしての価値があると認識していた。しかし，保

守党政権が維持しようとした「自立」は，アメリカへの依存を前提としたものであった。これは，アメリカの核政策の変更により，保守党政権の「自立」を維持する政策も大きな影響を受けることを意味していた。

次章では，これが現実となった，アメリカ政府のALBMスカイボルトの開発中止を契機として，保守党政権の「自立」を維持する核政策に混乱が生じる経緯について詳しく見ていく。

注

1) Pierre, *Nuclear Politics*, p. 9; Freedman, *Britain and Nuclear Weapons*, p.1; マーガレット・ガウイング，柴田治呂・柴田百合子訳『独立国家と核抑止力――原子力外交秘話』(電力新報社，1993年)，14-16頁。
2) Pierre, *Nuclear Politics*, pp. 15-24; ジョン・ベイリス，佐藤行雄・重家俊範・宮川眞喜夫訳『同盟の力学――英国と米国の防衛協力関係』(東洋経済新報社，1988年)，36-37頁。
3) Pierre, *Nuclear Politics*, pp. 26-31; ベイリス『同盟の力学』，37-38頁。
4) Pierre, *Nuclear Politics*, pp. 44-47; ベイリス『同盟の力学』，38-41頁。
5) Pierre, *Nuclear Politics*, pp. 59-61; ベイリス『同盟の力学』，41頁。
6) ガウイング『独立国家と核抑止力』，111-131頁。
7) Pierre, *Nuclear Politics*, p. 120.
8) ガウイング『独立国家と核抑止力』，215-218頁; Pierre, *Nuclear Politics*, p. 75.
9) Lawrence Freedman, "British Nuclear Targeting," Desmond Ball and Jeffrey Richelson eds., *Strategic Nuclear Targeting* (Ithaca: Cornell University Press, 1986), pp. 114-116.
10) Baylis, *Ambiguity and Deterrence*, pp. 117-121.
11) CAB 128/27, CC(54)47th Conclusions, 7 Jul. 1954; CC(54)48th Conclusions, 8 Jul. 1954; CC(54)53rd Conclusions, 26 Jul. 1954.
12) Peter Hennessy, *Cabinet* (Oxford: B. Blackwell, 1986), pp. 137-138.
13) Pierre, *Nuclear Politics*, pp. 137-139. しかしながら，1954年の法改正では，核兵器の部品自体の設計や製造に関する協力は認められなかった。
14) Graham Spinardi, "Golfballs on the Moor: Building the Fylingdales Ballistic Missile Early Warning System," *Contemporary British History*, vol. 21, no. 1 (Mar. 2007), pp. 87-110.
15) 敵の兵器の有効射程圏外から目標を有効に攻撃し得る航空兵器をスタンド・オフ兵器という。防衛学会編『国防用語辞典』(朝雲新聞社，1980年)，167頁。
16) Humphrey Wynn, *RAF Nuclear Deterrent Forces: Their Origins, Role and Deployment 1946-1969* (London: The Security Office, 1994), pp. 188-189. ブルース

ティールの開発はその後も継続され1963年に装備化された。ブルースティールはレッドスノー水爆を装着してヴァルカン及びヴィクター爆撃機に1基搭載された。ブルースティールを搭載したヴァルカン及びヴィクターは40機であり，ポラリス潜水艦による抑止態勢に移行する70年まで戦略任務に就いていた。

17) Jan Melissen, "The Thor Saga: Anglo-American Nuclear Relations, US IRBM Development and Deployment in Britain, 1955-1959," *Journal of Strategic Studies*, vol. 15, no. 2 (Jun. 1992), pp. 174-175.
18) CAB 129/86, C(57)69, Note by the Minister of Defence, "Statement on Defence, 1957," 15 Mar. 1957.
19) Hans M. Kristensen, "U.S. Nuclear Weapons in Europe," *Natural Resources Defense Council*, 2005, pp. 12-13.
20) Melissen, "The Thor Saga," pp. 177-183.
21) この際にも，アメリカが持ち込んだミサイルを，ホスト国の準備した基地においてホスト国側の軍人が管理することになっていた。ソア及びジュピターの配備は，アメリカ本土にICBMを展開させるまでの暫定処置であり，これらのミサイルは1963年に全て撤収された。Timothy Ireland, "Building NATO's Nuclear Posture 1950-65," Jeffrey D. Boutwell, Paul Doty and Gregory F. Treverton eds., *The Nuclear Confrontation in Europe* (London: Croom Helm, 1985), p. 14.
22) John Baylis, "Exchanging Nuclear Secrets: Laying the Foundations of the Anglo-American Nuclear Relationship," *Diplomatic History*, vol. 25, no. 1 (Winter 2001), pp. 48-49.
23) Pierre, *Nuclear Politics*, p. 198.
24) CAB 131/23, D(60)1st Meeting, 24 Feb. 1960.
25) Pierre, *Nuclear Politics*, p. 198.
26) CAB 131/23, D(60)1st Meeting, 24 Feb. 1960; CAB 131/23, D(60)2, Memorandum by the Prime Minister, "Defence Policy," 24 Feb. 1960.
27) *FRUS 1958-1960,* vol. 7, part 2, no. 369, Memorandum From Secretary of State Herter to President Eisenhower, 27 Mar. 1960, pp. 860-861; no. 370, Memorandum for the Files, 29 Mar. 1960, pp. 861-863; no. 371, Memorandum From President Eisenhower to Prime Minister Macmillan, 29 Mar. 1960, pp. 863-864; no. 372, Memorandum From Prime Minister Macmillan to President Eisenhower, 29 Mar. 1960, p. 865.
28) John D. Steinbruner, *The Cybernetic Theory of Decision: New Dimensions of Political Analysis* (Princeton: Princeton University Press, 1974), pp. 184-185.
29) CAB 131/23, D(60)3rd Meeting, 6 Apr.1960. ブルーストリークは1960年に軍事用ミサイルとしての開発は中止されたが，民生用の人工衛星を打ち上げるための打ち上げ用ロケットとして活用するために研究は継続された。
30) *FRUS 1958-1960*, vol. 7, part 2, no. 369, Memorandum From President Eisenhower to Prime Minister Macmillan, 29 March 1960, pp. 863-864.

31) Baylis, *Ambiguity and Deterrence*, p. 287.
32) Ashton, *Kennedy, Macmillan and the Cold War*, p. 155.
33) Andrew Priest, *Kennedy, Johnson and NATO: Britain, America and the Dynamics of Alliance, 1962-68* (London : Routledge, 2006), p.18, note 82.
34) Michael Quinlan, *Thinking about Nuclear Weapons: Principles, Problems, Prospects* (Oxford: Oxford University Press, 2009), pp. 119-124.
35) CAB 131/23, D(60)2, Memorandum by the Prime Minister, "Defence Policy," 24 Feb. 1960.
36) *FRUS 1958-1960*, vol. 7, part 2, no. 369, Memorandum from Secretary of State Herter to President Eisenhower, 27 Mar. 1960, p. 861.
37) 橋口「冷戦の中の英米関係」、57-58頁。
38) Beatrice Heuser, *NATO, Britain, France and the FRG: Nuclear Strategies and Forces for Europe, 1949-2000* (London: Macmillan, 1998), pp. 66-67.
39) CAB 131/12, D(52)26, Report by the Chiefs of Staff, "Defence Policy and Global Strategy," 17 Jun. 1952.
40) Clark and Wheeler, *The British Origins of Nuclear Strategy*, pp. 160-182.
41) CAB 129/86, C(57)79, Note by the Minister of Defence, "Statement on Defence, 1957," 26 Mar. 1957.
42) Wynn, *RAF Nuclear Deterrent Forces*, pp. 115, 143, 149.
43) Twigge and Scott, *Planning Armageddon*, pp. 100-115.
44) DEFE 4/175, Annex to COS 3033/9/10/64, "British Nuclear Forces," 9 Oct. 1964.
45) Lawrence Freedman, "British Nuclear Targeting," Desmond Ball and Jeffrey Richelson eds., *Strategic Nuclear Targeting* (Ithaca: Cornell University Press, 1986), pp. 114-116.
46) DEFE 4/175, Annex to COS 3033/9/10/64, "British Nuclear Forces," 9 Oct. 1964. イギリスが有事の際にアメリカの戦術核を使用できるのは、1957年12月の首脳級NACで合意された核備蓄協定及び核協力協定を根拠としている。Hans M. Kristensen, "U.S. Nuclear Weapons in Europe," *Natural Resources Defense Council*, 2005, pp. 12-13.
47) キプロスは地中海の島であり、地理的にはスエズ以西に位置する。しかし、キプロスの空軍基地に配備された爆撃機の主要任務はCENTOの作戦支援であり、国防省の文書では、これらは、スエズ以東の戦力として記述されることが通例であった。
48) Wynn, *RAF Nuclear Deterrent Forces*, pp. 125-126; DEFE 4/175, Annex to COS 3033/9/10/64, "British Nuclear Forces," 9 Oct. 1964.
49) CAB 131/12, D(52)26, Defence Policy and Global Strategy, Report by the Chiefs of Staff, 17 Jun. 1952.
50) Matthew Jones, "Up the Garden Path?: Britain's Nuclear History in the Far East, 1954-1962," *The International History Review*, vol. 25, no.2 (Jun. 2003), pp. 310-313; DEFE 6/36, JP(56)115(Final), "Limited War," 26 Jun. 1956.

51) Jones, "Up the Garden Path," p. 310.
52) Wynn, *RAF Nuclear Deterrent Forces*, p. 442.
53) Jones, "Up the Garden Path," pp. 324-325.
54) DEFE 4/175, Annex to COS 3033/9/10/64, "British Nuclear Forces," 9 Oct. 1964.

第 2 章

保守党政権の「自立」をめぐる混迷
1962 年 11 月〜 1964 年 6 月

　本章では，1962 年 12 月にナッソー協定が締結されて以降，保守党政権の核抑止力の「自立」を維持する政策が混迷する過程を述べる。ナッソー協定以降，アメリカ政府は MLF 構想を推進し，これへのイギリスの参加を求めるようになった。アメリカとの「特別な関係」を維持することを重視していた保守党政権は，なぜ彼らの提案する MLF 構想への参加に逡巡したのであろうか。また，MLF 構想への参加をめぐり，イギリスの外務省と国防省の間ではどのような軋轢が存在していたのであろうか。これらの疑問に答えることにより，ウィルソンが政権に就いた直後に ANF 構想を提案しなければならなかった背景を明らかにする。

　まず，イギリスがナッソー協定において，アメリカから核抑止力の運搬手段として SLBM ポラリスの供与を受けるようになった経緯を述べる。次いで，ナッソー協定において謳われていた，NATO 核戦力の解釈をめぐるイギリス政府とアメリカ政府の軋轢を明らかにする。そして，MLF への参加をめぐるイギリスの外務省と国防省の軋轢についても明らかにする。

第 1 節　ナッソー協定と「自立」の維持

1　スカイボルトの代替兵器としての SLBM ポラリス

　1961 年 1 月，アメリカでケネディ政権が誕生した。国防長官に就任したマクナマラ（Robert S. McNamara）は，3 月にイギリスのワトキンソン国防相と会談し，開発に成功した場合と留保をしつつも ALBM スカイボルトをイギリスに供与することを再確認した[1]。マクナマラ自身も，就任当初はスカイ

ボルトの性能を評価していた。マクナマラは，スカイボルトの開発には 16 億ドルを要するが，これを装備した B-52 爆撃機部隊が，ソ連のほとんどの防空網を突破して目標物を攻撃することが可能になると認識していた[2]。マクナマラは，スカイボルトによって敵の防御手段を破壊することができるならば，開発経費が高額な超音速の B-70 爆撃機による侵入より効果的であるとも述べていた[3]。しかし 1962 年に入ると，スカイボルトの開発に疑念が持たれるようになった。アメリカでは ICBM ミニットマンや SLBM ポラリスの開発が実用化に向け順調に進行していた。一方のスカイボルトは，4 度連続して発射実験に失敗した上に，ミニットマンやポラリスに比較すると命中精度が最も劣る半面，最も高価であることが明らかになりつつあった。マクナマラは，技術的・経済的理由から開発を断念すべきであると考えるようになった[4]。

　1962 年 11 月，マクナマラはオームズビー・ゴア（David Ormsby-Gore）アメリカ駐在イギリス大使と会談し，ALBM スカイボルトの開発中止を検討していると伝えた[5]。保守党政権にとってスカイボルトの開発中止は由々しき事態であった。1960 年 4 月に IRBM ブルーストリークの独自開発を中止して以降，運搬手段の将来をスカイボルトのみに託していたので，これは核抑止力の喪失に直結するからである[6]。このスカイボルトの開発中止は，マクミランにとって国内政治的にも大きな打撃であった。1962 年頃のマクミランを取り巻く政治状況は，ヨーロッパ経済共同体（EEC）への加盟申請に対する批判，失業者の増加とインフレーション，選挙における敗北などで悪化していた。その上，保守党政権は，核抑止力の「自立」を維持することを重要課題として掲げていたので，これを喪失することは，マクミラン自らの地位とともに，保守党の政権基盤を揺るがしかねない事態であった[7]。

　ALBM スカイボルトの開発中止を伝え聞いたマクミランは，対応策を検討するために閣僚たちから意見を聴取した。フレーサー（Hugh Fraser）空軍大臣は，アメリカ政府に対して開発の継続を申し入れるべきと主張した[8]。これに対してソニークロフト（Peter Thorneycroft）国防相は，代替として SLBM ポラリスを求めるべきと主張した。ただし，これには問題もあった。

第 2 章　保守党政権の「自立」をめぐる混迷

イギリスがこれを搭載する原潜の建造を直ちに開始したとしても，その就航は 1970 年以降になる。一方で，V 型爆撃機は 1960 年代半ばには抑止力としての信頼性を失うと警告されていた。つまり，ポラリスの獲得に成功しても，1960 年代半ばから 1970 年に至る間，核抑止力の空白期間が生じるのであった。ソニークロフトは，この間隙を埋めるために，イギリス製の原潜が就航するまでの間，原潜の貸与も要求すべきであるとも主張していた[9]。

ALBM スカイボルトの開発問題を協議するためにロンドンを訪問したマクナマラは，1962 年 12 月 11 日にソニークロフトと会談した。マクナマラは，①アメリカの技術的及び財政的支援下でイギリス単独で開発を継続する，②代替兵器として ALCM ハウンドドッグを供与する，③イギリスが海洋配備混成兵員 MRBM 戦力に参加する，という三つの選択肢を用意していると述べた。実はケネディ政権は，アイゼンハワー政権期に検討されていた NATO 核戦力構想に関して，ノースタッドが提案していた陸上配備の戦力構想を，西ヨーロッパ諸国の領土内に設置することにより統制が困難になるとの理由で却下していた。そして，ヨーロッパ諸国が希望するのであれば，同盟諸国間で所有・財政負担・統制・兵員提供を行う海洋配備混成兵員 MRBM 戦力の創設にアメリカが協力する用意があると NATO 諸国に提案していた[10]。1962 年 10 月に国務省政策企画室のスミス (Gerard Smith) とリー (John M. Lee) 海軍少将を派遣し，200 基のポラリス・ミサイルを搭載した 25 隻の水上艦から構成される混成兵員艦隊の創設を打診していた[11]。

マクナマラの提示した選択肢に対してソニークロフトは，①が唯一の出発点になるが，それすらも満足できるものでないと述べ，これらを拒否した。そして，自国にとって最善の選択肢は，代替として SLBM ポラリスの供与を受けることであると述べた。ソニークロフトはさらに，抑止力の空白期間を埋めるために原潜の貸与を要求した。マクナマラはこれらの検討を約束し，両者は 18 日から予定されている首脳会談でこれらを協議することに合意した[12]。

ソニークロフトとの会談を終えたマクナマラは，ワシントンに戻り対応策を協議した。マクナマラは，原潜の貸与については拒否するが，スカイボル

トと同様の条件で SLBM ポラリスを供与すべきであると主張した。これに対してボール（George Ball）国務次官は，イギリスへのポラリスの供与に対して，フランスと西ドイツが反発することを危惧していた。ケネディはイギリス政府の立場に立てばスカイボルトの代替をアメリカ政府に求めるのは当然であると認識していた。ケネディは，ポラリスを供与する見返りとして，これを搭載した潜水艦を多角的または多国間の核戦力に提供することをイギリス政府に確約させ，併せて通常戦力の増強を要求するという交渉方針を決定した[13]。

2　スエズ以東での SLBM ポラリスの独自使用をめぐる論争

　1962 年 12 月 18 日からバハマのナッソーにおいて首脳会談が行われた。会談では，キューバ危機後の東西関係，核実験禁止条約交渉の進捗状況，ベルリン問題，中国の侵攻を受けたインドへの支援，コンゴ問題，イギリスの EEC 加盟問題などの幅広い議題が協議された。しかし，中心的な議題は ALBM スカイボルトの開発中止をめぐる問題であった[14]。

　スカイボルトの問題は 19 日から協議された。9 時 50 分から開始された午前の会談においてケネディは，ALBM スカイボルトの代替として ALCM ハウンドドッグを供与するか，または，自国が全額負担してきた開発経費を今後は英米で公平に分担して開発を継続すること（ただしアメリカは開発したスカイボルトを購入しない）を申し出た。これに対しマクミランは，巡航ミサイルであるハウンドドッグは，飛翔速度が遅いこともあり抑止力としての信頼性に欠けるとの理由で拒否した。また，イギリス議会や世論は，アメリカが装備化しないスカイボルトの開発を受け入れないであろうと述べた。そこでケネディは，NATO の多角的な核戦力に関与させるとの条件で SLBM ポラリスを供与する案を提示した。これに対してマクミランは，例えばイギリス政府が SEATO での義務を果たすために，SLBM ポラリスを独自使用することが許されるのか否かについて質問した[15]。ナッソー会談に際してマクミランは，保守党のバックベンチャーたちから，核抑止力の「自立」を固守するよう圧力を受けていた。「自立」を維持することが至上命題であったマクミランに

とって，これは重要な問題であった[16]。このため，これについては午後からの会合で検討されることになった。

19日の午後4時30分から再開された会合の冒頭で，アメリカ政府はマクミランが午前中に提起した質問への回答を文書で提示した。そこには，「急を要する緊急事態において，イギリス政府は提供した部隊を自らの決定により使用することができる[17]」と述べられていた。これを見てヒューム（Lord Home）外相は，「例えば（イギリス政府が）ベンガル湾へのポラリス潜水艦の派遣を（他国から）要請された際にも使用が可能であるのか」と質問した。ケネディは，「それは想定している（急を要する緊急）事態ではない」と返答した。ボール国務次官は，「（急を要する緊急事態とは）貴国本土が直接侵略の脅威を受けている事態である」と補足した。これに対してヒュームは，「クウェートやそこでの我が国の石油利権を防衛することも急を要する緊急事態と言えるのではないか」とさらに質問した。ボールは，極東や中東においてイギリスが単独で核兵器を使用する際に必要なのは戦術核であり，これはポラリス潜水艦ではなく現有戦力で対処可能であると応じた。このやり取りを聞いていたマクミランは，「極東や中東での使用が認められないのであれば，我が国世論はポラリス潜水艦の建造を認めないであろう」と述べ，アメリカ政府の見解に反対の意を表明した[18]。

19日の会合においてマクミランとケネディは，アメリカ政府がALBMスカイボルトの開発を中止し，代替としてSLBMポラリスを供与することに合意した。しかし，これを独自使用する条件に関しては両国政府間の認識に隔たりがあり，翌日以降に議論することになった。

3 「究極の国益条項」による「自立」の維持

ソニークロフト国防相は，アメリカ政府がSLBMポラリスの提供に合意する一方で，核抑止力の「自立」の放棄を迫っていることが明白であり，交渉によっても合意に至ることはできないであろうと悲観的であった[19]。一方，マクミランは，アメリカ政府がポラリス潜水艦の独自使用に対して，極めて限定的ではあるが認めていることを評価していた。彼は，独自使用が可能な

事態を明確に定義することを回避しつつ，イギリス政府がこの権限を有することが明示された文言を考案することが突破口になり得ると考えていた[20]。

20日の首脳会談は午前10時30分から開始された。イギリス政府は前日にアメリカ政府から提示された共同声明草案に対する修正案を提示した。これを確認したケネディは，第8段落の記述に対して懸念を表明した。そこには，「イギリス政府は，ポラリス潜水艦隊の主要任務がNATO領域の防衛であることを理解している」と述べられていた[21]。これは裏を返せば，それ以外の任務としてNATO領域外にも展開することを可能としていた。

ケネディは「フランスがイギリスと同じ条件でSLBMポラリスを要求する」ことを懸念していた[22]。アメリカ政府がこれを拒否すると，ドゴール (Charles de Gaulle) がアメリカへの批判を強め，これを口実に反米路線を強めることは容易に予想できた。一方で，フランスへの供与を認めると，西ドイツも同様の要求を行うであろうと予測された。この結果，アメリカ政府が反対している「小規模な独自核戦力」が乱立することになる。ケネディ政権は，緊要地域へのソ連の侵攻に対して直ちにソ連本土に大量の核兵器で報復攻撃を行うと威嚇するいわゆる「大量報復戦略」から，ソ連の侵攻と規模に応じて段階的に柔軟に対処するいわゆる「柔軟反応戦略」に核戦略を転換することを推進していた。このために，アメリカ政府が全ての西側核戦力を一元的に管理することを重視していた。「小規模な独自核戦力」は，彼らの新たな核戦略の有効性を損なうことに繋がりかねなかった[23]。ケネディは，イギリス政府がポラリス潜水艦を引き上げる際にアメリカ政府との事前協議を確約するならば，これをスエズ以東において独自使用することを受け入れると述べた。この一方で，フランスがイギリスと同様の条件でSLBMポラリスの獲得を望まないような文言が共同文書で提示されることを欲した。これは事務レベルでさらに検討させることになった[24]。

首脳会合は12時に再開され，修正された草案が提示された[25]。これを見てマクミランは，ポラリス潜水艦の「自立」の要素が全く入っておらず同意できないと述べた。マクミランは，「イギリス政府が究極的な国益が危機に瀕していると判断した際には，ポラリス潜水艦を独自使用することが可能で

ある」ことを明確にする必要があると強く訴えた。そして,「もしこれが認められないのであれば，SLBMポラリスの獲得を断念し，何らかの新たな方法を模索せざるを得ず，その際にはイギリスの国防政策の全ての変更を伴うであろう」と警告した。これに対してケネディは，草案のさらなる見直しを提案した[26]。

再度事務レベルでの協議が行われ，ようやく共同声明が合意された[27]。21日に両国首脳が発表した「核防衛システムに関する声明」いわゆる「ナッソー協定」では，①SLBMポラリスの供与の目的は多角的なNATO核戦力を発展させること，②アメリカがイギリスに弾頭抜きのSLBMポラリスを供与し，イギリスはこれを搭載する原潜とこれに装着する核弾頭を製造すること，③イギリスはポラリス潜水艦をNATO核戦力に提供し，NATOが承認した攻撃目標を選定すること，④イギリスのポラリス潜水艦と少なくとも同数のアメリカの核戦力をNATOの多角的な核戦力に包含させること，⑤イギリスは，究極の国益が危機に瀕していると判断する場合を除き，ポラリス潜水艦を西側同盟の国際的防衛のために使用すること，が謳われていた[28]。

マクミランは，ポラリス潜水艦の独自使用が可能な「究極の国益が危機に瀕している」事態を「イギリス政府が判断する」という「究極の国益条項」をケネディに認めさせることにより，核抑止力の「自立」を維持することに成功した。一方でケネディの要求に応じ，この引き上げの際には，アメリカ政府との事前協議を確約した覚書を手交した[29]。

第2節　NATO核戦力をめぐるアメリカ政府との軋轢

1　ナッソー協定で言及されたNATO核戦力の二つの形態

ナッソー会合においてマクミランは，SLBMポラリスの供与を受ける代償として，アメリカ政府が提案中の多角的な核戦力の設立への協力と，ポラリス潜水艦のNATO核戦力への提供を受け入れた。しかし，この「多角的な核戦力」や「NATO核戦力」がどのような形態となるのかは，両国政府間の認識が一致していなかった。そもそもナッソー協定においては，「NATO核戦

力」(第6項),「多角的な NATO 核戦力」(第7項),「NATO の多角的な戦力」(第8項) の用語が混在する。これについて, 協定を専門家の助けを借りずに性急に作成したため, 用語の使用に統一性がなく, 意味不明な箇所が存在し, これが後の軋轢の原因となったと指摘されてきた[30]。これに対してマーレー (Donette Murray) は, 英米両政府がともに交渉に成功したと主張可能なように, 敢えて曖昧にさせる必要があったと述べている[31]。このマーレーの見解が妥当であるとしても, NATO 核戦力や多角的な核戦力に関して, 両国政府間で何がどこまで合意されたのかを明らかにしておく必要があろう。

アメリカ政府が定めた交渉方針において, イギリスにポラリス潜水艦の提供を求める核戦力が, 多角的または多国間の核戦力とされており, そもそも曖昧なものであった。もともと国務省は, SLBM ポラリスの供与ではなく, 自国が提案していた海洋配備混成兵員 MRBM 戦力へのイギリスの参加を要求すべきであると主張していた[32]。ナッソー会談においてもボールは, 多角的な核戦力について, 参加諸国が兵員の提供や経費の分担を行い, NATO 司令官が指揮統制や行政的な管理を行う核戦力であると定義していた。彼は, 独自使用のためにこれから部隊を引き上げることを原則として認めないと明確に述べていた。そして, ポラリス潜水艦の提供先は多角的な核戦力でなければならないとも述べていた[33]。ここでボールが述べた多角的な核戦力が海洋配備混成兵員 MRBM を意味していたのは明白であった。12月19日の会合後にイギリス政府に手交された共同声明草案において,「19日の会合において (ケネディ) 大統領が海洋配備混成兵員 MRBM から編成される多角的な核戦力を同盟諸国とともに創設することをイギリス政府に提案し, (マクミラン) 首相はこれに合意した」と記されていたのである[34]。

一方, イギリス政府は, SLBM ポラリスの提供を海洋配備混成兵員 MRBM 戦力と直接関連づけされることを, 核抑止力の「自立」を維持するために是が非でも回避せねばならなかった。上記の共同声明のアメリカ草案に対して, イギリス政府は, 大統領が提案し, 首相が受け入れたのは, 単に NATO 核戦力の創設であると修正を申し入れていた[35]。イギリス政府は, 自国のポラリス潜水艦に他国の兵員が乗り込むことなど, 受け入れられなかったのである。

マクミランは，ポラリス潜水艦が就航するのは先の話であるので，NATO核戦力を設立する第一段階として，イギリスとアメリカの既存の核兵器を「NATOにプール」することを提案した[36]。これは多国間の核戦力であり，国家が保有する部隊を，平時からNATO司令官に配属するか，または平時には割り当てに留められるが，有事にはNATO司令官が作戦統制を行う部隊である。マクミランは，自国のV型爆撃機を提供する多国間の核戦力を編成することにより，V型爆撃機の後継とされているポラリス潜水艦も，引き続き多国間の核戦力に提供することを目論んでいたのであった。このために，共同声明草案のイギリスの修正案では，アメリカ政府案に存在していたポラリス潜水艦の提供先を多角的な核戦力と示唆する文言や，多角的な核戦力を海上配備MRBM戦力と示唆する文言が全て削除されていた[37]。

アメリカ政府は，当初は英米が提供する既存の核戦力でNATO核戦力を編成すること（これは共同声明の第6項に明示されていたので「第6項核戦力」と称されるようになる），その後に同盟諸国と交渉しつつこれを発展させることに合意した。この第6項核戦力が，多国間の核戦力になることは自明であり，アメリカ政府もこれを認めていた。これに引き続き創設されるNATO核戦力を，多角的な核戦力とするのか多国間の核戦力とするのかは，重要な問題であった。アメリカ政府は，イギリス政府の修正案で存在していたNATO核戦力を多国間の核戦力として編成することを示唆する文言を全て削除することを要求しており，第6項核戦力の編成後に，引き続き創設されるNATO核戦力を多角的な戦力に導くことを欲していた[38]。しかし，イギリス及びアメリカ政府が，第6項核戦力に引き続き創設されるNATO核戦力の構成を議論するための時間は残されていなかった。また，NATO核戦力はイギリス及びアメリカ政府のみならず，他の同盟諸国とも協議しなければならない問題であった。このため，1962年12月の時点では明確にせず，引き続き検討することとされた[39]。

ナッソー会談で英米両政府が合意した事項を整理すると，最も広い意味でNATO核戦力という用語が使用されていた。多角的な核戦力とは混成兵員部隊のことであり，多国間の核戦力とは国家保有の核戦力から編成されること

が暗黙裡に合意されていた。第 6 項核戦力は NATO 核戦力の一部であり，明示されていないがこれは多国間の核戦力であると理解されていた。また，イギリス政府は，多角的な核戦力の創設への協力，ポラリス潜水艦の NATO 核戦力への提供を確約した。しかし，多角的な核戦力に参加する義務を有するか否か，ポラリス潜水艦の提供先が多角的な核戦力であるのか多国間の核戦力であるのか，多角的な核戦力がどのような兵器から構成されるのかについては，両国政府間の一致した見解は存在しなかった。

　1963 年 1 月より，ナッソー協定での合意事項を実行に移すための協議が実務レベルで開始された。この協議が進展するにつれ，イギリス政府とアメリカ政府との間の認識の差異が次第に明らかになっていった。

2　多角的な核戦力を狭義に捉えるアメリカ政府の企て

　ケネディ政権は，西側核戦力を一元的に統制することや西ドイツの核保有への願望を充足させることを目的として，NATO 諸国と多角的な核戦力を創設することを推進してきた[40]。このため，ナッソー会合で共同声明に合意したケネディは，フランスの核戦力も多角的核戦力に統合することを目論み，イギリスと同様の条件で SLBM ポラリスを供与することをドゴールに申し出ていた[41]。ナッソー会合後の成果検討会議においてマクナマラは，「イギリス及びフランスが核兵器の供給をアメリカに依存することにより，両国の核に関する最終決定に対して我々が間接的に影響力を増大することが可能となる[42]」とナッソー協定を評価していた。核戦力の一元的統制に関する成果を得たアメリカ政府が次に重視したのは，西ドイツ政府に多角的な核戦力構想を受け入れさせることであった。

　もともと西ドイツ政府は，アメリカ政府の提案する核戦力構想に肯定的であった。これに参加することにより，NATO を媒介として核兵器への影響力を強めることが期待できたからである[43]。しかしアメリカ政府の提案する核戦力構想は，必ずしも西ドイツ政府が求めていたものではなかった。ケネディ政権は，1962 年 7 月に西ドイツ政府が支持していたノースタッドの陸上配備核戦力構想を却下するとともに，自国が核使用の最終決定権をあくまで

も保持することを明確にした。これに不満を抱いたゴーリストと称されていた西ドイツのアデナウアー（Konrad Adenauer）首相やシュトラウス（Franz Josef Strauß）国防相は，1962 年初頭から取り組んできた核領域におけるフランスとの提携に向けた協議を推進するようになる。この西ドイツとフランスの接近が明らかになるにつれ，急速な経済復興を実現させ，多くの人口を抱える西ドイツを，フランスではなく自国に繋ぎ止めておくことをケネディ政権は重視するようになった。

これに対して，フランスのドゴール大統領は，ナッソー協定をアメリカとイギリスによるヨーロッパ支配の強化であると受け取り，1963 年 1 月 14 日の記者会見において多角的な核戦力への不参加を表明するとともに，イギリスの EEC 加盟申請も拒否した。そして，22 日に仏独協力条約（エリゼ条約）に調印し，フランスと西ドイツの間での提携を基盤とした「ヨーロッパ人によるヨーロッパ」の構築を推進する姿勢を見せ，アメリカとの対決姿勢をますます鮮明にしていくことになる[44]。

1963 年 1 月にアメリカのボール国務次官が訪独し，アデナウアー首相，シュレーダー（Gerhard Schröder）外相，ハッセル（Kai-Uwe von Hassel）国防相に対して多角的な核戦力の概要を説明した。この時期，西ドイツの与党であったキリスト教民主同盟（CDU）／キリスト教社会同盟（CSU）連合内では，大西洋派と呼ばれるアメリカとの協調を重視する勢力と，ドイツ・ゴーリストと呼ばれるフランスとの協調を重視する勢力との間で激しい主導権争いが繰り広げられていた。1962 年 10 月，ドイツ・ゴーリストのシュトラウス国防相が職を辞し，後任として大西洋派のハッセルが就任していた。フランスとの協調路線を推進していたアデナウアー首相に対し，シュレーダー外相及び次期首相に内定していたエアハルト（Ludwig W. Erhard）経済相は大西洋派であった。シュトラウスが辞任し大西洋派のハッセルが国防相に就任したことにより，内閣の大勢はアメリカとの協調を重視するようになっていた[45]。

アデナウアー，シュレーダー及びハッセルに対する多角的な核戦力の説明に際してアメリカのボール国務次官は，同戦力において西ドイツが他国と完

全に平等な立場になることを強調した。そして、①過渡的段階として多国間の核戦力を採用したが長期的にはこれを多角的な核戦力にする、②多角的な核戦力を水上艦から編成する、③統制問題を解決するための手段としてNATOの主要5大国とローテーションで参加する小国から構成される執行委員会を構築する、④イギリスは自国の核戦力を独自使用する権利を有するがマクミランはそのような可能性がほとんどないと述べている、⑤イギリスの核戦力を将来的には多角的な核戦力に統合する、とのアメリカ政府の意向を説明した[46]。

このボールの説明が、ナッソー会合でイギリス政府とアメリカ政府との間で合意された以上の内容であることは明白であった。ボールはヨーロッパにおいて超国家的な統合体が創設されることによって、相互依存可能な対等な米欧関係の構築が可能となり、その結束も強化されるとの信念を抱いていた。そもそもボールは、自他ともに認める「ヨーロッパ中心主義者」であった。1950年代前半、ヨーロッパ統合の父と称されているフランスのモネ（Jean Monnet）が、超国家的なヨーロッパ統合に向け、軍事領域を担う組織としてヨーロッパ防衛共同体（EDC）構想の実現を模索したが、その際の助言者の一人がボールであった。ボールは、国家存亡の基礎であり、国家主権の中核である軍事力を統合することにより、ヨーロッパが狭量なナショナリズムから脱し、超国家的な組織体に向かうことを思い描いていたのである[47]。

ボールは、NATOの核共有問題の解決や柔軟反応戦略の有効性を高めるための手段としてケネディ政権内で検討されていた多角的な核戦力構想を、ヨーロッパ統合の促進に向けた新たな手段と捉え、これを積極的に推進しようとしていた。ボールにとって、NATO核戦力への各国の主権が及ぶことを回避するために、これを海洋に配備することが不可欠であった[48]。

アメリカ政府は、イギリスが多角的な核戦力に反対であることを理解していた。そこで、イギリスの機先を制して西ドイツとの間で合意を取り付け、これを既成事実化していくことを模索するようになる[49]。1963年1月下旬から2月中旬にかけて、ケネディ政権の高官たちの間で対ヨーロッパ政策の再検討が行われた。この中で、ナッソー会合では曖昧であった多角的な核戦

力の形態を，混成兵員の水上艦隊から構成することを決定し，これを多角的核戦力（MLF）と称して，ヨーロッパ諸国に対してアピールしていくことになった[50]。

3 MLFへの参加を求めるアメリカ政府からの圧力

一方，イギリス政府内でも，ナッソー会合で獲得した核抑止力の「自立」を維持するために，NATO核戦力の構築をどのような方法で進めていくべきかの検討が行われていた。彼らは，核兵器への関与を求める非核保有諸国，特に西ドイツの願望を満たすことが重要であると認識していた。そこで，第6項核戦力に，英米の提供する戦略核戦力に加え，非核保有諸国が保有する戦術核兵器のプラットフォームを包含すべきであると考えた[51]。彼らは，多国間の核戦力である第6項核戦力と多角的な核戦力は，ともに西ドイツの核兵器に対する願望を叶えるものであり，両立可能であると理解していたのであった[52]。

1963年2月末から3月にかけて，アメリカ政府のMLF交渉の特別大使に任命されたマーチャント（Livingston Merchant）がヨーロッパ諸国を歴訪し，MLFに対する反応を探った。マーチャントの報告書では，アメリカが西ドイツとの核協力を深めればイギリスも参加せざるを得ないこと，MLFが米独の二国間での取引と他国から非難されないためにイギリスの参加が不可欠であること，イギリスの積極的な姿勢によりイタリアをはじめヨーロッパ小国もMLFに参加するようになるであろう，と述べられていた[53]。

混成兵員水上艦隊のMLFへの参加を求められるようになったイギリス政府は，これをアメリカ政府が推進し，西ドイツが支持していることを鑑みると，これに対して完全に否定的な態度を取ることが得策ではないと認識するようになった。また，イギリス及びアメリカ政府間で同時並行的に交渉されていたSLBMポラリスの売却協定への影響も考慮する必要があった。このため，同盟諸国とMLFに関する協議を開始しつつも，これへの参加を確約させられることがないように慎重に行動すべきであるとの方針が閣議で合意された[54]。

1963 年 5 月，オタワで開催された閣僚級 NAC において，イギリスが保有する全ての V 型爆撃機とアメリカの 3 隻のポラリス潜水艦を SACEUR に提供することが合意された。この核戦力は同盟国間核戦力（IANF）と呼称され，これはナッソー会合で合意された第 6 項核戦力であった。また，SACEUR の核問題担当代理（Deputy for Nuclear Affairs）を新設してヨーロッパ人を就任させることや，アメリカの SAC に NATO 分室を設置し，ヨーロッパ連合軍総司令部（SHAPE）から連絡将校を派遣することも合意された[55]。これによりアメリカ政府，特に国務省は，次の段階である多角的な核戦力の創設に向け，同盟諸国にさらに働きかけを強めるようになった。国務省は，西ドイツとの平等性を確保するために MLF へのイギリスの参加や，西側核戦力の一元的統制のためにイギリスのポラリス潜水艦を MLF に包含することを目論み，マクミラン政権への圧力を強めていった[56]。

第 3 節　MLF への参加をめぐる外務省と国防省の軋轢

1　MLF の財政及び人的負担とスエズ以東防衛への影響

　マクミラン政権は，アメリカから MLF への参加を求められ，対応に苦慮するようになった。核抑止力の「自立」とアメリカとの良好な関係を両立するためには，ポラリス潜水艦を多国間の核戦力に提供しつつ，混成兵員水上艦隊にも参加することが必要であった。しかしマクミランにとって，これは不可能でないにしろ極めて困難であった。ナッソー会合においてマクミランは，原潜の建造を伴う SLBM ポラリスの導入に加え，ヨーロッパ防衛に貢献するための通常戦力を増強することを約束していた。マクミランは，これらの費用を捻出するために，国防支出の見直しを財務省，外務省及び国防省に指示した[57]。

　トレンド内閣官房長は，外務省，国防省，財務省等の意見を取りまとめ，1963 年 6 月に「将来の国防政策」と題された報告書を提出した。この中で彼は，国防支出を GNP の 7% 以内に抑えるために，軍事力を削減することが不可欠であると述べていた。そして，核抑止力の提供，西ヨーロッパ防衛，

スエズ以東防衛，という第二次世界大戦後から維持されてきた三つの戦略役割のうち，いずれかを放棄せざるを得ないと指摘していた。トレンドは，保守党政権の核抑止力の「自立」を維持するという方針，ヨーロッパ諸国からの反発，石油の安定的供給という観点から考慮すると，軍事力の削減は極東からの撤退以外に方法がないと結論づけていた。そして，これについても，同地域に力の空白を生じさせないために，同盟諸国に対して防衛分担を要求するとともに，長期的かつ計画的に行う必要があると述べていた[58]。

この報告書を検討するために開催された国防委員会では，トレンドへの反対意見が相次いだ。ソニークロフトは，極東からの撤退に反対であり，必ずしもGNPの7％にこだわる必要はないと主張した[59]。ヒューム外相も，ソ連及び中国がその勢力を拡大している中で，SEATOにおける自国の義務を一方的に否認することは不可能であると主張した[60]。マクミランは，三つの戦略役割を引き続き維持するという前提で，兵器システムの研究開発や戦力配備の見直しにより国防支出を抑制することを検討するよう指示した[61]。

このように保守党政権は，核抑止力の維持を聖域化する一方で，ヨーロッパ防衛やスエズ以東防衛も継続することが必要であると認識していた。MLFへの参加には，最低でも年間1億ポンドの経済負担と，スエズ以東の艦隊から9隻の護衛艦を削減するのに相当する人的負担が必要であると見積もられていた[62]。三つの戦略役割に固執していた保守党政権にとって，新たな財源や人的資源の投入が必要なMLFに参加することは困難であった。

2　外務省の変心とMLF作業部会への条件付き参加

MLFへの参加に反対していたマクミランら保守党政権首脳部に対してイギリスの外務省は，消極的な姿勢を示し続けること自体が，アメリカとの関係上，好ましくないと考えていた[63]。1963年5月初旬には，ケネディからマクミラン宛のMLF設立への協力を要請する書簡も届いた[64]。このため5月下旬の閣議において，再びMLFへの対応が議論された。

閣議での議論に先立ち，外務省及び国防省は，それぞれMLFへの対応に関する自省の意見をまとめた覚書を5月28日に提出した。外務省の覚書では，

西ドイツが MLF を支持している，イギリスが MLF に参加して内部から西ドイツの核兵器へのアクセスを統制すべきである，フランス以外の同盟諸国もイギリスの参加を望んでいる，イギリスが参加しなくても MLF は早期に成立することが予想され，この場合，西ドイツのアメリカに対する影響力が増加する一方で自国の影響力が相対的に低下する，という理由が列挙され，MLF に参加することが重要であると結論づけられていた[65]。一方の国防省の覚書では，MLF の軍事的有効性に疑問がある，西ドイツを恒久的に満足させるという政治的目的も達成することができない，人的・財政的な負担が大きい，との理由から，これに参加すべきでないと結論づけられていた[66]。

イギリス政府内で MLF への参加問題が検討されていたのと同時期に，アメリカではリケッツ（Claude Ricketts）提督を中心とした軍事専門家の委員会が，MLF が軍事的に有用であるとの報告書を提出していた。アメリカ政府はこれを受け，MLF の協定草案を作成するために，関心のある同盟諸国と多国間協議を開始するという方針を固めた。そしてケネディ自らが 1963 年 6 月末の首脳会談で，イギリス政府に対して多国間協議への参加を要請することを決定し，イギリス政府に通知した[67]。

マクミランらは，6 月 25 日及び 27 日の閣議において，28 日及び 29 日に予定されているケネディとの首脳会談における対応策を議論した。議論の俎上に上がったイギリス政府の選択肢は，ケネディに対して，①現在 NATO で進行中の戦略／戦力目標に関する検討結果を待ってから MLF に参加するか否かの決定を下すと伝える，②多国間協議には参加するが，MLF に参加するか否かの決定は上記の検討結果を待ってから行うと伝える，③ 6 隻の混成兵員水上艦隊の実験的な創設を提案する，という三案であった[68]。閣議では，MLF に対する消極的姿勢を示すことにより，アメリカとの関係に悪影響を及ぼすとの懸念も表明された。しかし，MLF の過大な財政的・人的負担に対する否定的な意見が支配的であった[69]。一連の閣議の結果，現時点でのイギリスの多国間協議への参加は世論から MLF への参加決定と受け取られかねないとの理由から，①の選択肢を採ることが決定された[70]。

1963 年 6 月 29 日及び 30 日に，ロンドンで英米首脳会談が開催された。

ケネディは，イギリスの多国間協議への参加を希望すると述べた。しかし彼は，マクミランが国内世論に配慮せねばならないことも理解していた。そこでケネディとマクミランは，英米両国がMLFを含むNATO核戦力問題に関して同盟諸国と協議することになっても，これがイギリスのMLF自体への参加を意味するものではないと宣言することにした[71]。

このように6月末の首脳会談においては，ケネディの好意的な姿勢により，イギリス政府はMLFへの参加を表明することを免れることができた。しかし，アメリカの国務省は，イギリスのMLFへの参加を求めて再び圧力を強めた。1963年8月に入りアメリカ政府は，西ドイツ，イタリア，ギリシャ，トルコの関係者とMLF問題を協議するための会合をワシントンで開催した[72]。イギリス政府はこの会合にオブザーバーの派遣を要請されたが拒否した。しかし8月末にイタリアが，MLFの政治的及び法的側面を検討するための作業部会をパリに，この下部機関として軍事的及び技術的側面を検討するための小部会をワシントンに設置することを提案し，イギリス政府に対してもMLF作業部会に参加することを要請してきた[73]。

同盟諸国をも巻き込んだアメリカ国務省からの圧力が強まる中，1963年9月中旬の閣議においてイタリアからの要請への対応策が議論された。イギリスの国防省は，MLFの設立を阻止すべきであり，この要請にも応じるべきでないと主張し続けた[74]。しかし外務省は，作業部会への参加がMLF自体への参加を意味するものでもなく，また，作業部会に参加することによりMLFの方向性に影響を及ぼすことが可能となると主張した[75]。閣議では，MLFへの参加には反対するが，作業部会への参加まで拒否することにより，アメリカとの関係のみならず，ヨーロッパ諸国との関係を悪化させることを懸念する意見が支配的であった。そこでマクミランは，MLF自体への参加を前提としないとの条件で作業部会に参加することを決定した[76]。

3　外務省の「核統制委員会」提案

アメリカとの「特別な関係」を重視するイギリスの外務省は，これを悪化させることなく，MLFの設立を阻止することを模索していた。彼らは，

NATO の核政策や核戦略の作成や，攻撃目標の選定を含む核攻撃計画の立案に影響力を及ぼしたいという西ドイツの願望を満足させなければならないと認識していた。これはアメリカ政府も同様であった。しかし外務省は，アメリカ政府の提案する MLF 構想では，西ドイツを恒久的に満足させることができないと認識していた。なぜなら，MLF に提供されるアメリカの核戦力が，同国が保有する全核戦力の僅か5％程度であり，これへの影響力も，同国政府が拒否権を有するならば極めて限定的になるからである。外務省は，アメリカが核戦力に対する拒否権を保持しつつ，非核保有諸国が核政策・戦略の形成過程や目標選定過程に参画可能な制度を構築することが必要であると認識していた[77]。

　このような，核政策協議の制度化を模索する動きは，新たなものではなかった。1962年5月にアテネで開催された閣僚級 NAC において，各国の NATO 常駐代表から構成される核委員会を設立し核情報を交換することや，アメリカ及びイギリス政府が核兵器を使用する際には，状況が許す限り，同盟諸国と事前協議するというガイドラインが合意されていた。しかし，核委員会は，全ての NATO 加盟国が参加するため，秘密保全の観点からアメリカ議会や軍部はこれに情報を提供することに乗り気でなかった。また，ガイドラインについても，総括的な文言に留められており，具体的に何をどのようにして協議するのかが定められていなかった。このため，アテネ NAC で整備された制度では，非核保有国，特に西ドイツを満足させることができなかった[78]。

　このような西ドイツの不満を解消するためにイギリスの外務省が検討したのは，核委員会を発展的に解消して，核統制委員会（Nuclear Control Commission）を設立することであった。核統制委員会は，アメリカ，イギリス，西ドイツ，フランス及びイタリアの常任国と，一または二のローテーションで交代する小国から構成される。核統制委員会の機能として，SACEUR に対して核問題に関する政治指針を付与すること，SACEUR の作成する目標選定や攻撃計画を承認すること，核兵器の使用に関する指針を作成すること，SACEUR の計画実施を指導・監督すること，世界のどこかで核兵器が使用さ

れる恐れが生じた際に協議することが想定されていた。このように，核統制委員会は，核使用に関する計画作成や核政策の立案に際して，西ドイツにイギリスやフランスと同等の立場を付与することが主眼とされていた[79]。

　イギリス政府は，核統制委員会の設立をアメリカ及び西ドイツ政府に打診した。アメリカのラスク（Dean Rusk）国務長官は，西ドイツ政府に対してMLFを構築することにより同国の地位と名誉を向上させると約束しているので，これを放棄することができないと応じた。一方，西ドイツのシュレーダー外相は，核統制委員会のみでは不十分であり，同国が核兵器を物理的に所有する何らかの形態を欲すると述べた。両国との交渉の結果，核統制委員会は，MLFの統制問題と併せてMLF作業部会で協議されることになった[80]。

4　国防省の「陸上配備混成兵員核戦力」提案

　イギリスの外務省は政治的手段による解決策を提案することにより，自国のMLFへの参加を回避することを目論んでいた。一方，国防省内では，軍事的手段による解決策が模索されていた。国防省は，アメリカ政府が推進している混成兵員水上艦隊のMLFに対して，新たな兵器の創設になるので経済的に負担であり，また，現時点でも十分な量を有する戦略核戦力の追加になるので軍事的にも余分であると認識していた。しかし，NATO内で何らかの核戦力を共有することが政治的理由から必要であることも理解していた。このため1963年夏頃から，参謀本部のハーディ（A. W. G. Le Hardy）空軍中佐が中心となり，陸上配備の核兵器を混成兵員化して編成する核戦力構想を検討するようになった。ハーディは1963年12月に，「MLFの派生型（案）」と題した報告書をソニークロフト国防相に提出した。これは，ヨーロッパ戦域に配備されている戦術核兵器から編成される混成兵員核戦力を多角的NATO核戦力として創設するという提案であった。ソニークロフトはこれに関心を抱き，現有兵器のみならず，計画中の核兵器も含めてさらに検討するよう国防参謀総長に指示した[81]。

　国防省は外務省と協力し，1964年1月下旬に「MLFの派生型」構想を完成させた。これは，既存兵器であるイギリス空軍のキャンベラ軽爆撃機，ア

メリカ及び西ドイツ空軍の F-104 戦闘爆撃機，アメリカ及び西ドイツ陸軍の MRBM パーシングの部隊と，これらの後継兵器から NATO 核戦力を編成するとされていた。これらの兵器を装備する連隊級の部隊を混成兵員化し，非核保有諸国が参加可能な編成とする一方で，軍事的効率性を考慮して，大隊級以下の部隊は同一国籍の兵員から構成するとしていた。国防省は，この核戦力が既存またはすでに開発中の兵器から編成されるため，安価かつ東西の軍事バランスの変化を伴わないという利点があると主張していた。また，これらの兵器が阻止任務を有する戦術核兵器であるため，軍事的な意義も有すると主張していた。さらに，非核保有諸国の核兵器への願望を充足するという政治的な観点からも，西ドイツがそもそも陸上配備の核兵器を希望していたことを鑑みれば有効であると主張していた[82]。陸上配備混成兵員核戦力構想は，1964 年 4 月に MLF の検討を行っていたパリ作業部会でシャックバラ (Evelyn Shuckburgh) NATO 常駐代表から同盟諸国に対して正式に提案された[83]。この提案に対してアメリカ及び西ドイツ政府は，イギリス政府の狙いが MLF の設立を遅延させることであると不信感を抱いた。イギリス政府はこれを MLF の代替として提案したのであるが，米独両政府は，これを MLF の補完という位置づけで，ワシントンの小部会で検討することに合意した[84]。代替構想の提案により MLF を阻止するという企てに失敗した保守党政権は，アメリカ政府からの圧力が増大する中，1964 年秋に予定されていた総選挙を口実に，決定を先送りする以外になす術がなかった[85]。

　以上のように，ナッソー協定によって保守党政権は「自立」を維持することに成功した。しかし，この代償として，自国の戦略核戦力の将来を担うポラリス潜水艦を NATO 核戦力に提供することを約束せねばならなかった。この NATO 核戦力の解釈をめぐっては，イギリス及びアメリカの両政府間で齟齬が存在していた。アメリカ政府は，NATO 核戦力を狭義に捉え，彼らの選好する MLF 構想へのイギリスの参加を要求するようになった。一方，イギリス政府内では，「自立」の喪失を危惧してこれへの参加に反対する国防省と，アメリカとの「特別な関係」を維持するためにこれに参加すべきと主張

する外務省が対立していた。

「自立」と「特別な関係」の双方を維持することを模索していた保守党政権は，MLFへの対応をめぐりディレンマに陥った。保守党政権は，これへの参加の可否の決定を総選挙後に先送りした。この結果，総選挙後に成立する新政権は，MLF構想への参加の可否を早急に決定することを余儀なくされるようになる。次章では，総選挙での政権奪還を目論む野党のウィルソンが，混迷する保守党政権に対してどのような批判を繰り広げていたのかについて，歴史的な経緯も踏まえつつ詳しく見ていく。

注
1) PREM 11/3715, Telegram from Washington to Foreign Office, no. 726; no. 727, 21 Mar. 1961.
2) *FRUS 1961-1963*, vol. 8, Draft Memorandum from Secretary of Defense McNamara to President Kennedy, 23 Sep. 1963, p.150.
3) *FRUS 1961-1963*, vol. 8, Memorandum from Secretary of Defense McNamara to President Kennedy, 7 Oct. 1963, p.179.
4) *FRUS 1961-1963*, vol. 13, no. 398, Department of State Memorandum, 31 Oct. 1962, pp. 1083-1085.
5) PREM 11/3716, Telegram from Washington to Foreign Office, no. 2832, 8 Nov. 1962.
6) PREM 11/4147, Memorandum from David Ormsby‐Gore to Phillip de Zulueta, 14 Dec. 1962.
7) Pierre, *Nuclear Politics*, p. 226.
8) PREM 11/3716, Letter from Hugh Fraser to Peter Thorneycroft, 14 Nov. 1962.
9) PREM 11/3716, Letter from Peter Thorneycroft to Harold Macmillan, 7 Dec. 1962.
10) *FRUS 1961-1963*, vol. 13, no. 142, Instruction for the Permanent Representative to the North Atlantic Council (Finletter), undated, pp. 408-411.
11) Richard E. Neustadt, *Report to JFK: The Skybolt Crisis in Perspective* (Ithaca: Cornell University Press, 1999), p. 46.
12) PREM 11/3176, Telegram from Foreign Office to Paris, no. 3320, 11 Dec. 1962.
13) *FRUS 1961-1963*, vol. 13, no. 401, Memorandum of Conversation, 16 Dec. 1962, pp. 1088-1091.
14) PREM 11/4147, Text of Joint Communique by the President and Prime Minister Harold Macmillan Following Discussions held in Nassau, Bahamas, 18-21 Dec. 1962.
15) PREM 11/4147, Record of Meeting Held at Bali-Hai, the Bahamas, at 9:50 a.m. on

Wednesday, 19 Dec. 1962; *FRUS 1961-1963*, vol. 13, no. 402, Memorandum of Conversation, 19 Dec. 1962, 9:45 a.m., pp. 1091-1101.

16) Pierre, *Nuclear Politics*, p. 235.

17) PREN 11/4147, Annex III , "Proposed Answer for the Prime Minister and the President to a Question about whether this Arrangement means that the United Kingdom gives up its Independent Nuclear Deterrent," 19 Dec. 1962.

18) PREM 11/4147, Record of Meeting Held at Bali-Hai, the Bahamas, at 4:30 p.m. on Wednesday, 19 Dec. 1962; *FRUS 1961-1963*, vol. 13, no. 403, Memorandum of Conversation, 19 Dec. 1962, 4:30 p.m., pp. 1104-1105.

19) PREM 11/4147, Memorandum from Peter Thorneycroft to Harold Macmillan, 19 Dec. 1962.

20) PREM 11/4147, Memorandum from Harold Macmillan to Peter Thorneycroft, 19 Dec. 1962.

21) PREM 11/4147, Annex I , Redraft as at 9:30 a.m. of American Statement of December 19 at 7 p.m.

22) PREM 11/4147, Record of Meeting Held at Bali-Hai, the Bahamas, at 10:30 a.m. on Thursday, 20 Dec. 1962.

23) William W. Kaufmann, *The McNamara Strategy* (New York: Harper & Row, 1964), pp. 114-117.

24) PREM 11/4147, Record of Meeting Held at Bali-Hai, the Bahamas, at 10:30 a.m. on Thursday, 20 Dec. 1962; *FRUS 1961-1963*, vol. 13, no. 406, Memorandum of Conversation, 20 Dec. 1962, 10 a.m., p. 1111.

25) PREM 11/4147, Annex I , Draft Statement on Nuclear Defence Systems-United State Draft, December 20, 1962, 11 a.m.

26) PREM 11/4147, Record of Meeting Held at Bali-Hai, the Bahamas, at 12 noon on Thursday, 20 Dec. 1962.

27) PREM 11/4147, Record of Meeting Held at Bali-Hai, the Bahamas, at 12:30 p.m. on Thursday, 20 Dec. 1962.

28) PREM 11/4147, Statement on Nuclear Defence Systems, 21 Dec. 1962.

29) PREM 11/4147, Memorandum given by the Prime Minister to President Kennedy, 20 Dec. 1962.

30) Pierre, *Nuclear Politics*, pp. 235-236.

31) Murray, *Kennedy Macmillan and Nuclear Weapons*, pp. 101-103.

32) *FRUS 1961-1963*, vol. 13, no. 401, Memorandum of Conversation, 16 Dec. 1962, pp. 1088-1091.

33) PREM 11/4147, Record of Meeting Held at Bali-Hai, the Bahamas, at 9:50 a.m. on Wednesday, 19 Dec. 1962.

34) PREM 11/4147, Annex II , Draft Statement on Nuclear Defence Systems-United State Draft, December 19, 1962, 7 p.m.

35) PREM 11/4147, Annex Ⅰ, Redraft as at 9:30 a.m. of American Statement of December 19, at 7 p.m.
36) PREM 11/4147, Record of Meeting Held at Bali-Hai, the Bahamas, at 10:30 a.m. on Thursday, 20 Dec. 1962.
37) PREM 11/4147, Annex Ⅰ, Redraft as at 9:30 a.m. of American Statement of December 19 at 7 p.m.
38) PREM 11/4147, Annex Ⅰ, Draft Statement on Nuclear Defence Systems-United State Draft, December 20, 1962, 11 a.m.
39) FO 371/173393, Memorandum from E. J. W. Barnes to Lord Hood, 27 Dec. 1962.
40) *FRUS 1961-1963*, vol. 13, no. 135, National Security Action Memorandum no. 147, Attachment, Paper Prepared by the Departments of State and Defence, 22 Mar. 1962, pp. 384-387.
41) *FRUS 1961-1963*, vol. 13, no. 411, Memorandum from the Chairman of the Steering Group to Implement the Nassau Decisions (Kitchen) to Secretary of State Rusk, 4 Jan. 1963, p. 1124.
42) *FRUS 1961-1963*, vol. 13, no. 410, Record of Meeting, Nassau Follow-up, 28 Dec. 1962, pp. 1116-1123.
43) Matthias Küntzel, *Bonn & the Bomb: German Politics and the Nuclear Option* (London: Pluto Press, 1995), p. 38.
44) 川嶋周一『独仏関係と戦後ヨーロッパ秩序――ドゴール外交とヨーロッパの構築1958-1969』創文社，2007年，76-93頁。
45) 川嶋『独仏関係と戦後ヨーロッパ秩序』，83-84頁。
46) *FRUS 1961-1963*, vol. 13, no. 166, Telegram from the Embassy in Germany to the Department of State, 14 Jan. 1963, pp. 478-482.
47) 小島かおる「ジョージ・ボールと『大西洋パートナーシップ』構想――多角的核戦力（MLF）問題を中心に」『法学政治学論究』第44号（2000年3月），66-68頁。
48) 同上書，68-69頁。
49) *FRUS 1961-1963*, vol. 13, no. 165, Memorandum for the Record, 12 Jan. 1963, pp. 475-478.
50) *FRUS 1961-1963*, vol. 13, no. 64, Summary Record of NSC Executive Committee Meeting No. 39, 31 Jan. 1963, pp. 156-163; no. 69, Summary Record of NSC Executive Committee Meeting No. 40, 5 Feb. 1963, pp. 173-179; no. 173, Summary Record of NSC Executive Committee Meeting No. 41, "Multilateral Nuclear Force," 12 Feb. 1963, pp. 494-502; *FRUS 1961-1963*, vol. 13, no. 174, Memorandum of Conversation, 18 Feb. 1963, pp. 502-506.
51) CAB 129/112, C(63)44, Memorandum by the Secretary of State for Foreign Affairs, "NATO Nuclear Force and European Policy," 11 Mar. 1963.
52) CAB 128/37, CC(63)16th Conclusions, 14 Mar. 1963.
53) *FRUS 1961-1963*, vol. 13, no. 183, Memorandum from the Head of the MLF Ne-

gotiating Delegation (Merchant) to Secretary of State, 20 Mar. 1963, pp. 529-537.
54) CAB 128/37, CC(63)18th Conclusions, 25 Mar. 1963.
55) Robert R. Bowie, "Strategy and the Atlantic Alliance," *International Organization*, vol. 7, no. 3 (Summer 1963), pp. 720-727.
56) *FRUS 1961-1963*, vol. 13, no. 199, Circular Airgram from the Department of State to Certain Missions, 29 May 1963, pp. 587-589.
57) CAB 128/37, CC(63)2nd Conclusions, 3 Jan. 1963.
58) CAB 131/28, D(63)19, Memorandum by the Secretary of the Cabinet, "Future Defence Policy," 14 Jun. 1963.
59) CAB 131/28, D(63)8th Meeting, 19 Jun. 1963.
60) CAB 131/28, D(63)22, Memorandum by the Secretary of State for Foreign Affairs, "Future Defence Policy," 17 Jun. 1963.
61) CAB 131/28, D(63)8th Meeting, 19 Jun. 1963.
62) CAB 128/37, CC(63)18th Conclusions, 25 Mar. 1963; DEFE 4/175, DP 109/64(Final), Report by the Defence Planning Staff, "Effect on UK Strategy of Manpower Requirements for a Seaborne MLF," 8 Oct. 1964.
63) CAB 128/37, CC(63)18th Conclusions, 25 Mar. 1963.
64) *FRUS 1961-1963*, vol. 13, no. 193, Memorandum for the Record-Meeting with the President on the Multilateral Force, 3 May 1963, pp. 567-569; no. 195, Message from the President's Special Assistant for National Security Affairs to Prime Minister Macmillan's Private Secretary, 10 May 1963, pp. 572-575.
65) CAB 129/113, C(63)95, Memorandum by the Secretary of State for Foreign Affairs, "NATO Nuclear Force: Mixed - Manned Component," 28 May 1963.
66) CAB 129/113, C(63)96, Memorandum by the Minister of Defence, "NATO Nuclear Force: Mixed-Manned Component," 28 May 1963.
67) *FRUS 1961-1963*, vol. 13, no. 200, Telegram from the Department of State to the Embassy in the UK, 29 May 1963, p. 590-591.
68) CAB 129/114, C(63)103, Memorandum by the Secretary of State for Foreign Affairs, the Chancellor of the Exchequer and the Minister of Defence, "NATO Nuclear Force: Mixed-Manned Component," 21 Jun. 1963.
69) CAB 128/37, CC(63)42nd Conclusions, 25 Jun. 1963.
70) CAB 128/37, CC(63)43rd Conclusions, 27 Jun. 1963.
71) CAB 129/114, C(63)121, Memorandum by the Secretary of State for Foreign Affairs, "The NATO Nuclear Force: the Next Step," 9 Jul. 1963; *FRUS 1961-1963*, vol. 13, no. 204, Memorandum of Conversation, "President's European Trip June 1963," 30 Jun. 1963, pp. 599-601.
72) *FRUS 1961-1963*, vol. 13, no. 208, Telegram From the Department of State to the Mission to the North Atlantic Treaty Organization and European Regional Organization, 1 Aug. 1963, pp. 605-606.

73) CAB 129/114, C(63)151, Memorandum by the Secretary of State for Foreign Affairs, "The Multilateral Force," 16 Sep. 1963.
74) CAB 129/114, C(63)153, Memorandum by the Minister of Defence, "The Multilateral Force," 16 Sep. 1963.
75) CAB 129/114, C(63)151, Memorandum by the Secretary of State for Foreign Affairs, "The Multilateral Force," 16 Sep. 1963.
76) CAB 128/37, CC(63)54th Conclusions, 19 Sep. 1963; CC(63)55th Conclusions, 20 Sep. 1963; CC(63)56th Conclusions, 23 Sep. 1963.
77) CAB 129/114, C(63)121, Memorandum by the Secretary of State for Foreign Affairs, "The NATO Nuclear Force: the Next Step," 9 Jul. 1963.
78) Christoph Bluth, "Reconciling the Irreconcilable: Alliance Politics and the Paradox of Extended Deterrence in the 1960s," *Cold War History*, vol. 1, no. 1 (Jan. 2001), pp. 76-77.
79) CAB 129/114, C(63)121, "NATO Nuclear Force," 9 Jul. 1963; CAB 128/37, CC(63)46, 11 Jul. 1963.
80) CAB 129/114, C(63)151, Memorandum by the Secretary of State for Foreign Affairs, "The Multilateral Force," 16 Sep. 1963.
81) DEFE 7/2028, Letter from P. Hockaday to Chief of the Defence Staff, 9 Dec. 1963.
82) DEFE 7/2028, DP 135/63(Final), "Variants to the Multilateral Force," 22 Jan. 1964.
83) CAB 21/5173, Telegram from UK Del. to NATO to FO, no. 207, 29 Apr. 1964.
84) CAB 21/5173, Telegram from FO to Bonn, no. 1045, 7 May 1964.
85) WO 32/20704, Prime Minister's Personal Minute no. M81/64, 2 Jul. 1964.

第 3 章

野党労働党の「自立」への反発
1951 年 10 月〜1964 年 10 月

　本章では，野党時代のウィルソンの自国の核抑止力の「自立」に対する主張を整理する。ウィルソンは，MLF 構想への対応をめぐりジレンマに陥った保守党政権を激しく批判していた。彼の主張はどのような論拠に基づいていたのであろうか。また，政権奪還を目指すウィルソンは，MLF に対処するためにどのような政策構想を提示していたのであろうか。これらの疑問に対して，労働党の核兵器に対する主張の変遷も踏まえて考察することにより，先行研究においてウィルソンの発意であったと指摘されている ANF 構想の起源を解明する。

　まず，1951 年 10 月に野党に下野してから 1962 年 2 月にウィルソンが党首に就くまでの同党の核政策を確認する。次に，ウィルソンが党首に就任して以降の核政策の変化を明らかにする。そして，1964 年秋に予定されていた総選挙において政権を奪還するために，核抑止力の「自立」に対する批判がどのように展開されたのかについて，保守党政権の主張も交えながら明らかにする。

第 1 節　1960 年代初頭までの労働党の核政策

1　労働党の下野と核コンセンサスの確立

　1945 年 7 月から政権を担ってきた労働党は，1951 年 10 月の総選挙に敗北し野に下ることになった。しかし野党党首に転じたアトリーは，自身の推進してきた西側同盟の一員としてソ連に対峙する外交・防衛政策を保守党政権が踏襲し，核兵器の独自開発を継続したために，基本的に彼らの核政策に

異を唱えることはなかった[1]。

　1954年7月にチャーチル首相は，防衛委員会及び閣議での議論を経て，水爆開発を決定した。アトリーら労働党首脳部は，この決定に対しても反対しなかった。1955年3月に労働党が下院に提出した防衛政策の修正案の中でも，戦争を抑止するために水爆を保有する必要があると述べられていた[2]。1955年12月，中道右派のゲイツケル（Hugh Gaitskell）が党首に就任した。彼は，保守党政権の帝国主義的な外交政策には反対していた。しかし，1957年5月の水爆実験に際してゲイツケルは，「イギリスの水爆は，世界政治における影響力と地位を確保し，アメリカから自立するための手段である[3]」と，核兵器の政治的価値を認める発言をしていた。ゲイツケルら労働党首脳部も，アトリーらと同様，保守党政権の独力で核兵器を保持するという核政策に反対することはなかったのである[4]。

　このように1950年代には，イギリスが保有する核兵器には，自国の安全保障を担保するという軍事的な価値や，大国としての地位の維持，アメリカへの影響力の確保という政治的な価値を有するというコンセンサスが，保守党と労働党の間で存在していたのであった[5]。

2　水爆開発を契機とした反核運動の隆盛と左派への伝播

　核兵器を独自開発するという決断は，アトリー労働党政権期に下された。アトリーはこれを閣議に諮ることなく，少数の閣僚のみが参加する閣僚小委員会において秘密裏に決定した。これは，アトリーとベヴィン外相が，外交・防衛政策に関して，党内左派を信頼していなかったことに起因すると指摘されている[6]。1946年11月の労働党の党大会において，左派のクロスマンは，アトリーとベヴィンが推進する親米的な外交政策を批判し，資本主義アメリカと共産主義ソ連とは独立した中立的な「社会主義的外交政策」を取るべきであるとの修正動議を提出した。これを契機に，クロスマンは，フット（Michael Foot），ミカード（Ian Mikardo）らとともに，キープ・レフトという左派擁護グループを結成した。彼らは労働党の平和主義の伝統を受け継いでおり，核兵器に対しても倫理的理由から反対の立場をとっていた[7]。

第 3 章　野党労働党の「自立」への反発

　イギリスの核保有に反対する動きは，労働党左派に留まるものではなかった。1952 年 10 月の原爆実験以降，国内の様々なグループによって，核保有に反対する散発的なデモが発生していた。イギリス国内の反核運動は，1957 年の保守党政権による水爆実験の発表を契機に激しさを増した。この年に，水爆実験の妨害行動を行う直接行動委員会と地方の平和グループの活動調整を目的とした全国評議会というイギリスの反核運動において重要な存在となる団体が組織化された。1958 年 1 月には，全国評議会の組織と財政及び傘下の地方グループを引き継ぎ，反核運動（CND）が結成された。CND は，核兵器による危険を削減し，軍拡競争を止めるために，無条件に核兵器の使用及び生産を放棄して自国を防衛するための他国による核使用も拒否すること，軍拡競争の終結及び全面的軍縮会議の実現に向けての交渉を推進すること，核廃棄のために非核保有諸国の協力を求めること，というイニシアティヴをイギリスが率先して取るべきであると訴えていた。また彼らは，これらを実現するために，イギリス政府が，核兵器を搭載した航空機の飛行禁止，核実験の中止，自国領域におけるミサイル基地設置協定の締結中止，他国への核兵器の提供拒否，を直ちに行わなければならないとも主張していた[8]。

　CND は，労働党からの支持を獲得することによって，イギリスの一方的核軍縮を実現することを目論んでいた。一方，平和主義の伝統を持つ労働党左派は，CND を強力に支持するようになった。1959 年から 60 年にかけて一方的核軍縮を支持する労働組合が増加し，フットら CND を支持する左派議員は，保守党政権の核政策を追認する労働党首脳部を激しく批判するようになった[9]。1960 年 10 月の労働党の党大会では，CND に後押しされた左派の労働組合が提出した，一方的核放棄を主張する決議が可決された[10]。これに対してゲイツケルは，これを拒否しつつも，保守党政権とは異なる核政策を主張することにより，彼の党内での権力基盤を維持することを企てるようになった[11]。

3　スカイボルトの購入決定への反発と核政策の変更

　ゲイツケルは，左派からの批判を受けたという理由のみで，自党の核政策

67

の変更を目論んでいたのではなかった。1960年4月に，IRBMブルーストリークの独自開発を断念し，アメリカ政府からALBMスカイボルトを購入するという保守党政権の決定が，彼の核政策の変更の大きな要因となった。

　ゲイツケルは，核開発の技術コストの増大により，自国が単独で核兵器システムの全てを開発・維持することが経済的に困難であることを理解していた。保守党政権は，運搬手段をアメリカに依存することにより，開発経費を負担することなく核戦力を維持することを選択した。一方，ゲイツケルは，核弾頭を運搬する手段を自国で開発・生産できないイギリスが，核戦力を保持することに固執すること自体が非現実的であり，経済的にも無駄であると認識するようになった。そこでゲイツケルは，自国にとって望ましいのは，核抑止力の保持に固執することではなく，NATOの一員としていかにして有効な核抑止力の維持に貢献できるのかを模索することであると主張するようになった[12]。

　1960年10月の労働党の年次大会においてゲイツケルは，「イギリスのような規模の国は，いかなる意味においても独力で核保有国としての地位に留まることはできないので，通常戦力によって西側防衛に貢献する方策を模索すべきである[13]」と述べ，左派と同じく核放棄を主張するようになった。しかしゲイツケルは，直ちに核兵器を放棄することを要求する左派とは一線を画していた。彼は，V型爆撃機の後継兵器を獲得することはないと明言する一方で，これが軍事的に有効である限りは保持すべきであると述べていた[14]。また，核兵器自体を拒否していた左派とは異なり，核兵器の軍事的価値を認めていたゲイツケルは，「ソ連が核兵器を保有する限り，西側は信頼性ある核抑止力を保持し続けるべきである」と述べていた。この一方で，「アメリカのみが核抑止力を提供するという任務を果たすべきである」とも述べ，イギリスが西側の核抑止力そのものに貢献することを否定していた[15]。

　しかしながら，核抑止力の「自立」を維持することが必要であるとの主張でまとまっていた保守党に対して，これに反対する労働党の核政策が，右派と左派で合意が取れていたとは言い難い。1961年10月の労働党の年次大会では，ゲイツケルが提出した一方的核放棄に反対する「平和のための政策」

決議が支持された[16]。しかし，一方的核放棄を主張する左派は，1961年10月の年次党大会以降も，核兵器の持つ抑止効果を認めていたゲイツケルら右派に対する攻撃の手を緩めなかった。これはゲイツケル党首に対する権力闘争の側面もあった。このため，1963年1月にゲイツケルが急死するまで，労働党の核政策は右派と左派の間でまとまることはなかった[17]。

第2節　ウィルソン労働党の核政策

1　ウィルソン党首の誕生

　ナッソー会合から約1カ月後の1963年1月18日，労働党の党首であったゲイツケルが急逝した。これにより2月7日に行われた党首選挙で，左派からの支持を集めたウィルソンが，右派のブラウン（George Brown）とキャラハン（James Callaghan）を破って党首に就任した。

　ウィルソンは1916年にイングランド北部ヨークシャーのハッダーズフィールドで薬剤師の息子として生を受けた。典型的な中産階級の家庭で育ったウィルソンは，中等学校を優等の成績で卒業し，奨学金を受けて，オックスフォード大学ジーザス・カレッジに進学した。同大学では，哲学，政治学，経済学のコースを履修し，1937年に最高の成績を修めて卒業した。卒業後のウィルソンは，21歳の若さで母校の経済学の研究助手に採用された。第二次世界大戦が勃発すると彼は，政府内で経済統計の専門家として勤務し，終戦時には燃料動力省の経済統計局長を務めるという有能さを発揮した。

　戦争が終わるとウィルソンは，大学に戻り研究者として生きるのではなく，政府機関において経済計画の作成に関与した経験を活かすために，政治家に転身することを決意する。主要産業の国有化や経済計画の導入を掲げる労働党の候補者として1945年7月の総選挙を戦ったウィルソンは，弱冠29歳で下院議員に初当選した。経済学者及び経済官僚として豊富な知識を有するウィルソンは，アトリー首相の下で，建設省の政務次官，対外貿易担当の商務省閣外大臣を務めた後に，31歳の若さで商務相のポストに就任した。ウィルソンは，閣外大臣及び商務相としてソ連との貿易交渉のためモスクワに赴き，

ミコヤン（Anastas Mikoyan）副首相と渡り合い，親密な関係を築いた。また商務相としてウィルソンは，産業の復興や輸出の促進を実現させるために，国有化の拡大ではなく民間企業の競争を促す政策を推進した[18]。

1951年4月にウィルソンは，ゲイツケル財務相の作成した国防支出の大幅な増強を主眼とした予算案に抗議し，左派の領袖であったベヴァン（Aneurin Bevan）とともに閣僚を辞任した。その後，ベヴァンが主導するキープ・レフトに参加し，その中核を担った。しかし，労働党が野党に転じると，その主張を次第に中道寄りにシフトさせていった。1954年4月，ベヴァンが首脳部の政策に抗議して影の閣僚を辞任した。その後任としてウィルソンが指名された。彼はこれを拒否すべきという左派の同僚議員たちからの圧力をはねのけ受諾した。さらに1955年12月の党首選では，左派のベヴァンではなく，右派のゲイツケルを支持した。この功績によりウィルソンは，ゲイツケル党首の下で影の内閣に参加し，1955年12月から影の財務相，1960年11月から影の外相を務めた。この一方で，1960年11月の党首選でゲイツケル，1962年11月の副党首選でブラウンという，ともに右派の現職に対して，左派からの支持を受けて挑戦した。このように，1950年代半ば以降，左右両派のいずれにも属していなかったウィルソンは，中道右派の政策を支持する一方で，党内選挙では右派に挑戦することで左派からの支持を得るようになった。もっとも，ウィルソンが党内選挙において左派からの支持を獲得できたのは，彼らの中心的な存在であり，1959年5月に副党首に選出されていたベヴァンが，後任を選出することなく胃癌のため1960年7月に死去したからであった[19]。

1963年2月の党首選においてウィルソンは，対抗馬が右派のブラウン及びキャラハンであったため，左派からの全面的な支持を受けて勝利した[20]。党首に就任したウィルソンは，副党首にブラウンを据えるとともに，影の内閣の外相にゴードン・ウォーカー，国防相にヒーリーを任命した。

影の外相のゴードン・ウォーカーは，1907年にイングランドのサッセクス州で生を受けた。彼は，オックスフォード大学を卒業し，母校で歴史学の講師の職に就いた。第二次世界大戦勃発後，1940年から45年までBBCに入

第 3 章　野党労働党の「自立」への反発

りドイツ向け放送を担当した。ウォーカーは 1945 年末に行われた補欠選挙で下院議員に当選した。1947 年から 50 年までコモンウェルス省の政務次官を務め，1950 年 2 月にコモンウェルス相に就任した。ウォーカーは，コモンウェルスとの永続的な関係を欲しており，またこれが世界大国としての地位を維持するために必要であると認識していた。さらに，大西洋主義者であり，EEC への関心が薄かった点で，ウィルソンと同じ立場であった[21]。

　一方の影の国防相のヒーリーは，1917 年にロンドンで生まれ，オックスフォード大学に入学した。オックスフォード在学中の 1937 年に共産党に入党し，1939 年まで党員であった。第二次世界大戦が始まると，1940 年に陸軍に志願し，工兵将校として北アフリカ戦線等で勤務し，終戦時は少佐であった。1952 年 2 月の総選挙で労働党から出馬して下院議員に当選した。彼は，中道右派の外交・防衛問題の専門家として頭角を現した。ヒーリーはベヴィンから感化を受けた大西洋主義者であった。また，バッカン（Alastair Buchan），バザード（Anthony Buzzard），ハワード（Michael Howard）らイギリスの核戦略の専門家とともに，イギリスの国際戦略研究所の設立に尽力し，アメリカのランド研究所のシェリング（Thomas Schelling），カーン（Herman Kahn），ウォルステッター（Albert Wohlstetter）らとの交流を深めた。ヒーリーは彼らとともに，西側がより柔軟性ある段階的抑止戦略を採用すべきであると早くから主張していた[22]。

　ゴードン・ウォーカー及びヒーリーは，ともに中道右派に属し，ゲイツケルの後継と目されていた[23]。ウィルソンは党内対立をできるだけ早く収束させ，次期総選挙に向けて党内の団結を高めることを意図していた。このため影の内閣を編成する際にも，党首選においてブラウンやキャラハンを支持した右派を多数登用した。もっとも，これにはウィルソンの意図とともに，労働党の影の内閣が，議員団全体によって選出されるという同党の規定にも影響を受けていた[24]。この一方で，ショア（Peter Shore），ベン，カースル，クロスマンら，若手の中道左派の議員を側近として重用した。総選挙に向けて打ち出した各種政策には，彼らの主張が大きく反映されていた。この政策立案の過程に非公式のアドヴァイザー集団を関与させるウィルソンの政治手

71

法は，彼が首相に就任して以降にも用いられ，「キッチン・キャビネット」と揶揄された。広く閣僚の意見を取り入れて政策決定を行うのではなく，特別顧問や首相秘書らの側近が，政策決定に実質的な影響力を持つウィルソンの政権運営スタイルに対しては，否定的な評価も多い[25]。ただし野党時代においても，外交・防衛政策，中でも核兵器に関する方針決定においては，ウィルソン，ブラウン，ゴードン・ウォーカー，ヒーリーといった党首脳部のみが関与し，中道左派の側近らの意見は軽視される傾向にあった[26]。後述することになるが，この傾向は，ウィルソンの首相就任後の政権運営においても顕著であった。ウィルソン首相は，国内の経済・社会問題に関しては中道左派の側近らを重用したが，外交・防衛政策，特に核問題に関しては，中道右派の主務閣僚のみで政策方針が決定されていた[27]。

2 ウィルソンの対外認識

1960年代初頭，国際社会は大きな変容期を迎えていた。1957年にソ連がICBMの技術を獲得した結果，アメリカが核戦力では圧倒的に優位に立ち，ソ連の通常戦力における優位をその核戦力でもって抑止するという構造は，早晩崩壊することが必至となった。米ソの双方が十分な核による破壊能力を持つようになると，戦争というオプションが双方にとって選択不能となり，何らかの形で共存する方法を模索する必要性が生じた。この結果，両超大国の間では緊張緩和の動きが見られるようになった。これによりヨーロッパでは，大規模戦争が勃発する蓋然性が著しく低下すると認識されるようになった[28]。

このような冷戦構造の変容期に党首に就任したウィルソンは，どのような対外認識を抱いていたのであろうか。ウィルソンは党内左派からの支持を受けて党首選に勝利したが，彼の外交・防衛政策に関する信条は，前述の通り中道右派寄りであった。彼は，米ソ超大国の間で中立的な外交・防衛政策を模索すべきであると主張する党内左派とは異なり，アメリカとの間に「緊密な関係（Closed Relationship）」を構築する必要があると訴えていた。ウィルソンは，大統領とアポイントなしに電話で会談することや，必要な際には彼自身がワシントンに赴いて，膝を突き合わせて直接話し合うことにより，アメリ

カの外交・防衛政策に自国の影響力を及ぼし，彼らのパワーを介して自国の利益を確保することを欲していたのである[29]。ウィルソンは2年余りの野党の党首時代に2回もワシントンを訪問してアメリカ大統領と会談している。

ウィルソンは，1963年4月に訪米した際にはケネディ大統領に対して，労働党が政権に就いた暁には，ニューヨークの国連本部に自国の閣僚を常駐させ，必要な際にはワシントンに赴かせ，両国の政府間で密接な協議が可能な態勢を構築するつもりであると述べていた[30]。また，1964年3月にはジョンソン (Lyndon B. Johnson) 大統領と会談し，来るべき総選挙で労働党が勝利したならば，同様な価値を有するアメリカの民主党と協力して世界的問題に対応することを確認した。ただし，野党時代の2回の訪米においても，ウィルソンがアメリカ政府関係者からの信頼を獲得するには至らなかったと評価されている[31]。この，大統領との直接対話を重視する姿勢は，首相就任後にも継続された。ウィルソンは，ジョンソン大統領と8回の公式・非公式会談を行い，他の政権期よりも活発な首脳外交を展開することになる[32]。しかし，ジョンソン大統領と頻繁に会談したにもかかわらず，ウィルソンはジョンソンとの間で，チャーチルとアイゼンハワー，またはマクミランとケネディのような個人的な信頼関係を構築することはできなかったとも指摘されている[33]。

同盟国であるアメリカとの間で「緊密な関係」を欲する一方で，野党党首時代の1963年6月及び1964年6月にウィルソンは，影の外相のゴードン・ウォーカーとともに潜在的敵国であるソ連を訪問している。彼らは，フルシチョフ (Nikita Khrushchev) 第一書記と会談し，保守党政権が課題としていた軍縮交渉や部分的核実験禁止条約に関して意見交換した。ウィルソンは，労働党が政権を獲得したならば，東西関係の改善や東西貿易の拡大に取り組むつもりであると述べていた。元々ソ連との良好な関係を構築することに自信を抱いていたウィルソンは，緊張緩和の兆しが見えていた東西関係をさらに促進し，平和で安定したヨーロッパの実現に向けて，労働党が積極的なイニシアティヴをとることを模索していたのであった[34]。

3　ウィルソン労働党が目指した国防政策

　1963年3月4日及び5日、イギリスの下院において、ウィルソンが党首に就任して初めての国防政策に関する集中審議が行われた。そこでウィルソン労働党の目指している国防政策が明らかにされた。ウィルソンは、高価な核戦力を放棄し、通常戦力を増強することよって、ヨーロッパ及びスエズ以東における西側防衛に貢献すべきであると主張した。このうち核政策に関しては、「保守党政権が維持しようとしているイギリスの自立した核抑止力は、イギリスのものでなく、自立もしておらず、抑止力としても信頼できない」と批判した。そして、イギリスが核抑止力の「自立」を放棄して西側の核領域におけるアメリカの独占を容認し、その代償として、同盟諸国がアメリカの核使用や核政策・戦略の形成過程に影響力を行使することが可能な制度の構築を模索すべきであると主張した[35]。

　労働党がこのような国防政策を主張した理由として、ウィルソンやヒーリーらが、核兵器の抑止効果自体については意義を認めていたが、自国の核抑止力が「自立」していることに軍事的な意義を見出していなかったことを指摘することができよう。ウィルソンらは、イギリスが単独でソ連の核威嚇に対抗することが不可能であり、自国の安全保障は、少なくとも世界規模での軍縮が達成されるまでは、NATOに依存しなければならないと認識していた。そのNATOでは、ソ連軍のヨーロッパ侵攻を抑止するのにアメリカの核抑止力に全面的に依存していた。ウィルソンらは、アメリカの核戦力はソ連を抑止するにはすでに十分な量が確保されており、これにヨーロッパ諸国が貢献するとしても、それは些細なものであり、余分な貢献になると認識していた。イギリス政府は核戦力を維持するための正確な費用を公表していなかったが、労働党は年間8億ポンドであると見積もっていた。彼らにとって、これは全く無駄な支出であり、それよりも通常戦力を増強する方が、西側の防衛力への貢献となるはずであった。なぜならば、通常戦力を増強することにより、ヨーロッパ戦域においては核戦争の敷居を上げることができ、また、スエズ以東において発生する武力紛争に対処することや、国連の平和維持活動により積極的に貢献することも可能となるからである[36]。さらに、ウィルソンや

側近たちは，V型爆撃機の後継としてポラリス潜水艦が自国の核抑止力の運搬手段を担うようになると，イギリス政府が戦略核戦力を独自に使用することができなくなるとも認識していた。ポラリス潜水艦と陸上基地との間の無線通信には超長波が使用されていたが，これにはアメリカの通信施設を介する必要があると報道されていた。ウィルソンらは，たとえイギリス政府がポラリス潜水艦を独自使用する権限を保持していたとしても，アメリカ政府がこれを妨害しようと意図すれば通信を遮断することにより，自国の独自使用が不可能となるので，核抑止力の「自立」という政策が実質的に維持できなくなると主張していた[37]。これらに加えてウィルソンは，アメリカへの影響力の確保や大国としての地位の維持という政治的目的の達成に，核抑止力の「自立」がほとんど寄与していないとも認識していた。彼は，これを放棄することで外交交渉を有利にする以外に，「自立」を活用する方策はないとさえ認識していた[38]。

　ウィルソンは，自国の核抑止力が「自立」していることに軍事的・政治的な価値を認めていなかった故に，西側の核抑止力の提供をアメリカに依存し，自国は通常戦力で西側同盟に貢献するという国防政策を採用すべきであると主張していた。このウィルソンの目指した国防政策は，アメリカのマクナマラ国防長官が推進していた戦略転換の方向性と軌を一にしていた。マクナマラの戦略転換に対してヨーロッパ内では，拡大抑止の信頼性を毀損することへの危惧や，通常戦力の増強が財政的に困難であるとの理由から批判が強かった。ウィルソンらは，拡大抑止の信頼性が軍事的な問題でなく政治的・心理的な問題であると理解していた。彼らは，核の手詰まりにより拡大抑止への信頼性が低下しているとはいえ，たとえ5%でもアメリカが核兵器を使う可能性があれば，ソ連を抑止可能であると指摘していた。これは「ヒーリーの定理」と称されている。影の国防相であったヒーリーは，核抑止力は心理的な問題であるので，核使用の確率が5%であれば敵国のソ連を抑止するのに十分であると述べていた。この半面，味方である同盟国を安心させるには，その確率が95%でなければならないとも述べていた。ヒーリーは，同盟諸国から拡大抑止の信頼性を確保するためには，MLFのように核兵器自体を共

有するのではなく，ヨーロッパ諸国がアメリカの核使用や核政策・戦略の形成過程に参画し，これへの影響力を持つことが必要であると主張していた[39]。他方，通常戦力を増強するための財政負担に対しては，マクナマラが必要であると主張している規模がやや誇張されたものであり，また，ソ連との軍縮交渉を行うことによって，これを引き下げることも可能であると述べていた。彼らは，イギリスが核抑止力の「自立」に固執することにより核拡散を誘発し，これが NATO の結束を乱すのみならず，核戦争の危険性を増大させることを危惧していたのであった[40]。

　ウィルソンらが MLF に反対するのには他にも理由が存在していた。彼らは MLF を介して，西ドイツが核兵器の撃発により近接することを懸念していた。そもそも 1960 年代初頭，第二次世界大戦の記憶がいまだ生々しく存在しており，労働党内にも反独感情が根強く残っていた[41]。1964 年 1 月に西ドイツのエアハルト首相と会談し，同国政府が核保有を望んでいないと伝えられたウィルソンは，これを肯定的に評価した。この一方でウィルソンは，西ドイツ政府内には依然として核保有を欲する勢力が存在しており，将来にわたって彼らの核保有への道を阻止することが必要であると述べていた[42]。ウィルソンは，西側が MLF に固執することによりソ連の反発を招き，改善の兆しが見られる東西関係が再び悪化することを懸念していたのであった[43]。

　ウィルソン労働党は，西側防衛に貢献するためには，核戦力と通常戦力の領域でアメリカとヨーロッパ諸国が機能的に分担することが必要であると主張していた。彼らが目指していた国防政策は，アメリカ政府のそれと極めて近似していた。前章で述べたように，保守党政権は，核抑止力の「自立」とアメリカとの「特別な関係」の両者を維持する政策を推進してきたが，ナッソー協定以降，これがディレンマに陥っていた。ウィルソンらは，それまでは労働党の弱点であると見られてきた外交・防衛政策において，保守党よりも彼らの方がアメリカ政府と「緊密な関係」を構築することが可能であると世論にアピールする千載一遇の機会を得たのであった[44]。

　労働党内では，このウィルソンの国防政策は，左右両派から受け入れられた。一方的核放棄に固執していた左派は，核抑止力の「自立」の放棄が明言

されていることにとりあえずは満足した。一方，右派も通常戦力の増強により西側防衛への貢献を訴えていることから，これを承認した[45]。ゲイツケル党首の下で核政策をめぐり分裂状態にあった労働党は，ウィルソンが党首に就任して以降，表面的には党内対立が収束し，次期総選挙に向け党内融和をアピールすることも可能となったのであった。

4　総選挙を見据えた軌道修正

1963年3月の国防政策の集中審議の際にソニークロフトから，「労働党が政権に就くとポラリス（潜水艦の建造）を断念するのか」と問われた際にヒーリーは，「それが独自核戦力の拡散を意味するならば，反対すべきであると断言できる」と応じていた[46]。このように1963年3月の時点で労働党は，核兵器の保有を継続することに反対である姿勢を明言していた。1963年4月のインタビューにおいてウィルソンも，総選挙の前までに核抑止力の「自立」を放棄する方法について提示したいと述べていた[47]。

しかし1963年半ば以降，この労働党の姿勢が微妙に変化するようになる。7月にゴードン・ウォーカーは下院での演説において，「核戦略と核兵器の統制を共有する適切な取り決めがアメリカとの間で合意されたならば，V型爆撃機の後継兵器を保有することはない」と述べた[48]。このゴードン・ウォーカーの発言には，労働党が政権に就いても，無条件に核兵器を放棄するわけではないとの姿勢が示唆されていた。11月には，この姿勢がより一層明確になる。「労働党が政権に就いた暁にはポラリス潜水艦の注文をキャンセルするのか」と保守党から質問されたゴードン・ウォーカーは，「イギリスとフランスの独自核戦力やMLFは，西側全体の核戦力において僅かなものであり，これに投資するのは非効率である」と述べ，間接的にではあるがポラリス潜水艦の建造を中止することを示唆していた。この一方で，「V型爆撃機には莫大な予算が費やされているので，これを放棄することなく同盟に提供する」とも述べ，当面はV型爆撃機による核抑止力を維持する姿勢を明確にした。ゴードン・ウォーカーはこれに加えて，「この際に，世界におけるイギリスの影響力を増大させるために，核兵器の統制の共有をアメリカに求め

る」と述べていた。彼は「自立」を維持することによってアメリカの核政策に影響を及ぼすのではなく、核兵器を交渉材料にして、同国の核使用に影響を及ぼす核政策・戦略の作成過程に参画できる制度の構築を模索すべきであると訴えていたのであった[49]。ゴードン・ウォーカーは、アメリカの有力な外交雑誌である『フォーリン・アフェアーズ』への寄稿においても、同様の主張を行っていた[50]。

このようなゴードン・ウォーカーの発言に対して、ウィルソンの発言は依然として労働党が核保有を断念することが示唆されていた。1964年1月にウィルソンは、核保有を米ソ超大国に限定すべきとの見解を示した。そして、「イギリスがポラリス潜水艦を建造するという幻想を抱くことなしに、自国にとって最適な同盟への貢献を行うために、労働党が政権に就いたならばナッソー協定の再交渉、もしくは破棄交渉を行うつもりである」と述べていた[51]。

この、「SLBMポラリスの獲得を放棄する方向でナッソー協定を再交渉する」というウィルソンの発言は、翌月にはヒーリー影の国防相によって否定されることになる。1964年2月の国防政策の集中審議において、ポラリス潜水艦の建造を継続するか否かを問われた際にヒーリーは、「核抑止力の『自立』を維持することは不必要かつ非合理的であるが、ポラリス潜水艦が同盟の核抑止力にとって価値があるか否かはアメリカ政府と交渉するまで決定することができない」と回答していた[52]。ヒーリーは、ポラリス潜水艦の建造を継続するか否かについては、政権就任後に決定することを明らかにしたのである。これ以降、下院ではヒーリーの発言が踏襲されるようになった[53]。またウィルソンの「ナッソー協定を破棄交渉する」という表現も、「再交渉」に統一され、SLBMポラリスの獲得を断念するとのニュアンスが消去されるようになった。総選挙のマニフェストにおいても、労働党の核政策の主眼は、「ナッソー協定の再交渉」であると述べられていた[54]。

5 ウィルソン労働党が明示していた「自立」の放棄

下院での労働党首脳部の発言を吟味すると、野党時代の労働党は、V型爆

撃機を保持し続けるが，ポラリス潜水艦の建造を継続するか否かについて政権就任後に決定するとの姿勢を 1964 年初頭には明確にしていたことが理解できる。この一方で，イギリスが単独で核兵器を使用することを，ヨーロッパにおいてもスエズ以東においても否定していた。ウィルソンら労働党首脳部は，自国が単独でソ連と核の応酬を行うのではなく，西側同盟全体で対処すべきであると明言していた[55]。また，スエズ以東においても，核兵器に依存するのではなく，通常戦力による対処が可能な態勢を整備するとともに，単独で行動するのではなく，国連や同盟の枠組みで行動せねばならないと述べていた[56]。さらに労働党は，V 型爆撃機を「究極の国益条項」を放棄してNATO に提供することも明白にしていた[57]。1964 年 7 月にヒーリーは，自国の核抑止力の「自立」を放棄し，これを新たな NATO 統制システムに移譲すると主張していた[58]。また，ヒーリーと秘密裏に会合したソニークロフトも，ヒューム首相に対して，労働党が現行のイギリスの核抑止力の「自立」を放棄することを交渉材料に，アメリカ政府から代償を引き出すことを模索しているのではないかと報告していた[59]。

　このように労働党は，核抑止力の「自立」を放棄する姿勢を 1964 年 10 月の総選挙の以前に鮮明にしていた。これは，総選挙を取り仕切ったウィルソンの側近たちの間では，より明白に主張されていた。クロスマン，ウィッグ（George Wigg），ベン，ショアらは，総選挙の候補者に配布するために国防政策に関する質疑応答書を作成した。そこでは，V 型爆撃機はアメリカの核戦力全体の僅か 5％に過ぎず，これを「自立」して配備することは軍事的に無意味であり，労働党が政権に就いた暁には，これらを「究極の国益条項」を放棄して NATO に提供するとともに，NATO に統合された核兵器の統制に関する取り決めの制度化に向けて積極的に取り組むこと，アメリカ政府からポラリス潜水艦を購入することを約束した協定を再交渉することが明示されていた[60]。

　従来の研究では，野党時代に核抑止力の放棄を訴えていたウィルソンが，実は当時から政権奪還後には核保有を継続することを決定していたとの見解が主流であった。ピエールは，選挙後の労働党関係者の発言を論拠に，労働

党首脳部が 1964 年の春から夏にかけてポラリス潜水艦の建造を継続するとすでに決定していたと述べている [61]。また，ドクリルも，64 年 3 月のジョンソンとの会合時のウィルソンの発言や 63 年 2 月のズルエタ (Philip de Zulueta) 首相秘書官に対するウィルソンの発言及びソニークロフトが受けた印象を論拠に，ウィルソンが野党時代から核保有の継続を望んでいたと述べている [62]。一方，ポンティングは，労働党首脳部は，選挙公約において核保有の継続に関して曖昧な表現にとどめ，この決定を政権獲得以降に先送りすることを決定していたと述べている [63]。このように，野党時代のウィルソンの真意に関しては，研究者によって評価が分かれていたが，最近の実証研究においてギル (David James Gill) は，労働党が野党であるという利点を活用し，核保有を継続するか否かについて明確な態度を示さずに，政権就任後に決定するという曖昧な態度に終始したと述べている [64]。このギルの指摘は，ポラリス潜水艦の建造を継続するか否かについて，曖昧な態度に終始したという点では適切である。この反面，労働党の幹部たちの下院での発言や側近らの私文書を吟味すると，ウィルソンら労働党首脳部が，たとえ核兵器を引き続き保有することを決定したとしても，核使用の最終決定権を同盟の機関に移譲すること，すなわち，核抑止力の「自立」を放棄する意図を，野党時代から保持していたと理解することができよう。

第 3 節　総選挙における「自立」をめぐる論戦

1　「自立」に固執する保守党のマニフェスト

1963 年 10 月に体調を崩して入院したマクミランは，病室において突然首相を辞任することを表明した。後任の首相にはマクミランの推薦によりヒューム外相が昇格した。ヒュームは数百年続くスコットランド貴族の家系を継いだ選挙で選出されない上院議員であった。下院においてウィルソンがこれを問題であると非難したために，ヒュームは彼一代限りで爵位を放棄し，補欠選挙に立候補し下院議員に選出された [65]。

マクミランの任期を受け継いだヒュームは，1 年以内に総選挙を実施せね

ばならなかった。このためヒュームは、選挙運動において彼自身も得意分野である外交・防衛政策、特に労働党が右派と左派で政策に分裂が見られる核政策に焦点を絞る方針を定めた。核政策に対してヒュームは「自立」の維持が必要不可欠であると確信していた。首相就任後の演説でも彼は、「核兵器こそが国際社会における『生きるか死ぬか』の大問題を議論する頂上会談に参加する入場券である[66]」と述べていた。ヒュームの方針が反映された保守党の選挙マニフェストは、愛国者であり強固な防衛を志すのが同党であることが強調されていた。そして、核攻撃に対する唯一の効果的な防衛手段が報復的核抑止力を保持することであり、敵を抑止するための最終手段として核抑止力の「自立」を維持せねばならないこと、保守党が世界規模での国益と責務を維持し続ける意図を有すること、これと対照的に労働党が核戦力を放棄してイギリスを二級国に貶めようとしていること、等が述べられていた[67]。

しかし、ヒュームが核抑止力の「自立」に固執することに、問題もあった。なぜならば、核抑止力の「自立」が必要な事態とは、アメリカ政府からの核抑止力の提供が期待できない事態であり、ヒュームの主張は、ある面ではアメリカ政府に対する不信感を前提にしていたとも言えるからである。これに関して、野党からの批判のみならず、保守党内部からも懸念の声が上がっていた[68]。

2 核政策を曖昧にした労働党のマニフェスト

一方、ウィルソンは、党内対立を表面的には収束させたが、核問題が依然として労働党の弱点であることを理解していた[69]。1964年に入ると、総選挙のための準備が進められ、ウィルソンは週末には各地で労働党の政策について遊説した。しかし彼は、演説において外交・防衛政策に言及することをしばしば回避し、核抑止力が選挙の争点にならないように慎重に行動した。そして、「技術革新の白熱」によって自国の経済及び社会を変革することを世論に訴える選挙運動を展開した[70]。

1964年7月にウィルソンは、総選挙のための労働党のマニフェストを作成するために、ベン、クロスマン、ショア、ウィッグら側近との会合を重ね

た[71]。9月12日に発表されたマニフェストでは，13年間政権を担った保守党が，現在の国力低迷の原因であり，労働党がこれを克服し，新たなイギリスを創造するという決意が強調されていた[72]。

まず，「なぜ保守党は失敗したのか」と題された章において，13年間の保守党政権の政策を総括していた。労働党は，保守党政権の時代遅れの帝国主義的感覚が，イギリスの凋落の原因であると断じていた[73]。そして，「新たなイギリスに向けての計画」の章において，国内経済及び社会サービスを活性化させる様々な方策を述べていた[74]。

次に，「イギリスの新たな役割」の章において，労働党の目指す外交・防衛政策が述べられていた。この章は，植民地主義の終焉，平和への新たな展望，防衛政策という三つの節から構成されていた。第1節では，コモンウェルス諸国との対等な関係をより一層緊密化するとともに，世界の半分の人々に絶えず付きまとっている貧困の問題に対処するために低開発諸国への経済援助を増大すると述べていた。第2節では，核拡散を防止すること，アフリカ・南アメリカ・中部ヨーロッパに非核地帯を設置すること，軍備の削減等によって東西間の緊張緩和を促進することや，国連を介した平和維持活動に取り組むことが述べられていた[75]。

この「イギリスの新たな役割」の章の第3節では，労働党の目指す国防政策が述べられていた。この国防政策に関する一節は，保守党から批判を受けることが予測されていた。また，これをめぐって党内が分裂することも懸念されていた。このため，ウィルソンは草稿の作成を側近に任せることなく，自ら執筆した[76]。ウィルソンは，まず，保守党が過去13年間に，国防支出に200億ポンドも費やしたにもかかわらず，イギリスの国防態勢が史上最低の状況に陥っていると断罪している。さらに，保守党の核政策について，獲得予定のSLBMポラリスが西側同盟全体の核抑止力の強化に何ら貢献できない，「自立」したイギリスの核抑止力と言われているものが，供給を完全にアメリカに依存しているので，「自立」しておらず，イギリスのものでもなく，抑止力にもなっていない，この見せかけの核抑止力をイギリスが維持することにより非核保有諸国，特に西ドイツへの核拡散を助長させる危険性を

有している，イギリスが同盟国の支援を得ずにソ連と単独で核戦争を行うことを前提としている，とその誤りを指摘している。そして，労働党の新たなアプローチとして，NATO 防衛の分担に貢献するために通常戦力を強化し，またコモンウェルス諸国や国連への平和維持活動を実行するための緊急展開部隊を設立する，重複した戦略核兵器を整備するために国家の資源を浪費することを止めナッソー協定を「再交渉」する，アメリカが提案中の MLF に反対する，同盟諸国が核兵器の配備と統制に参画できるようにするために全ての NATO 核戦力を効果的な政治統制の下に統合するという建設的な提案を行う，ことが提示されていた[77]。

　前述したように，ウィルソン労働党は，ポラリス潜水艦の建造を継続するか否かに関しては政権就任後に決定するが，たとえ計画を継続したとしても，これを同盟に恒久的に提供する，すなわち核抑止力の「自立」を放棄することを明言していた。しかし，ウィルソンが執筆したマニフェストの国防政策に関する節では，この主張が明確ではなかった。労働党のマニフェストを分析した在英アメリカ大使館も，外交・防衛領域における労働党の政策は実質的に何も述べられていないと，本国に対して報告していた[78]。

　このような曖昧な文言を提示したウィルソンに対して，中道左派の側近らは，労働党が政権に就いた暁には，もはや存在していない「自立」した核抑止力に対して資源を投入する意図はないこと，現有する核兵器に関しては軍事的効果を有する限り保有し続けるが，これを NATO に提供すること，を明言すべきであると意見具申していた[79]。しかしながらウィルソンは，この側近らの具申を受け入れなかった。ウィルソンは，マニフェストで明言されていた，「ナッソー協定の再交渉」についても，「誰も再交渉が何を意味しているのかわからないであろう」と親しい友人に漏らしていた[80]。つまり彼は，核政策に関して，マニフェストでは故意に曖昧な表現を使用したのであった。ウィルソンが核政策を故意に曖昧にした理由については，政権就任後にできる限り行動の自由を確保することを意図していたこと，労働党内の対立が再燃することを欲していなかったことなどが指摘されている[81]。

3　労働党の僅差での勝利

　労働党が発表したマニフェストに対して，保守党はこれを批判するパンフレットを 1964 年 9 月 14 日に配布した。そこでは，労働党がイギリスを適切に防衛すると約束しているが，核放棄を主張する同党では，核保有した潜在的敵国に対して有効な防衛手段を提供できない，見せかけの「自立」との批判が実態に即していない，「究極の国益条項」を放棄した同盟への核戦力の提供が自国の国益とならない，との批判が繰り広げられていた[82]。

　選挙戦が始まる前の世論調査では，保守党政治への不満から，労働党が優勢を保っていた。しかし選挙戦が進むにつれて，野党暮らしの長い労働党が政権へ就くことへの不安から，次第に保守党への支持が回復する傾向も見られた。保守党は，ヒューム自らが先頭に立って，外交・防衛政策，中でも核問題に焦点を絞り労働党を攻撃した。ヒュームは，核放棄を主張する労働党が政権に就いた暁には，イギリスが核保有国から核威嚇を受けるのみならず，国際政治における影響力も失うことになるとの批判や，フランスや中国が核兵器を獲得しようとしている時に，労働党は核兵器を放棄しようとしていると主張し，イギリス世論の愛国心に訴え続けた[83]。

　しかしながら，61 歳で元貴族の地味な風貌のヒュームは，世論へのアピールが乏しかった。一方で，48 歳で活力に満ちたウィルソンは，ヨークシャー出身の親しみやすい性格を前面に出し，経済問題に焦点を絞って保守党政権の政策を攻撃した。労働党は最新のメディアとして注目されていたテレビ放送を有効に活用することによっても有権者の支持を集めた[84]。

　1964 年 10 月 15 日に投開票された総選挙の結果は，労働党が 317 議席，保守党が 304 議席であった。自由党の 9 議席を加味すると，与野党の議席差は僅か 4 議席という伯仲した結果であった。民意が保守党から労働党に移ったのは明らかであったが，極めて少数の議席差で勝利したウィルソン労働党が，当面困難な議会運営を強いられることも明白であった。このような逆風の中で，ウィルソン労働党政権は，総選挙で争点とすることを回避し続けた「自立」を放棄する核政策を実行に移すことになる。ウィルソンは，党内の団結を最優先に考えて組閣を行った。ウィルソン内閣には，ブラウンが副首

相待遇で経済相に，キャラハンが蔵相に，ゴードン・ウォーカーが外相に，ヒーリーが国防相に任命される等，党内右派が外交・防衛政策に携わる閣僚の主流を占めた[85]。

 以上のように，アメリカに依存する自国の核抑止力が「自立」しておらず，軍事的・政治的な価値を有さないと認識していた野党時代のウィルソンは，核抑止力の「自立」を放棄するとともに，NATO内にこの提供先となる統合核戦力を構築すべきであると思い描くようになった。彼は，アメリカとの間に「緊密な関係」を維持することが，自国の世界規模での利益を維持するために，より重要であると理解していた。そのアメリカが，西側核戦力の一元的統制を目論んでいたことは，政権奪取を願うウィルソンにとって好都合であった。
 この一方で，統合核戦力については，自国の保有するV型爆撃機を恒久的に配属させると述べるのみで，ポラリス潜水艦の取り扱い等，曖昧な部分も多分に存在していた。これには，選挙戦術上，敢えて曖昧にしたという要素も存在していた。そこで時を少し遡り，曖昧な核政策を掲げる労働党への政権交代が次第に現実的になっていく中で，ANF構想の立案主体となる外務省及び国防省が，どのような準備を行っていたのかについて詳しく見ていきたい。
 OPD(O)に参加する官僚たちは，総選挙においてどちらの党が勝利するにせよ，新政権に対して，核政策に関する概要説明を行うために作業を進めていた。この中で焦点となるのは，言うまでもなく核抑止力の「自立」を維持するのか否か，MLFに参加するのか否かの二点であった。次章では，1964年7月から10月にかけて，外務省及び国防省が作成した新政権に提示するための政策文書の詳細を明らかにする。

注
 1) Keohane, *Labour Party Defence Policy since 1945*, pp. 21-22.
 2) *HC Deb.*, vol. 537, 1 Mar. 1955, col. 1917.

3) *HC Deb.*, vol. 582, 19 Feb. 1958, col. 1241.
4) Philip M. Williams, *Hugh Gaitskell* (Oxford: Oxford University Press, 1982), pp. 221-222.
5) Keohane, *Labour Party Defence Policy since 1945*, pp. 21-22.
6) ガゥイング『独立国家と核抑止力』, 36頁。
7) 梅津實「戦後政治の開幕――アトリー政権　1945年～51年」梅川正美・坂野智一・力久昌幸編著『イギリス現代政治史』(ミネルヴァ書房, 2010年), 27-28頁。
8) Kate Hudson, *CND-Now More than Ever: The Story of a Peace Movement* (London: Vision Paperbacks, 2005), pp. 35-46.
9) Scott, "Labour and the Bomb," pp. 687-688.
10) *Report of the 59th Annual Conference* (London: The Labour Party, 1960), p. 202.
11) Roger Ruston, *A Say in the End of the World: Morals and British Nuclear Weapons Policy 1941-1987* (Oxford: Claredon, 1989), pp.147-148.
12) Keohane, *Labour Party Defence Policy since 1945*, p. 22.
13) *Report of the 59th Annual Conference*, p. 14.
14) Pierre, *Nuclear Politics*, p. 217.
15) *Report of the 59th Annual Conference*, p. 14.
16) *Report of the 60th Annual Conference* (London: The Labour Party, 1961), p. 194.
17) Ruston, *A Say in the End of the World*, pp.151-154.
18) Ziegler, *Wilson*, pp. 1-59.
19) *Ibid.*, pp. 110-137.
20) 1963年2月の労働党の党首選については, Timothy Heppell, "The Labour Party Leadership Election of 1963: Explaining the Unexpected Election of Harold Wilson," *Contemporary British History*, vol. 24, no. 2 (Jun. 2010), pp. 151-171.
21) Robert Pearce ed. , *Patrick Gordon Walker: Political Diaries 1932-1971* (London: Historian's Press, 1991), pp. 2-19; Young, John W. , *The Labour Governments 1964-1970: International Policy* (Manchester: Manchester University Press, 2003), p. 5.
22) Geoffrey Williams and Bruce Reed, *Denis Healey and the Politics of Power* (London: Sidgwick & Jackson, 1971), pp. 24-48, 130-164.
23) Ziegler, *Wilson*, pp. 138-139.
24) Harold Wilson, *The Governance of Britain* (London: Weidenfeld and Nicolson, 1976), pp. 157-158.
25) 力久昌幸「イギリスの現代化を目指して――第一次ウィルソン政権　1964-70年」梅川他編著『イギリス現代政治史』, 107頁。
26) Ben Pimlott, *Harold Wilson* (London: Harper Collins, 1992), p. 308; Benn, *Out of the Wilderness*, pp. 115, 132, 137, 140-141.

27) CAB 130/212, MISC 16/1st Meeting, Atlantic Nuclear Force, 11 Nov. 1964; CAB 134/3120, Cabinet Ministrial Committee on Nuclear Policy, 28 Sep. 1966.
28) 岩間陽子「ヨーロッパ分断の暫定的受容――1960年代」臼井実稲子編『ヨーロッパ国際体系の史的展開』(南窓社, 2000年), 148-149頁.
29) Dockrill, *Britain's Retreat from East of Suez*, p. 44.
30) *Hetherington Paper*, 4/22, 18 Mar. 1963.
31) *Hetherington Paper*, 6/22, 5 Mar. 1964; Dockrill, *Britain's Retreat from East of Suez*, p. 44.
32) 両者の首脳外交については, Jonathan Colman, *A 'Special Relationship'?: Harold Wilson, Lyndon B. Johnson and Anglo-American Relations 'at the Summit', 1964-68* (Manchester: Manchester University Press, 2004).
33) Henry Brandon, *Special Relationships: A Foreign Correspondent's Memoirs from Roosevelt to Regan* (New York: Atheneum, 1988), pp. 209-210.
34) PREM 11/4894, Visit of the Right Hon. Harold Wilson, M.P., To the Soviet Union, 24 Jun. 1963; Moscow Telegram no. 1061, "Mr. Harold Wilson's proposals for Disarmament and other Matters," 3 Jun. 1964.
35) *HC Deb.*, vol. 673, 4 Mar. 1963, cols. 44-63.
36) *Shore Paper*, 4/31, "Labour Party Overseas Department Paper: CND questionnaire," 5 Feb. 1964; *HC Deb.*, vol. 673, 4 Mar. 1963, cols. 44-63; vol. 687, 16 Jan. 1964, cols. 436-450.
37) *Hetherington Paper*, 6/12, 5 May 1964; Benn, *Out of the Wilderness*, p. 22.
38) *Hetherington Papers*, 5/9, 8 Jan. 1964.
39) *HC Deb.*, vol. 673, 4 Mar. 1963, cols. 58-59.
40) *HC Deb.*, vol. 673, 4 Mar. 1963, cols. 59-60.
41) Macintyre, *Anglo-German Relations during the Labour Governments 1964-70*, pp. 2-3.
42) *Hetherington Paper*, 5/8, 22 Jan. 1964.
43) PREM 11/4894, Moscow Telegram no. 1061, "Mr. Harold Wilson's proposals for Disarmament and other Matters," 3 Jun. 1964.
44) Benn, *Out of the Wilderness*, pp. 108-109; Pierre, *Nuclear Politics*, pp. 271-272.
45) Ziegler, *Wilson*, pp. 140-141.
46) *HC Deb.*, vol. 673, 4 Mar. 1963, col. 61.
47) *Hetherington Paper*, 4/20, 8 Apr. 1963. ウィルソンは,「パブの大衆」が自国が常に敵国よりも大きな爆弾を保有することを欲しているのは事実ではあるが, 総選挙においては, これは最重要な争点にはならないと評価していた.
48) *HC Deb.*, vol. 682, 31 Jul. 1963, col. 567.
49) *HC Deb.*, vol. 684, 15 Nov. 1963, cols. 494-498.
50) Patrick Gordon-Walker, "The Labour Party's Defense and Foreign Policy," *For-*

eign Affairs, vol. 42, no. 3 (Apr. 1964), pp. 392-394.
51) *HC Deb.*, vol. 687, 16 Jan. 1964, cols. 443-445.
52) *HC Deb.*, vol. 690, 26 Feb. 1964, cols. 480-481.
53) *HC Deb.*, vol. 690, 27 Feb. 1964, cols. 659-660; vol. 699, 16 Jun. 1964, col. 1147.
54) Labour Party, *Let's Go Labour for the New Britain: the Labour Party's Manifesto for the 1964 General Election* (London: Labour Party, 1964), p. 23.
55) *HC Deb.*, vol. 687, 16 Jan. 1964, col. 440; vol. 673, 5 Mar. 1963, col. 225; vol. 673, 4 Mar. 1963, col. 62.
56) *HC Deb.*, vol. 687, 16 Jan. 1964, col. 449; Benn, *Out of the Wilderness*, p. 104.
57) *HC Deb.*, vol. 687, 16 Jan. 1964, col. 443; vol. 673, 4 Mar. 1963, col. 62.
58) Williams and Reed, *Denis Healey and the Politics of Power*, p. 158.
59) PREM 11/4733, Thorneycroft to Douglas Home, 3 Feb. 1964.
60) *Wigg Paper*, 5/1, "Labour Defence Policy," 22 Sep. 1964.
61) Pierre, *Nuclear Politics*, p. 267.
62) Dockrill, *Britain's Retreat from East of Suez*, p. 59.
63) Ponting, *Breach of Promise*, p. 87.
64) David James Gill, "The Ambiguities of Opposition: Economic Decline, International Cooperation, and Political Rivalry in the Nuclear Policies of the Labour Party, 1963-1964," *Contemporary British History*, vol. 25, no. 2 (Jun. 2001), pp. 251-276.
65) *HC Deb.*, vol. 682, 24 Oct. 1963, cols. 903-915；小川浩之「『豊かな時代』と保守党政権の盛衰——イーデン・マクミラン・ダグラス＝ヒューム政権　1955-64年」梅川他編著『イギリス現代政治史』、78-79頁。
66) *HC Deb.*, vol. 684, 12 Nov. 1963, cols. 49-50.
67) "Prosperity with a Purpose," British Conservative Party Election Manifesto: 1964. (http://www.politicsresources.net/area/uk/man/con64.htm.)
68) *HC Deb.*, vol. 687, 16 Jan. 1964, cols. 440-441; vol. 690, 26 Feb. 1963, cols. 487-488.
69) *Hetherington Paper*, 5/9, 8 Jan. 1964.
70) Benn, *Out of the Wilderness*, pp. 92, 99, 139; *Hetherington Paper*, 6/22, 5 Mar. 1964.
71) Benn, *Out of the Wilderness*, pp. 128-143.
72) Labour Party, *Let's Go Labour for the New Britain*, p. 3.
73) *Ibid.*, pp. 5-8.
74) *Ibid.*, pp. 8-18.
75) *Ibid.*, pp. 18-22.
76) Ziegler, *Wilson*, p. 157; Andrew Roth, *Harold Wilson: Yorkshire Walter Mitty* (London: Macdonald, 1977), p. 301.
77) Labour Party, *Let's Go Labour for the New Britain*, pp. 22-23.

78) Ziegler, *Wilson*, p. 158.
79) *Wigg Paper*, 5/1, Letter from George Wigg to Anthony Wedgwood Benn, 16 Sep. 1964.
80) Anthony Shrimsley, *The First Hundred Days of Harold Wilson* (London: Weidenfeld and Nicolson, 1965), p. 73.
81) Pierre, *Nuclear Politics*, p. 263; Ponding, *Breach the Promise*, p. 87; Freedman, *Britain and Nuclear Weapons*, p. 31.
82) *Shore Paper*, 4/104, Notes on Current Politics Pamphlet, "Labour's Manifesto Examined," 14 Sep. 1964.
83) John W. Young, "International Factors and the 1964 Election," *Contemporary British History*, vol. 21, no. 3 (Sep. 2007), p. 360.
84) *Shore Paper*, 4/104, Notes and Suggestions by Shore for Press Conferences and TV Appearances, October 1964.
85) Pimlott, *Harold Wilson*, p.327.

第 4 章

外務省と国防省の「自立」をめぐる対立
1964 年 7 月〜 10 月

　本章では，1964 年 10 月に保守党から労働党へ政権交代する直前に，OPD(O)に参加する官僚たちが核政策に対して，どのような認識を抱いていたのかを明らかにする。政権交代の可能性も視野に入れていた OPD(O) に参加していた外務省及び国防省の官僚たちは，新政権の MLF 構想への対処に資するための政策文書を準備していた。この中で彼らは，どのような主張を繰り広げていたのであろうか。また，核兵器に否定的な労働党への政権交代が現実視される中で，国防省はどのような準備を行っていたのであろうか。これらの疑問に答えることによって，ANF 構想が立案される基盤がどのようなものであったかを明らかにする。

　まず，新政権の速やかな対処に資するために，外務省及び国防省が準備していた核政策の提言文書について述べる。次に，これらを内閣官房のイニシアティヴで統合する際に，核抑止力の「自立」を放棄することになっても止むを得ないとの認識が，OPD(O)内で支配的になっていった過程を明らかにする。最後に，このような認識に対して危惧を抱いた国防省が，核抑止力の「自立」の必要性を訴えるために準備していた「作戦」について述べる。

第 1 節　核政策に関する新政権への提言文書の作成

1　1964 年末までの MLF 協定署名を目標とした米独合意

　ナッソー会合でイギリス政府と多角的な核戦力の設立に合意して以降，アメリカのケネディ政権，特に国務省は，混成兵員水上艦隊から成る MLF の設立を積極的に推進するようになった。MLF に対してケネディ自身は，ヨー

ロッパにアメリカの影響を行使する手段であるとみなし、たとえフランスのドゴール大統領が反対したとしてもこれを追求すべきであると述べていた[1]。しかし、ヨーロッパ諸国からの反応が芳しくないとの報告がワシントンにもたらされるようになり、ケネディはこれに対して疑念を抱くようになった[2]。しかし、MLF推進派のボール国務次官は、「ヨーロッパ諸国の反応はアメリカ政府の姿勢に依存しており、我々がリーダーシップを発揮すればMLFを実現することが可能であり、また彼らもこれを望んでいる[3]」と述べ、実現に向けての自信のほどを表明していた。

ボールらMLF推進派は、西ドイツ、イタリア等に積極的に働きかけ、1963年10月にMLF作業部会を設立し、関心のある同盟諸国との間で、この創設に向けた検討作業を開始させた[4]。しかし、この時点でケネディは、ヨーロッパ諸国との検討作業や実員検討の結果を踏まえた上で、MLFの設立を検討すべきであるとの消極的な姿勢に変化していた[5]。1963年10月4日にヒューム外相と会談した際にもケネディ大統領は、MLFの検討作業を急ぐ必要はないと明言していた[6]。このMLFをめぐる大統領と国務省の齟齬は、1963年11月22日のケネディ大統領の暗殺により変化が生じた。ケネディの後任として、それまでMLF問題に関与していなかったジョンソン副大統領が大統領に昇格した。この政権移行の混乱に乗じて、ボールら国務省の推進派がMLF問題の主導権を握るようになった。彼らは、ヨーロッパ諸国に対して、MLFに参加するよう圧力を強めた[7]。

1964年4月に行われたMLFに関するアメリカ政府内の高官協議において、議会に対してMLFに関する非公式説明を開始すること、ヨーロッパ諸国に対してMLFが最善であるとジョンソン大統領が考えていると伝えること、可能であれば1964年末までにMLF協定を締結することを目標とすること、という方針が決定された[8]。この決定は、ジョンソンの確固たるMLF支持の表明とアメリカ政府内では受け止められた。さらに、1964年6月にワシントンで行われた西ドイツのエアハルト首相との首脳会談においてジョンソンは、年内にMLF協定の署名を行うことを目標に、協定草案の作成に向けた検討を加速化させることに合意した[9]。西ドイツでは、1963年10月にド

イツ・ゴーリストのアデナウアー首相が退任し，その後任に大西洋派のエアハルトが就任して以来，MLF支持の姿勢を強めていた。1964年7月にドゴール大統領と会談したエアハルトは，西ドイツのMLF参加に反対するドゴールからの仏独核協力の申し出に対し，アメリカとの関係が決定的に重要であると述べこれを拒否している[10]。このような西ドイツの姿勢も後押しし，ジョンソンは対外的にもMLFを支持する姿勢を鮮明にしたのであった。

1964年4月にラスク国務長官と会談したイギリスのバトラー（Richard A. Butler）外相は，1964年末までにMLF協定に署名するとのアメリカ政府の方針を伝え聞いた。核抑止力の「自立」と，アメリカとの「特別な関係」の双方を維持することを追求してきた保守党政権は，これに対して明確な態度を示すことができなかった。バトラーは，1964年秋に予定されていた総選挙を口実に，MLFに参加するか否かの決定を，それまで先送りすることをアメリカ政府に伝えた[11]。

2　アメリカとの「特別な関係」を重視する外務省

イギリスの外務省は，MLFの設立をめぐり，アメリカ政府との関係が次第に悪化していることを懸念していた。1964年5月からパリサー（Michael Palliser）計画本部局長が主導して英米関係の長期的な在り方についての検討が開始され，9月2日に「英米バランスシート」という文書が閣議に提出された。この文書を見ると，外務省が自国の立場やアメリカとの関係に関してどのような認識を抱いていたのか，また，そのような認識の上で，核抑止力の「自立」が，どのような価値を有すると考えていたのか，さらに，MLFに対してどのような対処を思料していたのかについて理解することができる。

文書では，イギリス国内には，時にはドゴールのようにアメリカから有利な条件を獲得するために取引を試みることも必要であると主張する，いわゆるゴーリストが存在することが指摘されていた。彼らゴーリストは，アメリカ政府が，同盟全体の利益になるとの理由で自国に有利な政策を推進し，これへのイギリスの協力を当然視しており，また，イギリスの一部の政策を帝国主義的であると批判している，と主張していた。外務省は，彼らの主張に

も一定の理解を示しつつも，すでに海外関与の大部分を放棄し，海外貿易に多くを依存しておらず，イギリスに比較すると行動の自由度が高いというフランスの特性が，ドゴールの独自性の追求を可能にしていると分析していた。外務省は，東南アジアやインド洋，中東，アフリカ，ヨーロッパといった世界のあらゆる地域や，NATOや経済協力開発機構（OECD），関税貿易一般協定（GATT）などのあらゆる国際組織における自国の活動において，アメリカの支援が必要であることを理解していた。外務省は，アメリカがイギリスの支援を必要としている領域も，東西間の緊張緩和や軍縮，東西貿易などにおいて存在するが，全体として逆の割合の方が大きいと冷静に分析していた。これらを踏まえて外務省は，上記の不均衡な関係がアメリカとの関係を困難にしているが，イギリスは，個別の事例ごとの国益計算に基づくのではなく，全般的協力から得る総合的利益を期待して，彼らとの良好な関係を構築していくべきであると主張していた[12]。

また，核協力関係についても，核兵器の運搬手段のみならず，核運用に関する情報や核分裂物質の供給をもアメリカに依存していると外務省は指摘していた。このような一方的に依存する核協力関係について外務省は，アメリカの現政権内にはこれに反対する勢力は皆無であるが，アメリカの国内にはイギリスとの核協力に反対する勢力が多数存在しており，核協力関係が恒久的に継続すると楽観すべきでないと警告していた。外務省は，イギリス政府がMLFに参加しないと決定することにより，この核協力関係が崩壊することを懸念していた。外務省は，核抑止力の「自立」を維持することにより，自国の安全が保障されるとともに，アメリカに影響力を行使し，世界の大国としての地位を保持することが可能であると理解していた。しかし彼らにとって，「自立」以上に「特別な関係」を維持することの方が，世界のあらゆる地域での自国の利益を擁護する上で必要不可欠であったのである[13]。

1964年7月，総選挙後に新政権が直面する重要課題の一つがMLFに関する決定であると理解していたトレンド内閣官房長は，新政権の政治決定に資するために検討作業を行うべきであるとヒューム首相に対して意見具申した[14]。首相からの許可を受けたトレンドは，7月29日のOPD(O)において，

自国の MLF への参加の是非に関する提言文書を 9 月 10 日までに提出するよう外務省及び国防省に指示した[15]。

　ここで，イギリスの内閣制度における政策立案・決定過程について触れておきたい。議院内閣制のイギリスにおいては，閣議（Cabinet Meeting）で内閣の意思決定が行われる。閣議は通常週 1 回開催されるが，これだけでは時間的に制約されるので，全ての案件について議論を行うことは不可能である。このため，閣議の下部組織として，テーマごとに関係閣僚等で構成される閣僚委員会（Cabinet Committee）が設置され，法案作成等に際して実質的な議論が行われている。この閣僚委員会には，常任委員会（Standing Committee）と臨時委員会（Ad hoc Committee）があり，それらの下に小委員会（Sub-Committee）が設置されることもある。また，閣僚委員会が会合を開く前に，各省間の事前調整などの事務的な運営を行うために，各省の職業公務員である事務官のみによって構成される事務官委員会（Official Committee）も設置されている。国防関係の閣僚委員会は，1903 年に設置され，国防の基本方針や実施案を決定するための帝国国防委員会（Committee of Imperial Defence: CID）を起源としていた国防委員会（Defence Committee）が，1963 年 10 月に発展的に解消され，防衛・対外政策委員会（Defence and Overseas Policy Committee: OPD）が設置された。また，その OPD の議長は首相が自ら務め，構成員は，外相，財務相，内務相，コモンウェルス相，国防相であり，議題によっては関係する閣僚も参加することとされていた。また，議題によっては，国防参謀総長が参加することになっていた[16]。OPD の事務官委員会である OPD(O) は，内閣官房長が議長を務め，構成員は，外務省，財務省，コモンウェルス省，植民地省，国防省及び商務省の事務次官並びに国防参謀総長，国防省主席科学顧問であった[17]。

3　MLF への参加とその軌道修正を主張する外務省文書

　トレンドからの指示を受けた外務省のカッチア（Harold Caccia）事務次官は，バーンズ（E. J. W. Barnes）西側組織調整局長に対して，自省の MLF に関する意見をまとめるよう指示した[18]。バーンズは 8 月末までに草稿を作成

し，関係部局や主要大使からの意見聴取を行い，9月3日にカッチアに文書を提出した[19]。カッチアは，報告期日が迫っていたが，重要な問題であるので9月16日の外務省の運営理事会に諮った上で，報告することにした[20]。運営部会での議論を踏まえて修正が施された外務省文書は，9月25日にOPD(O)に提出された。

　外務省は，NATOの核防衛態勢に対して，非核保有諸国，特に西ドイツが，現状に満足していないことを理解していた。また，ヨーロッパ諸国が西ドイツの核保有に対して懸念を抱いていることも伝え聞いていた。外務省は，西ドイツの核保有を阻止しつつ，アメリカの提供する拡大抑止の信頼性の回復を目的としているMLFに対して，政治的には評価していた。この一方で，軍事的に余分な戦力である，西ドイツの核兵器への接近を可能にする，東西関係を悪化させ軍縮の展望を阻害する，同盟の分裂を招く，とのMLFに対する批判が国内外から寄せられていることも理解していた。このような批判に対して外務省は，ソ連の核戦力も増強されている，西ドイツの核への接近を監視するためにMLFに参加する必要がある，ソ連は自らの理由により緊張緩和の継続を欲しており大勢には影響がない，MLFは開かれた組織となるので必ずしも同盟の分裂を招くことはない，と逐一反論を述べMLFを擁護していた[21]。

　外務省は，アメリカが強力に推進し，西ドイツが積極的に支援しているMLFを，イタリア，ベルギー，オランダ，ギリシャ及びトルコが結局は受け入れざるを得ないであろうと分析していた。またアメリカが，最終的にはイギリスの参加の承諾が得られなくてもMLFを設立するであろうと予測していた。外務省は，自国の参加しないMLFが設立され，これが順調に発展したならば，アメリカがMLF参加諸国との関係を深める半面，英米関係が弱体化する，アメリカとの協力を好むヨーロッパ諸国からイギリスが孤立する，NATO領域の国益のみならず世界規模でのそれをも犠牲にすることになる，すでに経済領域で孤立に向かっているイギリスが核防衛領域においても孤立すればヨーロッパ政治に影響を及ぼす機会も相当に縮小する，との不利益を被ることを憂慮していた。しかし，MLFが設立・発展された後に，自国の受

け入れ可能な条件で参加することが相当に困難であることは，EECの例を鑑みれば容易にわかる。これらの理由から外務省は，MLFへの参加を表明した上で，この設立交渉の中で，これを自国が受容可能な形態に軌道修正していくことが望ましいと主張していた[22]。

それでは外務省は，MLFをどのように軌道修正することを考えていたのであろうか。9月16日の運営部会の議論を受けて添付することになった「現行の多角的核戦力の可能性ある修正」という別紙において外務省は，自国が提案していた「陸上配備混成兵員核戦力構想」を同盟諸国が受け入れることが条件であると述べていた。外務省は，陸上配備の核戦力を混成兵員部隊に包含することにより，アメリカが想定していた25隻の混成兵員水上艦隊を縮小することを目論んでいたのである。また，水上艦隊の隻数をも含めて，多角的核戦力の最終的な規模を当初は固定化しないことも企てていた。彼らは，第一段階として5隻程度の水上艦隊と既存の陸上部隊から編成される多角的核戦力を暫定的に創設し，その効果を検証しつつ，技術の進歩や，他国，特にフランスの参加の可能性を考慮して，段階的に合意を積み重ねていくことが有用であると主張していたのであった[23]。

4　安全保障の最終手段としての「自立」を重視する国防省

外務省は，核抑止力の「自立」に政治的な価値を認めつつも，アメリカとの「特別な関係」がより重要な政治的価値を有すると認識し，これを維持するためには，「自立」を喪失する恐れのあるMLFに参加する必要性があると訴えていた。

一方，イギリスの国防省，特に軍人のトップから構成される参謀長委員会は，イギリス本土への直接的な核攻撃や，間接的な核威嚇を完全に防ぐための手段が現在及び見通せる将来において存在しないので，これに対処するためには，敵国に受容不能な被害を付与することができる核報復能力を保持することが必要であり，これには，核抑止力の「自立」の保持が不可欠であると確信していた。また参謀長たちは，「自立」の保持により，危機の際に対外政策を軍事的に支援することができ，また，対外行動に際して多大な行動

の自由を享受できるとも認識していた[24)]。このように彼らは，核抑止力の「自立」に対して，軍事的及び政治的な価値を見出し，これの維持が不可欠であると主張していたのであった[25)]。

　核抑止力の「自立」に参謀長たちが固執する背景には，スエズ危機での屈辱的な体験が彼らの脳裏に焼き付いていたことが指摘されている[26)]。1956年に勃発したスエズ危機において，独自運用が可能な核戦力を十分に保持していなかったイギリスは，ソ連のブルガーニン（Nikolai Bulganin）首相から，スエズ運河から撤退しなければロンドンに対してロケット攻撃を行うとの核恫喝を受けた。同盟国であるアメリカ政府は，ソ連の核恫喝を非難しつつも，彼らが要求するイギリス及びフランス両軍の即時全面撤退に同調した[27)]。このスエズ危機から，イギリスはアメリカとの一層緊密な協力こそが重要であるとの教訓を引き出したが，フランスは完全に独立した核抑止力によってのみ，自国の安全保障と行動の自由を確保できるとのイギリスと正反対の教訓を引き出したとの指摘もある[28)]。しかし，イギリスの政軍の指導者たちも，アメリカとの「特別な関係」の重要性とともに，核抑止力の「自立」の重要性も認識していた[29)]。参謀長たちも，イギリス政府が，戦争開始の決定権を保持していると敵国に理解させること，すなわち，核抑止力の「自立」を保持することが，必要不可欠であると主張していたのである[30)]。

　イギリス国内に存在するいわゆるゴーリストも，核抑止力の「自立」が自国の安全を確保する上で不可欠であると認識していた。1963年半ば頃より，保守党政権のソニークロフト国防相やアメリー（Julian Amery）航空産業相は，ナッソー協定以降，アメリカへの依存を深めていく自国の核抑止力の「自立」性を高めるために，フランスとの核協力を推進すべきと主張するようになっていた。彼らは，アメリカが自国の核保有に否定的な立場を取るならば，フランスとの核協力を基盤として，ヨーロッパ独自の防衛システムを構築することさえも想定していたのであった。もっとも，このフランスとの核協力の模索は，その実行性・有効性が乏しいという理由から，保守党内ですらも支持は広がらず，国防省内でも懐疑的な空気が支配的であり，アメリカとの「特別な関係」を重視する外務省は強硬に反対したため，63年末までには立

ち消えになった[31]。

　「自立」よりも「特別な関係」の維持を優先すべきと主張する外務省に対して，国防省，特に参謀長たちは，自国の追求する核抑止力の「自立」が，アメリカに反するような政策の遂行を意図しているものではないと主張していた[32]。参謀長たちも，外務省同様，アメリカとの「特別な関係」を維持することの重要性を理解していた。しかし彼らにとって，核抑止力の「自立」は安全保障の最終手段であり，アメリカへの過度の依存を防衛責任者としての立場から危惧していたのであった。政権交代に備えた国防省の提言文書は，以上のような認識を抱く参謀長たちの指示により，参謀本部が中心となって作成された。

5　MLFへの不参加と代替核戦力の提案を主張する国防省文書

　国防省は，イギリスやフランスの核保有に反対しているアメリカの国務省が，MLFを介してイギリス及びフランスの核戦力を一元的に管理することを企てていると警戒していた。彼らは，自国の核抑止力の「自立」の喪失に繋がりかねないMLFに参加することを，断固として反対するために文書を作成した。

　国防省は，核戦力を新設することになるMLFに対して，西側諸国がソ連の侵攻を抑止するのに十分な核戦力をすでに保有しているとの理由から反対していた。また，MLFをSACEURの隷下に置くことに対しても，ヨーロッパ戦域での戦闘に責任を有する最高司令官に，ソ連の中枢を攻撃可能な戦力を付与することは適切ではないとの理由から反対していた。さらに，MLFの新設により，計画中の通常戦力の整備が阻害されるとの理由からも反対していた。これらに加えて，MLFが混成兵員水上艦から構成されることに対して，ソ連の妨害や先制攻撃に対して脆弱である，ソ連の海洋での行動を活発化させ緊張時には偶発戦争の恐れが増大する，という軍事的理由からも異議を唱えていた[33]。

　1964年9月22日，ハードマン（Henry Hardman）国防事務次官とザッカーマン首席科学補佐官らが参加した参謀長委員会において，OPD(O)に提出

する国防省文書が討議された。ザッカーマンは，MLFへの参加に関して，賛否両論が表明されているが，それらをバランスよく取り上げ，新政府が適切に政治判断できるように文書を準備すべきであると述べた。彼は，MLFへの参加に対するOPD(O)の官僚たちの意見やマスコミの論調が，アメリカとの「特別な関係」の喪失を回避するために，不利点を甘受して参加すべきであると傾きつつあることを危惧していた。ザッカーマンは，MLFに参加する不利点を，「特別な関係」を喪失する不利点や，フランスのような他の諸国との政治的連携から得られる利点と慎重に比較検討する必要があり，これに資する文書を作成すべきであると述べていた[34]。

　トレンドに提出した文書において国防省は，MLFを適切な方向に導くために当初からこれに参加すべきであると言われているが，MLFの方向性に影響力を及ぼすことができる貢献が果たして可能であるか疑問であると反論していた。また，バスに乗り遅れるな，EECの失敗を繰り返すなという主張に対しても，フランスの参加が望めないMLFは統合ヨーロッパの軍事機構にはなり得ないと断言していた。さらに，たとえMLFが統合ヨーロッパの軍事機構になったとしても，統合ヨーロッパとイギリスとの関係はMLFとは無関係に検討・決定されるであろうことから，MLFにEECのアナロジーを適用することは間違いであるとも主張していた。国防省は，陸上部隊を多角的核戦力に包含させることにより，混成兵員水上艦隊を縮小することが可能であるとの外務省の主張に対して，これらを期待することができないと冷静に判断していた。国防省は，自国にとって最善の選択は，混成兵員水上艦隊から編成されるMLFに参加しないことであると断じていた。しかしながら，非核保有諸国の要求を満足させ，NATO同盟国の結束を強化し，アメリカをNATO防衛により深く関与させるために，NATO核戦力を構築することが必要であるとも認識していた。このため国防省は，自国の既存または計画中の国家保有の核戦力の貢献が可能なNATO核戦力の構築に向け，検討を継続させることが必要であると主張していた[35]。

第2節　文書の統合と「自立」放棄への傾斜

1　外務省及び国防省の各々の文書に対する批判

　外務省及び国防省が作成した新政権に対する提言文書は，1964年10月1日のOPD(O)で議論されることになり，9月25日に関係省庁に配布された。国防省では，OPD(O)での議論に備えて，29日の参謀長委員会において，この問題を討議した。

　マウントバッテン（The Earl Mountbatten of Burma）国防参謀総長は，外務省文書では，MLFが余分な戦力であること，イギリス海軍の直面している人員不足の問題，国防予算への負の影響，が過小評価されていると批判していた。そして，OPD(O)の議論において，外務省と国防省の見解が合意に至ることは考えられず，この問題に関しては，新政権の方向性が明らかになるまで，対処できないと述べていた[36]。ザッカーマン首席科学補佐官は，MLFの創設により西ドイツの核に対する願望が満たされるとの外務省の分析が不適切であると主張した。また，アメリカ政府がイギリスの参加が得られなくてもMLFを設立することを決定したと結論づけられているが，彼が多くのアメリカ政府関係者と接触したところ，イギリスの反対によって彼らがMLFを放棄する可能性も十分あり得ると指摘した[37]。さらなる議論において，核使用に際してMLFの統制機関とNACとの関係が不明確である，MLFの使用に際しての拒否権と，MLFの統制取り決めを変更するに際しての拒否権である，いわゆる「二重の拒否権」を獲得するには全体の10％の貢献では不十分である，MLFを創設しても，西ドイツが独自核開発に踏み切る危険性が存在する，混成兵員実働演習において管理面での困難さが指摘されている，などの問題点が指摘された。また，委員会の参加者の中には，ナッソー協定で合意されたオリジナルな多角的核戦力の創設に向けた代替構想の提案が有用であるとのMLFの設立阻止に向けた楽観的な意見も存在していた。参謀長委員会は，自省の主張を補強するために，MLFへの自国の貢献割合が10％，20％，30％の際に，NATO及びスエズ以東における軍事的関与に及ぼす影響

を分析するよう参謀本部に指示した[38]。

　外務省においても 9 月 29 日の運営委員会においてこの問題が取り上げられた。そこでは国防省の文書に対して，海軍の人的不足が誇張されている，財政問題に関しても混成兵員水上艦隊のコストを過大視する一方で陸上配備部隊のコストを過小に見積もっている，との批判が述べられた。また，MLFをめぐる東西関係，西ドイツの核兵器への接近，アメリカとの関係，ヨーロッパ諸国との関係という政治的な問題について，両省の認識が全く異なっているが，国防省のそれは過度に悲観的であると警告されていた。さらに，国防省の文書においても，イギリス政府の受容可能な統制取り決め，混成兵員水上艦隊の縮小，陸上配備部隊の包含が満たされた NATO 核戦力の必要性が主張されているが，自国の MLF への参加表明によって初めて，これらの詳細について同盟諸国と交渉することが可能であると指摘されていた[39]。

　外務省内では，イギリスの参加の有無にかかわらず MLF が実現されるのではないかとの懸念がますます高まっていた。運営委員会では，MLF の実現を阻止することが不可能であるとの前提で，この設立に起因する不利点を最小限にすることを第一に考えねばならないと OPD(O) において主張すべきであると合意された。その際に，参加することによる不利点と参加しないことによる不利点を，軍事的観点からではなく，政治的観点から比較して判断すべきであると主張することも合意された[40]。

2　内閣官房の仲介による統合文書の作成

　イギリスの総選挙は，10 月 15 日に投票が行われることになっていた。外交・防衛政策の領域において新政権が最初に取り組まなければならない課題は，MLF への参加の是非を決定することであると OPD(O) に参加する官僚たちは認識していた。しかし，この政治決定に資するために外務省と国防省が準備した提言文書は，全く正反対の主張がなされていた。1963 年半ば以降の両省の主張を直接聞き及んでいたトレンド内閣官房長は，MLF への参加の是非に関して OPD(O) で結論を得ることが不可能であると認識していた。しかしながら，新政権の閣僚たちの利便性を考えると，両省の作成した各々

に重複が目立ち，また余りにも長文である二つの文書を，コンパクトに統合する必要があった[41]。

9月30日に開催されたOPD(O)においてトレンドは，統合文書の構成案を提示した。その第1章では，外務省の作成した文書を基に，MLFの狙いを含めた現在までの歴史的概要を記述することが示されていた。第2章では，軍事的及び政治的観点からのMLFに対する評価を述べることが示されていた。この際，国防省が軍事的観点から，外務省が政治的観点から各々草稿を提示し，両省が相互に意見を調整して文書を作成することが指示されていた。第3章では，新閣僚から寄せられるであろう質問と，それへの回答を記述することが示されていた。トレンドはこの具体例として，MLFの実現を阻止することは可能であるのか，それはどのようにして行うのか，イギリスの不参加にもかかわらずアメリカがMLFの設立を強行するであろうとの分析は適切であるのか，という質問を挙げていた。第4章では，MLFの設立が強行されるならば，これに参加すべきであるのか，もし参加するのであれば，これを軌道修正させることが可能であるのか，また，参加しない際にはどのような影響があるのかについて分析して記述することが示されていた[42]。

以上のように，統合文書の作成において，トレンド内閣官房長が提示した構成案は，外務省文書に比重を置いたものになっていた。内閣官房では，MLFの設立を阻止するためには，同盟諸国が受け入れ可能な代替構想を提示することが不可欠であるが，現時点ではこれの見込みがなく，アメリカとの関係や西側同盟におけるイギリスの立場を政治的に鑑みれば，MLFに参加する以外に方法がないとの認識が支配的であった[43]。

このトレンドの提案に，OPD(O)の正規メンバーであるマウントバッテン国防参謀総長は，強硬に反対した。彼は，MLFには軍事的意義が存在しない上に，これに参加するには海軍の人的貢献が必要であるが，それは自国の世界戦略を抜本的に見直さなければ不可能であると述べた。そして，MLFへの参加を容認するような統合文書の作成を国防省としては受け入れることができないと主張した[44]。国防省は，統合文書の作成により，「自立」の維持が不可欠であるとの彼らの主張が希薄化されることを危惧していたのであっ

た⁴⁵⁾。

しかしながら，マウントバッテンの強硬な反対にもかかわらず，OPD(O)の議長であるトレンドは，外務省及び国防省に対し，提示した構成案に基づき両省が協力して統合文書を作成し，10月9日までにOPD(O)参加者に対して配布するよう指示した[46]。

3 アメリカとの「特別な関係」の維持と「自立」の放棄

トレンドの指示により，統合文書を作成するための草稿部会が編成された。提示された構成案に基づき，外務省のヒュー＝ジョーンズ（W. N. Hugh-Jones）西方局次長と国防省のマッキントッシュ（A. M. Mackintosh）第12局長が自省の担当箇所を起草し，これを内閣官房のラスキー（D. S. Laskey）が取りまとめた[47]。統合文書は10月9日までに完成し，関係者に配布された。しかし，外務省と国防省の主張には大きな隔たりがあり，短期間でこれを埋めることはできなかった。このため統合文書は，MLFに対する外務省の賛成意見と，国防省の反対意見の両論を単に併記した文書に過ぎず，中身には多くの重複があり，長文であることに変化はなかった。統合文書の第14段落では，「軍事的考察と政治的考察は，国防省及び外務省が可能な限り相互の意見に配慮して草稿を準備したが，両者の合意に達することができず，両省は草稿作成の責任を果たすことができなかった」という内閣官房による両省に対する批判さえ記述されていた[48]。

総選挙の投票日である10月15日にOPD(O)が開催され，統合文書に関する議論が行われた。トレンドは，草稿部会の労をねぎらいつつも，新政権の閣僚たちの利便性を考慮して，内閣官房が統合文書をさらに短縮することを提案した[49]。これに対して国防省は，MLFへの参加については官僚ではなく新政権の閣僚たちが決定するのであるから，両省が個別に文書を提出しても構わないのではないかと主張していた[50]。一方の外務省は，両省の意見を調整して新たに文書を作成することが最善ではあるが，新政権の発足後に速やかに対処せねばならないという状況を鑑みると，内閣官房が統合文書の短縮版を作成する次善の選択も止むを得ないとの意見であった[51]。OPD(O)の

第4章　外務省と国防省の「自立」をめぐる対立

議論において，イギリスの参加の有無にかかわらず MLF が設立される，これに参加しないことは国益に反する，米独政府が満足し得る MLF の代替構想が存在しない，との外務省の主張に同意する意見が大勢を占めた。この一方で，MLF への参加に際して，「二重の拒否権」を同盟諸国に承認させる，防衛負担を軽減させるような見返りを獲得する，との条件も提示された。最終的に，このような条件を考慮して，内閣官房が統合文書の短縮版を作成し，新政権の閣僚たちに提示することが合意された[52]。

　OPD(O) の合意を受けて，ラスキー官房副長が主務者となり，統合文書の短縮版の作成が開始された[53]。短縮版は，歴史的概観，軍事的・政治的考察，イギリスの選択肢と決定すべき問題，MLF に参加する際の条件と修正事項，の各章から構成されることとなった。完成した短縮版では，アメリカとの「特別な関係」の維持を重視するためには MLF への参加が必要であるとの外務省の主張が全面的に採用され，イギリスの参加の有無にかかわらず MLF が設立される公算が大であるとの前提で，これに参加する際の条件と譲歩できる範囲が述べられていた[54]。

　この一方で，労働党内閣の成立直後に作成されたため，彼らの主張にも配慮された文言も新たに挿入されていた。そもそも内閣官房は，10月9日に提出された統合文書に対して，抑止力の「自立」に関する記述が全く存在していないが，総選挙後にはこれが主要な争点になると認識していた[55]。また，労働党のマニフェストでは，「MLF を新設するという現在のアメリカ政府の提案に反対する[56]」と明示されていた。このため短縮版では，労働党政権の採るべき選択肢の一つとして，「MLF を阻止するためには，単に反対するのみならず，一定条件下で核抑止力の『自立』を放棄した上で，これを何らかの多国籍または多国間核戦力に提供することが必要である[57]」と述べられていた。さらに，労働党が主張していた国防政策の見直しにも呼応し，MLF に参加する代償として，自由世界全体の防衛負担の見直しを要求することによって，国防支出の軽減を図るべきである，とも述べられていた[58]。

　このように，内閣官房が主導して統合文書を作成・短縮する過程において，アメリカとの「特別な関係」を維持するためには，核抑止力の「自立」を放

105

棄することも止むを得ないという意見が，国防省を除くOPD(O)に参加する官僚たちの間で支配的になっていた。

第3節　国防省の「自立」喪失への危機感

1　新政権に対して「自立」の必要性を訴えるための三段階作戦

　1964年9月29日，参謀長委員会において，将来の核政策に関する議論が行われた。マウントバッテンは，労働党首脳部が核兵器の放棄を主張しており，同党の大部分がこれに同調し，選挙公約においてもこれが掲げられていることを懸念していた。彼は，労働党が政権に就くと，ポラリス潜水艦の建造中止または攻撃型潜水艦への改修により，V型爆撃機の後継の運搬手段を失い，イギリスが核保有国として立ち行かなくなる事態が生起する可能性もあると認識していたのである。この一方で，労働党の中には核保有の必要性を主張する議員も少なからず存在していることから，同党の面子が保てるような方策を見出すことができるならば，核保有に関する労働党の政策を転換させることが可能であるとも認識していた。そこでマウントバッテンは，ポラリス潜水艦の建造が引き返し不能地点を超えており，この中止・仕様変更には，莫大な追加費用が必要であると訴えることが最善であると考え，海軍参謀部に対して説明文書を作成するよう指示した。また，国防の責任を完遂する上で，核抑止力の「自立」を保持することが不可欠であること，外交・防衛政策を遂行する上でV型爆撃機及びポラリス潜水艦が極めて有効であること，を説明した文書の作成も参謀本部に指示した。マウントバッテンは，労働党政権が核放棄を政策として打ち出す前に，国防の責任者として，陸海空の参謀長らが署名したこれらの文書を携え，核抑止力の「自立」を維持する必要性を首相に直談判することも考えていた。彼はこの要求が受け入れられなければ，職を辞することも覚悟していた[59]。

　マウントバッテンの指示により作成された一連の文書は，10月6日の参謀長委員会において議論された。その席に肝心のマウントバッテンは海外視察のため不在であった。委員会の議事を進行したのは，国防参謀総長代行に指

名されていたハル（Richard Hull）陸軍参謀長であった。彼は，核抑止力の「自立」を維持するために，労働党政権に働きかけていく必要があると認めつつも，「自立」の放棄を国防政策の中核に掲げている同党の主張に真っ向から反対するマウントバッテンのやり方を戦術的に稚拙であると批判していた。ハルは，労働党が長期間にわたり野党の地位に甘んじてきた結果，同党が核政策に関する詳細を把握していないという事情を考慮すべきであると思料していた。このため彼は，首相への直談判ではなく，より洗練された方法を検討すべきであると主張した[60]。

参謀長委員会に出席していたライト（C. W. Wright）政策担当国防次官補は，労働党に，核抑止力の「自立」の必要性を理解させるための第一歩として，彼らに対して，自国の保有する核戦力の編成や機能，効果について，事実に基づく議論の余地のない実態を説明すべきであると述べた。ライトは，このような説明の後にもなお，労働党が核放棄を主張するのであれば，国防参謀総長が国防相に対して，「自立」の必要性を具申すべきであり，マウントバッテンの主張する首相への直訴は，これらによっても同党の姿勢に変化がない際に用いられる最後の手段であると主張した。ハルは，ライトの提示した，「自立」の維持を労働党政権に訴えるための三段階の「作戦」に賛意を示した。参謀長委員会は，新政権に自国の核戦力の実態を説明する第一段階用の文書の作成を内局に，国防相に「自立」の必要性を説明する第二段階用の文書の作成を参謀本部に指示した。国防参謀総長が首相に直訴するための第三段階用の文書については，状況に応じて作成することとなった[61]。

ハル国防参謀総長代理の指示により作成された，第一及び第二段階用の文書は，10月13日の参謀長委員会で議論された。この日もマウントバッテンは不在であった。第一段階用の文書に関しては，大部分の戦術核兵器の使用がアメリカ政府の統制下にある一方で，戦略核兵器の使用に関しては自国の統制下にあることを強調することが合意された。また，この文書を用いた新政権に対する説明を，国防事務次官が実施することとなった。さらに，第二段階用の文書に関しては，OPD(O)に参加する他省庁の事務次官に対しても，核抑止力の「自立」の必要性を根回しするために，非公式で回覧することが

合意された[62]。

このように、核抑止力の「自立」を放棄することも止むを得ないとの認識がOPD(O)に参加する官僚たちの中で支配的になってきたことに危機感を抱いた国防省は、これの維持が不可欠であるとの文書を作成し、労働党新政権や他省庁に積極的に働きかけることにした。

2 ヨーロッパにおける「自立」の必要性

労働党政権や他省庁に対して提示された、国防省の核抑止力の「自立」の維持が必要であるとの主張は、どのような論拠であったのであろうか。参謀長委員会に提出された文書では、自国及び海外における死活的利益への攻撃を抑止する唯一確実な手段が、自国の統制下にある核抑止力を保持することであると述べられていた[63]。国防省は、ヨーロッパにおいては自国の安全を確保する最終手段として、スエズ以東においては自国の政策を支援する手段として、「自立」を維持することが必要であると主張していたのであった。

参謀長たちは、彼らの責務の第一が、イギリス本土を確実に防衛するために必要な軍事的手段を準備することであると認識していた。彼らは、第二次大戦までは陸海空軍によって自国を防衛することが可能であったと述べている。しかし、核時代に突入し、潜在的敵国であるソ連がイギリス全土を完全に破壊できる核攻撃能力を保持する一方で、核攻撃から自国を防御する手段が現在及び見通せる将来においては存在しないという状況において、ソ連の核攻撃を防ぐ唯一の手段が、彼らから核攻撃を受けても彼らに対して受容不能な損害を付与することが可能な報復能力をイギリスが保持していると彼らに理解させることであると思料するようになっていた。参謀長たちは、ソ連指導部がイギリスの核報復能力の有効性を評価することによってのみ、彼らからの核攻撃を防止可能であると認識していたのであった[64]。労働党は、アメリカの拡大抑止に依存することにより、ソ連の核攻撃を防止可能であると主張していた[65]。これに対して参謀長たちは、密接な同盟国とはいえ他国であるアメリカに完全に自国の防衛を依存することを、国防の責任者として受け入れられなかった。それは、ドゴールのようなアメリカへの不信感からで

はなく，ソ連政府の指導者たちに誤解を生じさせかねないとの懸念を論拠としていた。このため参謀長たちは，ソ連の15の都市を攻撃可能な第二撃能力がイギリス政府の統制下にあるという事実を，ソ連政府の指導者たちが理解していることが重要であると認識していたのであった[66]。

このような認識を抱く参謀長たちにとって，ウィルソン労働党の，「イギリスの自立した核抑止力と言われているが，イギリスのものでもなく，自立もしておらず，抑止力として信頼性がない」との批判は，受け入れ難いものであった。参謀長たちは，イギリスの核抑止力の「自立」に関しては，大きな誤解が存在していると，暗に労働党を批判していた。また，ひとたび核兵器を放棄したならば，再び核保有することが不可能であること，現在の平和は核兵器に依拠しており，通常兵器でこの機能を補完することはできないこと，を理由に，現在行われている核開発・整備を継続することが必要であると述べていた[67]。

参謀長たちの，アメリカ政府への不信感からではなく，ソ連政府に誤解を生じさせないために，イギリスが核抑止力を持つ必要があるとの主張は，1964年の国防白書でも主張されていた。国防白書では，「もしヨーロッパ諸国が有効な報復能力を保持していなければ，潜在敵国は，アメリカが自国を攻撃されない限り行動を起こさないであろうと誤解し，ヨーロッパに対して攻撃を開始するであろう[68]」と述べられていた。労働党が政権に就いた後に開催された11月6日のOPD(O)においても，参謀本部は「イギリスは，ヨーロッパ諸国を安心させるとともに，ソ連の心の中に疑念を抱かせるために核抑止力を保持せねばならない」と主張していた[69]。この参謀長たちのヨーロッパにおける核抑止力の「自立」を維持する論拠は，ウィルソン政権がANF構想を断念して以降に，イギリスが核抑止力の「自立」を維持する必要があると主張する論拠となるのだが，これについては後述する。

3 スエズ以東における「自立」の必要性

参謀長たちは，アメリカとソ連が保有する戦略核戦力が均衡状態に至ったことから，ヨーロッパにおいては戦争が生起する蓋然性が著しく低下してい

ると指摘していた。この一方で，世界各地での共産主義勢力による破壊活動が増加し，スエズ以東においては逆に不安定な状態になっていると分析していた。彼らは，自国と関係の深いコモンウェルス諸国からの要請に対してこれを軍事的に支援する道義的な責任を有するが，これが時としてイギリス単独で行動しなければならないであろうと認識していた。スエズ以東においては，現時点では核保有国は存在しない。しかし，中国が核開発を行っており，また，エジプトやインドネシアが将来的に核兵器を獲得する可能性も排除することができず，将来のある時点でスエズ以東においても核能力を持った敵と対峙しなければならないかもしれない。このような際に，アメリカが常にイギリスの側に立って核抑止力を提供することを期待できないと参謀長たちは認識していた。なぜなら，スエズ以東において，自国とアメリカの国益が常に一致するとは限らないからである。このため参謀長たちは，イギリスがスエズ以東において「自立」した核抑止力を保持していなければ，核兵器を保有する敵対国からの威嚇に対抗することができないばかりか，自国の選好する対外政策の遂行にも支障が出るようになるであろうと認識していた[70]。

　このように参謀長たちは，スエズ以東における国益を防護するために核抑止力の「自立」を保持することが必要であると述べていた。しかし，ヨーロッパと同じくスエズ以東においても，イギリスが「独自路線」を貫くために核抑止力の「自立」を保持する必要があるとは主張していなかった。彼らは，「イギリスが独自路線を遂行し得る能力を有すると敵対国が認識している」ことが重要であると主張していた[71]。また，スエズ以東での脅威に対しては，アメリカとの協力や，SEATO や CENTO のような国際組織の支援なしで，イギリスが単独でこれに対処することが極めて困難であるとも判断していた[72]。

　保守党政権は，自国の国益確保やコモンウェルス諸国からの支援要請に応じるために，1960年代初頭にシンガポールにV型爆撃機を緊急展開する態勢を整えた。イギリスの戦略核兵器の運搬手段は60年代末にV型爆撃機からポラリス潜水艦に移管される予定であった。このポラリス潜水艦を，スエズ以東に展開させるには，通信・指揮統制や後方支援上の制約から，大きな

困難を伴うことを参謀長たちは理解していた。それにもかかわらず，参謀長たちは，戦略核戦力の軍事的・政治的役割を，通常戦力や戦術核戦力によって代替することが不可能であるとの理由から，スエズ以東に「自立」した戦略核戦力を配備しなければならないと主張していたのであった[73]。

ただし，参謀長たちは，スエズ以東における「自立」した核抑止力の必要性を前面に掲げることには消極的であった。これを余り強く主張すると，アメリカとの「特別な関係」を損なう恐れがあったからである。このため，参謀長委員会の文書では，核抑止力が主にソ連に対する第二撃の役割として計画されていることを強調し，スエズ以東での使用は，軽く触れる程度にすべきであると述べられていた[74]。

以上のように，外務省は，「特別な関係」を維持するためにMLFに参加すべきと主張し続け，OPD(O)内ではこれに同調する意見が支配的になっていった。外務省は，ウィルソンのMLFへの否定的見解を懸念していたが，彼が「自立」の放棄を明示していたことから，保守党政権のディレンマを解消できるのではないかと期待していた。これに対して国防省は，MLF容認の風潮が蔓延しつつあることを憂慮するとともに，選挙戦が進むにつれて，「自立」の喪失が現実になるとの危機感を強めるようになった。このため国防省は，「自立」をあくまでも維持するために，省を挙げて周到な準備を進めるようになった。このような両省の思惑は，ウィルソンの首相就任によってどのようになったのであろうか。次章では，ウィルソンが政権就任直後に打ち出したANF構想の立案過程を詳しく見ていく。

注
1) *FRUS 1961-1963*, vol. 13, no. 168, Remarks of President Kennedy to the National Security Council Meeting, 22 Jan. 1963, p. 485.
2) *FRUS 1961-1963*, vol. 13, no. 69, Summary Record of NSC Executive Committee Meeting No. 40, 5 Feb. 1963, pp. 173-174; no. 174, Memorandum of Conversation, 18 Feb. 1963, pp. 502-503; no. 181, Memorandum for the Record, 14 Mar. 1963, p. 526; no. 184, Memorandum of Meeting, 22 Mar. 1963, p. 541.

3) *FRUS 1961-1963*, vol. 13, no. 184, Memorandum of Meeting, 22 Mar. 1963, p. 541.
4) *FRUS 1961-1963*, vol. 13, no. 209, Notes on a Conversation, 30 Aug. 1963, p. 607.
5) Priest, *Kennedy, Johnson and NATO*, p. 78.
6) *FRUS 1961-1963*, vol. 13, no. 213, Memorandum of Conversation, 4 Oct. 1963, p. 614.
7) Andrew Priest, "The President, the 'Theologians' and the Europeans: The Johnson Administration and NATO Nuclear Sharing," *International History Review*, vol. 33, no. 2 (Jun. 2011), pp. 261-262.
8) *FRUS 1964-1968*, vol. 13, no. 16, Memorandum of Discussion, 10 Apr. 1964, pp. 35-37.
9) *FRUS 1961-1963*, vol. 15, no. 49, Memorandum of Conversation Between President Johnson and Chancellor Erhard, 12 Jun. 1964, pp. 111-115.
10) 川嶋『独仏関係と戦後ヨーロッパ秩序』, 136 頁。
11) *FRUS 1964-1968*, vol. 13, no. 19, Memorandum of Conversation, 26 Apr. 1964, pp. 41-43.
12) CAB 129/118, CP(64)164, "An Anglo-American Balance Sheet," Memorandum by the Secretary of State for Foreign Affairs, 2 Sep. 1964.
13) Ibid.
14) CAB 21/5173, Memorandum from Burke Trend to Prime Minister, "MLF," 27 Jul. 1964.
15) CAB 148/4, DO(O)(64)17th Meeting, 29 Jul. 1964.
16) CAB 148/15, DO(63)1, Composition and Terms of Reference, Note by the Secretary of the Cabinet, 22 Oct. 1963.
17) CAB 148/3, DO(O)(63)1, Composition and Terms of Reference, Note by the Secretary of the Cabinet, 22 Oct. 1963.
18) FO 371/179029, Letter from Harold Caccia to E. J. W. Barnes, 29 Jul. 1964.
19) FO 371/179029, Letter from E. J. W. Barnes to Harold Caccia, 3 Sep. 1964.
20) FO 371/179029, Letter from Harold Caccia to B. Burrows, 4 Sep. 1964.
21) CAB 148/7, DO(O)(64)67, Note by the Foreign Office, 25 Sep. 1964, "Multilateral Force," para. 18-26.
22) Ibid., para. 27-31.
23) CAB 148/7, DO(O)(64)67, Note by the Foreign Office, "Multilateral Force," Annex G, "Possible Modifications of Multilateral Force Proposal," 25 Sep. 1964.
24) DEFE 4/174, DP 43/64(Final), Report by the Defence Planning Staff, "Nature of Military Operations 1968 to 1980," 24 Jul. 1964, para. 11.
25) DEFE 4/175, Annex A to COS 2971/2/10/64, Cover Note by the Chiefs of Staff, "The Future of the United Kingdom's Independent Nuclear Forces," 2 Oct. 1964, para. 4.
26) Navias, *Nuclear Weapons and British Strategic Planning*, p. 135.

27) Richard K. Betts, *Nuclear Blackmail and Nuclear Balance* (Washington D.C.: Brookings Institution, 1987), pp. 62-63.
28) ブルーノ・テルトレ「核抑止と核軍縮——フランスからの視点」『主要国の核政策と21世紀の国際秩序』(防衛研究所, 2009年), 153頁。
29) David N. Schwartz, *NATO's Nuclear Dilemmas* (Washington D.C.: The Brookings Institution, 1983), p. 60.
30) CAB 129/86, C(57)79, Note by the Minister of Defence, "Statement on Defence, 1957," 26 Mar. 1957, para. 17; DEFE 4/175, Annex A to COS 2971/2/10/64, Cover Note by the Chiefs of Staff, "The Future of the United Kingdom's Independent Nuclear Forces," 2 Oct. 1964, para. 5.
31) Michael Middeke, "Anglo-American Nuclear Weapons Cooperation after the Nassau Conference: The British Policy of Interdependence," *Journal of Cold War Studies*, vol. 2, no. 2 (Spring 2000), pp. 69-96.
32) DEFE 4/175, , Annex B to COS 2971/2/10/64, Cover Note by the Chiefs of Staff, "Draft Outline Paper on The Future of the United Kingdom's Independent Nuclear Forces," Oct. 1964, para. 1.
33) CAB 148/7, DO(O)(64)66, Memorandum by the Ministry of Defence, "The NATO Multilateral Force," 25 Sep. 1964.
34) DEFE 4/174, COS 57th Meeting/64, 22 Sep. 1964.
35) CAB 148/7, DO(O)(64)66, Memorandum by the Ministry of Defence, "The NATO Multilateral Force," 25 Sep. 1964, para. 28-35.
36) DEFE 4/175, COS 58th Meeting/64, 29 Sep. 1964.
37) Ibid.
38) DEFE 4/175, COS 58th Meeting/64, 29 Sep. 1964.
39) FO 371/179029, Letter from W. N. Hugh-Jones to Lord Hood, 29 Sep. 1964.
40) FO 371/179029, Letter from C. M. Rose to B. Burrows, 29 Sep. 1964.
41) CAB 21/6046, Letter from D. S. Laskey to Burke Trend, "The Multilateral Forces (DO(O)(64)66 and 67)," 29 Sep. 1964.
42) CAB 148/4, DO(O)(64)20th Meeting, 30 Sep. 1964.
43) CAB 21/6046, Letter from D. S. Laskey to Burke Trend, "The Multilateral Forces (DO(O)(64)66 and 67)," 29 Sep. 1964.
44) CAB 148/4, DO(O)(64)20th Meeting, 30 Sep. 1964.
45) CAB 21/6046, Letter from G. Plowden to D. S. Laskey "MLF," 6 Oct. 1964.
46) CAB 148/4, DO(O)(64)20th Meeting, 30 Sep. 1964.
47) CAB 21/6046, Letter from D. S. Laskey to Burke Trend, "The Multilateral Force (DO(O)(64)69)," 13 Oct. 1964.
48) CAB 148/7, DO(O)(64)69, "The Multilateral Force," Note by the Chairman, 9 Oct. 1964.
49) CAB 148/4, DO(O)(64)22nd Meeting, 15 Oct. 1964.

50) DEFE 4/175, COS 60th Meeting/64, 13 Oct. 1964.
51) FO 371/179031, Memorandum by E. J. W. Barnes, 14 Oct. 1964.
52) CAB 148/4, DO(O)(64)22nd Meeting, 15 Oct. 1964.
53) CAB 21/6046, Letter from D. S. Laskey to Burke Trend, 19 Oct. 1964.
54) CAB 148/40, OPD(O)(64)2, Note by the Chairman, "The Multilateral Force," 23 Oct. 1964.
55) CAB 21/6046, Letter from D. S. Laskey to Burke Trend, "The Multilateral Force (DO(O)(64)69)," 13 Oct. 1964.
56) Labour Party, *Let's Go Labour for the New Britain*, p. 23.
57) CAB 148/40, OPD(O)(64)2, Note by the Chairman, "The Multilateral Force," 23 Oct. 1964, para. 41.
58) Ibid., para. 45.
59) DEFE 32/9, COS 58th Meeting/64, 29 Sep. 1964.
60) DEFE 4/175, COS 59th Meeting/64, 6 Oct. 1964.
61) DEFE 4/175, COS 59th Meeting/64, 6 Oct. 1964.
62) DEFE 4/175, COS 60th Meeting/64, 13 Oct. 1964.
63) DEFE 4/175, COS 2971/2/10/64, "Future Policy," 2 Oct. 1964.
64) DEFE 24/78, Memorandum of the Chief of Defence Staff, "The Future of the United Kingdom Independent Nuclear Force," 2 Oct. 1964.
65) *HC Deb.*, vol. 673, 4 Mar. 1963, cols. 44-63.
66) DEFE 4/175, Annex A to COS 2971/2/10/64, Cover Note by the Chiefs of Staff, "The Future of the United Kingdom's Independent Nuclear Forces," 2 Oct. 1964.
67) DEFE 4/175, Annex B to COS 2971/2/10/64, Cover Note by the Chiefs of Staff, "Draft Outline Paper on The Future of the United Kingdom's Independent Nuclear Forces," 2 Oct. 1964.
68) CAB 129/116, CP(64)32, Memo by Thorneycroft, "Statement on Defence," 4 Feb. 1964, para. 7.
69) DEFE 11/317, COS 3250/9/11/64, Note of OPD(O)Meeting on 641106, "Multilateral Force," 9 Nov. 1964.
70) DEFE 24/78, Memorandum of the Chief of Defence Staff, "The Future of the United Kingdom Independent Nuclear Force," 2 Oct. 1964.
71) Ibid.
72) DEFE 4/174, DP 43/64(Final), Report by the Defence Planning Staff, "Nature of Military Operations 1968 to 1980," 24 Jul. 1964, para. 50.
73) Ibid., para. 12.
74) DEFE 4/175, COS 59th Meeting/64, 6 Oct. 1964.

第 5 章

ANF 構想の立案と「自立」をめぐる攻防
1964 年 10 月～11 月

　本章では，外務省及び国防省による ANF 構想の立案過程について述べる。ウィルソンは野党時代に，核抑止力の「自立」を放棄すること，NATO の統合核戦力を構築することを示唆していた。政権就任後にウィルソンは，これらをどのようにして実行に移したのであろうか。また，政権交代前から検討されていたと指摘されている，外務省及び国防省の MLF に対する代替構想とはどのようなものだったのであろうか。そして，これがウィルソンの政権就任に伴い，どのような経緯で ANF 構想として具体化されていったのであろうか。さらに，「自立」に関してどのような議論が繰り広げられたのであろうか。本章においてはこれらの疑問を明らかにしていく。

　まず，ウィルソン首相がゴードン・ウォーカー外相を訪米させ，核戦力構想の提案についてアメリカ政府に事前説明した経緯について述べる。次に，政権交代前後に，外務省及び国防省内で検討されていた MLF に対する代替構想をそれぞれ整理する。そして，ウィルソンの指示により編成された草案作業部会において ANF 構想が検討された過程を明らかにする。最後に，核抑止力の「自立」に固執する国防省が，これを維持するために各省庁に対して行った働きかけについて見ていく。

第 1 節　ウィルソン首相の政治指針とアメリカ政府への事前説明

1　MLF 協定の年内署名に向けたアメリカ及び西ドイツ政府の動き

　1964 年 6 月，アメリカのジョンソン大統領と西ドイツのエアハルト首相が首脳会談を行った。そこで両首脳は，1964 年末までに MLF 協定に署名す

ることに合意した。しかし，この合意を得たにもかかわらず，協定草案を作成していたパリに設置されていたMLF作業部会での進捗状況は芳しくなかった。エアハルトは，このペースでは年末までの署名が困難であると懸念するようになった。9月末にエアハルトは，アメリカのボール国務次官の助言を受け，ジョンソンに書簡を送付した。そこには，同盟諸国からの年内中の参加が得られないのであれば，アメリカ及び西ドイツの二国のみでMLF協定に先行的に署名することが提案されていた。エアハルトは，1965年秋に自国で総選挙が予定されているので，議会の解散前までに批准を完了させるためには，遅くとも1965年1月15日までに協定に署名しなければならないと理由を説明していた[1]。エアハルトが1965年初頭までに協定に署名することを欲する理由はこれ以外にも存在していた。この時期にソ連のフルシチョフ第一書記が西ドイツを訪問することが予定されており，また，同時期の国連総会で中立諸国が核拡散防止の決議案を提出するとの噂もあり，それまでにMLF問題の目処をつけておくことを望んでいたのであった[2]。さらに，西ドイツ政府内では，アメリカとの協調を模索するエアハルトらの大西洋派に対して，フランスとの協力を模索するいわゆるゴーリストのヨーロッパ派が巻き返しを図っていた。このような国内事情から，エアハルトは，自らの権力を維持・強化するために，MLF問題を早期に決着することを欲していたのであった[3]。

このエアハルトの提案に対してジョンソンは，1964年末までの協定署名を目標としていることに変化はないと応えた。しかし，最終期限の設定や，二国間での先行署名については難色を示した。ジョンソンはイギリスの総選挙の結果を待っていた。彼は，保守党が勝利したならば同国も含めた多国間での署名が可能となると認識していた。一方，労働党が勝利したならば，最終的には同党が参加を決意するであろうが，彼らに検討するための時間を付与する必要があると理解していた。ただし，国務次官のボールは，労働党が選挙に勝利しても，イギリスがMLFに参加する可能性が高いと楽観視していた[4]。

このジョンソンの慎重な態度は，エアハルトの勇み足によって一層確固た

るものとなった。エアハルトは，10月6日の記者会見で，MLFをアメリカ及び西ドイツの2カ国のみで先行的に推進する可能性があると暴露したのである。これに対して，ヨーロッパ諸国からの批判が相次いだ。彼らの批判を鎮めるためにアメリカ政府は，イギリスを含む多国間での署名を目標としていることに変わりはないと再度表明しなければならなかった[5]。

ジョンソン大統領はMLFの推進に向け慎重な姿勢を示していたが，イギリスの外務省は，選挙後に新政権に対してMLFへの参加を要請するアメリカ政府からの圧力がますます強まるであろうと予測していた[6]。駐米イギリス大使館は，上院にはMLFに反対する勢力も存在するが，ジョンソンが11月の大統領選で再選されたならば，上院への工作を本格化させるであろうと予測していた[7]。このジョンソン自らがMLF構想を推進しているとの認識は，イギリス外務省のみならず，ヨーロッパのNATO関係者の間で広く共有されていた。ブロシオ（Manlio Brosio）NATO事務総長も，「MLF構想はジョンソン自身が特に重視している唯一の課題である」とさえ述べていた[8]。このような中でイギリス外務省は，選挙後にアメリカからのMLF参加への圧力が増大し，新政権がこれへの参加を拒否すれば，イギリス抜きでMLFが設立されるであろうと分析していた[9]。

2　首相，外相及び国防相による非公式会合

1964年10月15日の総選挙の結果，労働党が13年ぶりに政権に返り咲いた。MLFの協定草案を作成していたパリ作業部会では，新政権がMLFへの参加を早急に表明することを期待する声が高まっていた。シャックバラNATO常駐代表は，新政権のために時間を稼ぐことが必要であると判断した。シャックバラは，ウィルソンに対して，1964年11月半ばに作業部会から各国政府に対して最終報告書が提出される予定なので，これを受けてからMLFへの自国の対応を決定すると同盟諸国に通知することが望ましいのではないかと具申した[10]。

しかし，ウィルソンは，政権就任前からMLFの代替構想について早急にアメリカ政府と二国間で議論する必要があると認識していた[11]。労働党の選

挙マニフェストでは，自国の核開発やMLFの設立に反対するとともに，NATOの全ての核戦力を効果的な政治統制下に統合するために建設的な提案を行うつもりであると明言されていた[12]。ウィルソンは，総選挙翌日の10月16日午後に女王陛下から組閣を命ぜられた。ウィルソンは，10月16日の金曜日にゴードン・ウォーカー外相，ヒーリー国防相とともに，副首相兼経済相にブラウン，財務相にキャラハン，大法官にガーディナー（Gerald Austin Gardiner），枢密院議長兼下院院内総務にボーデン（Herbert Bowden）を先行して任命し，政権運営を開始した。他の閣僚，閣外大臣，政務次官等は週末の17日及び18日に調整し，週が明けた19日の月曜日に初閣議を開催した[13]。

この一方で，10月16日に外相に任命したゴードン・ウォーカー及び国防相に任命したヒーリーと非公式に会合し，今後の外交・防衛政策に関して議論した[14]。この席で，ポラリス潜水艦の建造計画を継続すること，新たな国防支出が伴うMLFには参加しないこと，これの代替となる核戦力構想をアメリカ政府に提案すること，この代替核戦力構想は大西洋間の防衛協力の強化や東西間の緊張緩和の促進への寄与を目的とすること，というウィルソン政権の外交・防衛政策の基本方針が確認された[15]。

ポラリス潜水艦の建造計画の継続についてウィルソンは，回顧録において，ポラリス潜水艦の建造がすでに引き返し不能地点を超えており，中止するには莫大なキャンセル料が発生することが判明したことから，計画の継続を決定したと述べている[16]。しかし，ヒーリーによると，2隻の潜水艦の船体部分がすでに完成しており，残りの2隻の潜水艦の主要部品も発注されているが，これらが追加費用なしで攻撃型潜水艦に改修可能であるとの報告を受けていた。彼がこの予期しない報告をウィルソンとゴードン・ウォーカーに伝えたところ，ウィルソンは，他の閣僚たちにはこれを内密にして，建造が引き返し不能地点にあることを理由にポラリス潜水艦の建造計画を継続することを望み，ゴードン・ウォーカーと彼もこれを了承したと回顧録で述べている[17]。

ウィルソンは，選挙前から労働党内で合意されていた，自国のV型爆撃機

及びこの後継となるポラリス潜水艦を，ナッソー協定で認められた「究極の国益条項」を放棄してNATOに恒久的に提供すること，すなわち核抑止力の「自立」を放棄することを，新政権の代替核戦力構想の主眼とすることと決定したのであった。この際に，英米両政府が核使用の拒否権を持つこと，自国の貢献は拒否権を要求するのに適当な規模とするが新たな国防支出を伴わないこと，核戦力を統制するための監督機関を設置することも併せて提案することとした[18]。

ウィルソンは，新政権の代替核戦力を提案するという方針に対して，アメリカ政府がどのような反応を示すか探りを入れるために，ゴードン・ウォーカー外相を訪米させることにした[19]。

3　ゴードン・ウォーカー外相のワシントン訪問

ゴードン・ウォーカー外相は，カッチア事務次官を伴い10月26日から27日にかけてワシントンを訪問した。この訪米において，MLF問題以外にも，ヴェトナム，EEC，イギリスの国際収支，ローデシア等，幅広い課題について協議された。

ゴードン・ウォーカーは代替核戦力構想を協議するために，10月26日の午後4時から国務省のオフィスでラスク国務長官と会談した。イギリス側からはハーレック（Lord Harlech）駐アメリカ大使，カッチア事務次官らが，アメリカ側からはボール国務次官らが陪席した。

ゴードン・ウォーカーは，MLF構想に対して労働党政権が，西ドイツの核兵器への願望を長期にわたって満足させることができない，西ドイツ以外のヨーロッパ諸国が乗り気でない，西ドイツが核兵器の引き金に指をかけることになるとソ連の指導者たちが危惧している，との理由から反対していると述べた。そして，個人的で暫定的な私案であると断りつつ，MLFに代わり得る核戦力構想を披露した。ゴードン・ウォーカーは，核戦力の構成部隊として，イギリスのV型爆撃機及びポラリス潜水艦部隊，自国と同数のアメリカのポラリス潜水艦部隊，アメリカ政府のMLF提案のような混成兵員部隊，可能であるならば混成兵員化されたアメリカ本土に配備されているICBMミ

ニットマン部隊，を挙げた。また，ナッソー協定で認められた「究極の国益条項」を放棄し，自国の提供する戦略核戦力を同盟が存続する限り無条件で提供すると明言した。さらに，英米両国がこれらの核戦力の使用に関して拒否権を有すること，混成兵員部隊への参加諸国も同様の拒否権を有すること，これらの核戦力の目標選定を大西洋地域に配備されているアメリカの核戦力のそれと調整すること，も重視していると述べた。彼は，大西洋核戦力と呼称するのが適当であろうこの新たな核戦力の狙いは，米欧間の連携強化と東西間の緊張緩和の促進であると明言した。

　ゴードン・ウォーカーの私案を聞いたラスクは，アメリカ政府内でマクナマラを含む同僚らとこれを議論した上で，翌日にイギリス側と協議することを提案した[20]。翌27日の11時から協議が再開された。ラスクらは前日にも，イギリスが混成兵員水上艦隊に参加しないことに対して，西ドイツが二級国として差別され続けると不満を持つのではないかとの懸念を表明していた。この日も，核問題に関してイギリスとアメリカの両政府が結託しているとの印象を西ドイツ政府に与えることを回避せねばならないと述べた。アメリカ政府もイギリス政府同様，核問題の鍵を握るのが西ドイツであり，彼らが満足する解決策を見出すことが重要であると認識していたのであった。アメリカ政府，特にボールら国務省関係者は，イギリスがMLFに参加することによってのみ西ドイツを満足させることができると確信していた。会談の結果，ラスクらは，イギリスが提案する代替核戦力構想について，自国政府内でも検討することを約束した。この一方で彼らは，英米間で何らかの合意を得るのではなく，イギリス政府が西ドイツ政府と協議し，彼らを納得させることが次の段階として重要であることを強調した。また，ジョンソンが大統領に再選したならば，12月初旬にワシントンにおいてウィルソンとジョンソンが首脳会談を行うこと，その席で代替核戦力構想について協議することが合意された[21]。

　以上のように，政権獲得直後にウィルソンは，ゴードン・ウォーカーを訪米させ，イギリス政府がMLFを代替する核戦力構想を提案する意図があることをアメリカ政府に明らかにした。ゴードン・ウォーカーは，アメリカ政

府から全面的な賛同を得ることはできなかった。しかし，少なくともこの構想をさらに検討するための時間を獲得することには成功した。

第2節　政府内で検討されていた代替構想

1　政権交代後の外務省及び国防省の新たな動き

　総選挙に際してイギリスの国防省内では，核放棄を主張していた労働党が勝利することへの警戒感が存在していた。国防省では，1964年10月6日の参謀長委員会での合意通り，10月16日にハードマン事務次官がヒーリーに対して自国の核戦力の現状についての概要説明を行った[22]。ヒーリーは，国防省が，MLFに強硬に反対しているのと同じく，労働党政権もこれに参加する意図はないことを明らかにした[23]。これを聞いた国防省の官僚・参謀たちは，MLFの設立を阻止するとともに，核抑止力の「自立」を維持するための代替核戦力の検討をさらに推進するようになった[24]。

　一方，外務省は，米独両政府を満足させるような核戦力による代替構想の考案が容易ではないと認識していた。バーンズ西側組織調整局長は，労働党が野党時代に核戦力ではなく通常戦力によるNATOへの貢献を訴えていたことから，MLFに対抗するために，通常戦力による多角的戦力構想を具体化し，これを新政権に意見具申することとした[25]。これに関して，駐米イギリス大使館が水面下でアメリカ政府の反応を探ると，ヨーロッパ基盤ではなく大西洋基盤で通常戦力を統合するという構想にアメリカの国務省も関心を抱いていることが判明した。外務省は，通常戦力による多角的戦力構想の提案によって，MLF問題で苦境に陥っていたイギリスの立場を改善するとともに，これが通常兵器の共同開発にも発展して国防支出の削減に繋がることも期待していた[26]。しかしながら，ウィルソン，ゴードン・ウォーカー，ヒーリーの三者会合で決定された，MLFには参加せずに，これの代替となる核戦力構想を提案するとの新政権の方針が外務省高官に伝わると，通常戦力による多角的戦力構想は立ち消え，遅ればせながら，外務省内においても，MLFを代替するための核戦力構想の検討が開始された[27]。

外務省の代替核戦力構想の検討において，重要な役割を担ったのはシャックバラ NATO 常駐代表であった。1909 年に植民地省次官の息子として生を受けたシャックバラは，ケンブリッジ大学を卒業後，1933 年に外務省に入省した。エジプト，カナダ，アルゼンチン，チェコスロヴァキアの任地を転々とした後に，1951 から 54 年にイーデン（Anthony Eden）外相の秘書官，1954 から 56 年に次官補，1958 から 60 年に政策担当 NATO 事務次長，1960 から 62 年に次官代理を務め，1962 年から NATO 常駐代表に就任していた。

　MLF の検討を行っていたパリ作業部会のイギリス代表でもあったシャックバラは，同盟諸国が実現させようとしている核戦力構想に，自国がほとんど影響力を及ぼさないでいるどころか，アメリカ及び西ドイツから遅延行為を企てているとの批判を受け歯痒い思いをしていた [28]。シャックバラは，バーンズから新政権への提言文書に対する意見聴取を受けた際にも，二度にわたって代替核戦力構想の私案を披露していた [29]。

2　シャックバラ NATO 常駐代表の「多角的核防衛システム」

　シャックバラは，パリ作業部会で焦点となっていた混成兵員水上艦隊に参加するのか否かというディレンマからイギリスを救い出すには，議論を MLF のみに絞るのではなく，逆に NATO の核問題全般に拡大する必要があると認識していた。彼が本省に提案した構想は，同盟国間核戦力と混成兵員水上艦隊から構成される NATO 核戦力を編成し，これを閣僚級の核統制委員会が一元的に統制するという「多角的核防衛システム（MNDS）」を創設することであった。シャックバラの構想では，核使用に際しては，戦力への貢献度に応じた加重多数決で行うが，少なくとも 1 カ国の核保有国の同意が必要であるとされていた。また，自国が，同盟国間核戦力と混成兵員水上艦隊の両者に参加することが必要であり，前者に参加する核戦力に関しても，「究極の国益条項」の放棄，すなわち，核抑止力の「自立」を放棄することを覚悟せねばならないと述べていた [30]。

　新政権誕生直後の 10 月 23 日，シャックバラはロンドンに一時帰国し，ゴ

ードン・ウォーカー外相及びヒーリー国防相と個別に会合した。新政権がMLFを代替するための核戦力構想の提案を検討していると伝えられたシャックバラは、その際に必要とされる条件として、1962年5月のオタワNACで設立された同盟国間核戦力と本質的に異なる構想であること、現在NATOにおいて進められている戦力目標の検討作業と矛盾しないこと、フランス政府に反対のための論拠を与えないこと、混成兵員水上艦隊の要素を含めること、を提示した[31]。また、自国が貢献する戦略核戦力の規模とその提供方法が重要であり、最も望ましいのは、全ての戦略核戦力を「究極の国益条項」を放棄した上で提供することであると述べた。シャックバラは、核戦力の共同所有や混成兵員のようなハードウェアの構築ではなく、非核保有諸国をNATOの核防衛に政治的に関与させることによって同盟の結束を強化することを強調すべきであるとも主張していた[32]。

3　外務省西側組織調整局の「北大西洋核統制組織」

シャックバラの提案するMNDSに対して、外務省のバーンズ西側組織調整局長は、自国の承認なしに核戦力が使用されることは到底受け入れられないし、核抑止力の「自立」の放棄を国防省が受け入れるとは思えず、代替構想の叩き台にもならないと強く批判していた[33]。しかしながらバーンズも、シャックバラ同様、代替構想の検討の際には、核戦力そのものよりも核政策に関する協議を制度化することを重視していた。また、アメリカ政府を満足させるためには、核戦力に混成兵員水上艦隊を包含し、これに自国が参加する必要があるとの認識でも一致していた。新政権の成立直後にもバーンズは、MLFへの参加を直ちに表明すべきと新外相に対して意見具申する必要があると述べていた[34]。

しかし、労働党政権がMLFには参加せずに、これの代替となる核戦力構想を提案するとの方針を決定したことから、バーンズもこれに資するための検討を開始するようになった。バーンズは、有事の際に核兵器の使用を最終決定するのはアメリカ大統領のみであることが厳然たる事実であると理解していた。彼は、核使用の際にアメリカ大統領に対して助言を付与することが

できる制度を構築することがイギリスをはじめとする西ヨーロッパ諸国にとって重要であると認識していた[35]。MLFの代替核戦力を検討する際にバーンズは，核協議や同盟内の核使用の統制という幅広い問題を包含した，同盟国間核戦力や混成兵員核戦力から構成されるNATO核戦力を統制するための「北大西洋核統制組織（NANCO）」の創設を提案した。NANCOは，NATO域外での核使用も対象としており，また，核使用の際にアメリカ大統領への助言の付与を目的とした「諮問委員会」をワシントンに設置することも構想していた[36]。このNANCOは，外務省がMLF構想を阻止するために1963年半ばに提案した「核統制委員会」を発展させたものであり，新たな要素に乏しくインパクトに欠けていた。シャックバラは，このような統制取り決めにパリ作業部会の参加諸国が興味を抱くとは思えないと批判していた[37]。

このように，政権交代前には，MLFへの参加とこれの軌道修正を主張していた外務省は，労働党政権の方針を受け，遅まきながら代替構想の検討を開始した。しかし，外務省は，アメリカとの「特別な関係」を維持することを重視し，代替核戦力構想に混成兵員水上艦隊を組み込むのみならず，これへの参加が不可欠であるといまだに主張していた。これに対して，早くから代替核戦力を提案することが必要であると主張していた国防省は，どのような構想を検討していたのであろうか。

4 国防省参謀長委員会の「多角的NATO核戦力」

1964年10月9日，外務省及び国防省が個別に準備した新政権に対する核政策の提言文書が統合され，各省に回覧された。10月13日の参謀長委員会では，核抑止力の「自立」が不可欠であるとの自省の主張が反映されていないとの理由で，この統合文書への批判が相次いだ。このため，10月15日に開催されるOPD(O)に，国防参謀総長代行が海軍参謀長を伴って参加し，軍事的観点から文書の統合に反対するとともに，新政権に対して両省が個別に文書を提出することを認めさせるという方針が合意された。参謀長委員会は，これらの主張が認められた際に備えて，参謀本部に対して新たな文書を準備するよう指示した[38]。

第5章　ANF構想の立案と「自立」をめぐる攻防

参謀本部は，OPD(O)に提出した9月25日付の国防省文書をもとにして，10月23日に文書の素案を完成させた。この素案は，要約，MLFの利点に対する反論，MLFにイギリスが参加することに対する反論という，国防省の従来の主張が整理された各章に，「(MLF構想に対する)建設的な代替案」という章が新たに加えられていた[39]。

建設的な代替案と題された章において参謀本部は，NATOの結束を促進するためにMLFよりも良い手段を模索しなければならないと述べた後に，そもそも1962年12月のナッソー協定において合意された「多角的なNATO核戦力」とは，どのようなものであったのかについて整理している。彼らは，①アメリカの戦略核戦力から提供される部隊，②イギリスのV型爆撃機部隊，③ヨーロッパに配備してある戦術核兵器部隊，④SLBMポラリスを搭載したイギリスの潜水艦部隊，⑤これと同数のアメリカの潜水艦部隊，⑥NATOの非核保有諸国が人員及び資源を貢献し得る混成兵員部隊，から構成されるのがナッソー協定で合意されたNATO核戦力であると明確に述べている。そして，同じくナッソー協定で合意された多角的核戦力とは⑥を指しており，②，③，④に自国の核戦力を貢献するイギリスには，本来⑥に参加する義務はないと主張していた[40]。

このようにナッソー協定での合意事項を整理した後に参謀本部は，MLFに対する建設的な代替核戦力を提案していた。彼らは，アメリカが所有する核戦力部隊，イギリスが所有する核戦力部隊，ソニークロフト提案で示された陸上配備の核兵器部隊，非核保有諸国がアメリカと協力して構築するSLBMポラリスを搭載した混成兵員水上艦隊，アメリカ本土のICBMを混成兵員化した部隊，からNATO核戦力を編成することを提案していた。また，これらの核戦力の統制については，監督機関を設立して政治統制することも提案されていた。さらには，核攻撃の計画作成や目標選定の過程に，非核保有諸国が参加することの必要性も述べられていた。参謀本部は，このような幅広い多角的NATO核戦力を設立し，核攻撃の計画作成に非核保有諸国を関与させることができれば，混成兵員水上艦隊に自国が参加しなくても西ドイツをはじめとする非核保有諸国を失望させることはないと断言していた[41]。

125

10月16日にウィルソンが首相に就任し，MLFへの不参加と代替核戦力構想の提案を決意したことから，国防省の「多角的NATO核戦力」が，代替核戦力構想を検討する際の叩き台として重要視されるようになった[42]。

5　メイヒュ海軍政務次官の「MLF問題への新たなアプローチ」

労働党政権の成立直後に外務省及び国防省が検討したMLFを代替するための核戦力構想は，全く新しい構想ではなく，保守党政権が同盟諸国に提案した，核統制委員会やソニークロフト提案をベースとした，言わばこれらの焼き直しと言っても過言ではない。外務省や国防省が省内で代替核戦力を検討していたことは幾つかの先行研究においても指摘されている[43]。しかしながら，同時期に労働党のフロントベンチの政治家の間でも代替核戦力構想が検討されていた事実はほとんど知られていない。これを見ると，当時の労働党の政治家たちが有していたMLF問題に対する認識のみならず，自国の核抑止力の「自立」に対する認識も理解することができよう。

1964年10月18日にウィルソンから海軍担当政務次官に任命されたメイヒュ（Christopher Mayhew）は，11月2日にヒーリー国防相に対して「MLF問題への新たなアプローチ」と題する書簡を送付し，代替核戦力の私案を披露した。メイヒュは，アトリー政権末期にベヴィン外相の下で政務次官を務めた。野党時代には一方的核軍縮運動に反対する立場を貫き，1960年から61年に影の陸軍大臣，1961年から64年に影の外務担当報道官となった。ウィルソン政権で海軍担当政務次官に就任したが，後の国防支出の見直しの際に，航空母艦の建設を中止するという内閣の決定に抗議し，1966年に海軍参謀長とともに辞任した。その後の1974年，メイヒュは，左傾化する労働党を離党して自由党に入党することになる。

ヒーリー国防相に対する書簡の中でメイヒュ政務次官は，イギリス政府が提供するポラリス潜水艦を主体としたヨーロッパ核戦力を構築し，ヨーロッパ諸国によってこれを統制することを提案していた。メイヒュの私案では，自国の提供するポラリス潜水艦を混成兵員化することはないが，これの使用に関してはヨーロッパ諸国が対等な立場で参加できる機関が統制することが

提示されていた。また彼は，イギリスが核抑止力の「自立」を放棄することのみが，ヨーロッパ諸国，特に西ドイツと対等な立場になり得る唯一の方法であるとも述べていた。さらに，創設される核戦力にアメリカの参加を求めていなかった。彼は，核戦力の使用に際してアメリカ政府が拒否権を保持しないという，ヨーロッパ独自の核戦力の創設が必要であると認識していたのであった。外務省及び国防省が検討してきた代替核戦力構想は，アメリカが提供する核抑止力を中核としており，この点でメイヒュの私案は斬新であった。メイヒュは，これによって，労働党の選挙公約を果たすことができるとともに，ヨーロッパ諸国に対して自国の国防支出の肩代わりを要求することが可能であると，私案の利点を強調していた[44]。

メイヒュ海軍担当政務次官からの提案を受けたヒーリー国防相は，参謀長委員会に対して，これを代替構想の一つとして検討するよう指示した。これを受けて，国防省内の代替核戦力構想の検討グループにおいてメイヒュの私案が議論された。検討グループの議論では，核抑止力の「自立」の放棄やアメリカを排除したヨーロッパ独自の核戦力を創設するというメイヒュ私案に対して批判が相次いだ[45]。また，この時期にはANF構想の骨格がほぼ固まっており，メイヒュ私案をこれに組み込む余地はほとんどなかった。メイヒュも，自身の私案を検討することにより，代替構想の決定が遅延されることは望んでいなかった。このためメイヒュは，自身の私案を取り下げ，官僚たちの検討作業を見守るようになった[46]。こうして，代替核戦力構想の立案は，草案作業部会の官僚たちのみに委ねられることになったのである。

第3節　草案作業部会による核戦力の提供方法の検討

1　トレンド内閣官房長への立案指示と草案作業部会の編成

ワシントン訪問を終えて帰国したゴードン・ウォーカー外相は，1964年10月29日に訪米の成果をウィルソン首相に報告した。ゴードン・ウォーカーは，代替核戦力構想に対して，ラスク国務長官が大いに関心を持ち一部では賛意を示し，マクナマラ国防長官も興味を抱いていたのに対し，ボール国

務次官が反対の姿勢であったと述べた。また，アメリカ政府の高官たちが，この構想を西ドイツ政府に説明し，彼らから合意を得るのはイギリス政府の責任であると強調していたことも伝えた。ゴードン・ウォーカーは，イギリス及び西ドイツの両政府が足並みを揃えることができるならば，アメリカ政府も代替核戦力構想を受け入れるのではないかとの希望的観測を述べた。また，イギリス政府内で代替構想を具体化し，西ドイツ政府と協議した後に，12月初旬に予定されているウィルソンとジョンソンの首脳会談において，これを議論することになるであろうと今後の展望を述べた[47]。この報告を受けたウィルソンは，トレンド内閣官房長に，代替核戦力構想を具体化するよう指示した[48]。

　トレンドが率いる内閣官房は，新政権に核政策を説明するための統合文書を改訂し，10月23日にOPD(O)の参加者たちに配布していた[49]。しかし，当初の予定では，これの配布を20日までに行い，23日にOPD(O)を開催してこれを討議することとなっていた[50]。改訂統合文書の配布が23日まで遅延したことにより，これの討議も30日に延期となっていた[51]。しかし，労働党政権が26・27日にMLFへの不参加と代替核戦力の提案をアメリカ政府に明言したので，MLFへの参加の是非を論じた改訂統合文書を討議する必要がなくなった。この反面，代替核戦力構想を具体化することが急務となっていた。当初はMLFに参加し，これの軌道修正を図ることを模索するべきであると主張していた外務省の官僚たちも，代替構想を早急に検討せねばならないと認識するようになった[52]。参謀長委員会は，労働党政権の方針決定により，MLFへの参加に固執していた外務官僚たちが，代替構想の検討を開始したと伝え聞き，ほくそ笑んだ[53]。

　10月30日のOPD(O)においてトレンドは，MLFに対する建設的な代替核戦力を具体化するための草案作業部会を設置すると述べた。作業部会には，内閣官房からロジャース（P. Rogers）内閣官房副長，ラスキー，外務省からバーンズ西側組織調整局長，パリサー計画本部長，国防省からは，モッターヘッド（F. W. Mottershead）政策担当次官代理，マッキントッシュ第12局長，参謀本部のハーディ空軍中佐，ライト（J. K. Wright）首席科学補佐官代理と，

いずれもこれまで，保守党政権が提案した核統制委員会やソニークロフト提案，新政権に対する提言文書の作成に携わってきた専門家たちが参加した[54]。

2 草案作業部会でのANF構想の草案作成

10月30日のOPD(O)では，トレンドから草案作業部会に対して，11月中旬に予定されているゴードン・ウォーカー外相の西ドイツ訪問の際に，代替核戦力として提示することができるように準備するよう指示があった[55]。OPD(O)での合意や首相への報告を考慮すると，草案作業部会は10日間ほどで検討を終える必要があった。このため草案作業部会は，国防省が準備していた「多角的NATO核戦力」を叩き台にし，保守党政権で提示された核統制委員会や陸上配備混成兵員核戦力，政権交代前後から外務省で検討されていた代替構想のありとあらゆる要素を持ち寄って草案を作成した。

11月2日にANF構想の骨子について草案作業部会からOPD(O)に対して報告された[56]。そこには，イギリスのV型爆撃機部隊，後にはポラリス潜水艦部隊，アメリカのポラリス潜水艦部隊，混成兵員部隊，可能であるならばアメリカ本土のICBMミニットマン（混成兵員化も検討）部隊からANFを構成すると述べられていた。そして，これら核戦力の提供方法，V型爆撃機及びポラリス潜水艦の全てを提供するのか，ポラリス潜水艦の混成兵員化を受け入れるのか，混成兵員部隊の戦力と構成，これへのイギリスの参加の程度，等を決定しなければならないと述べられていた[57]。

11月2日にOPD(O)が開催され，草案作業部会が提示した骨子にもとづき，ANFへのイギリスの貢献方法などが議論された[58]。これを受けて翌日の草案作業部会においてさらなる検討が行われ，4日にANF構想の第一次草案がOPD(O)の参加者に配布された。そこでは，ANFを構成する戦力として，①イギリスのV型爆撃機部隊，後にはポラリス潜水艦部隊，②少なくとも同数のアメリカのポラリス潜水艦部隊，アメリカ本土に展開しているICBMミニットマン部隊，③混成兵員部隊，④フランスが提供する部隊，が挙げられていた。①のV型爆撃機や②のミニットマンの部隊を混成兵員化し，③のカテゴリーとすることも可能であるとも述べられていた。そして，イギリスの

ANFへの貢献方法として，①混成兵員部隊への参加，②究極の国益条項を放棄した上で，V型爆撃機部隊，後にはポラリス潜水艦部隊を提供，この場合には混成兵員部隊が創設されたとしてもこれには参加しない，③究極の国益条項を保持しつつ，V型爆撃機部隊，後にはポラリス潜水艦部隊を提供，この場合には混成兵員部隊が創設されたならば何らかの貢献を行う，④一部のV型爆撃機部隊，後にはポラリス潜水艦部隊を自国政府の統制下に控置するが，残りを究極の国益条項を放棄した上で提供する，という四つの選択肢が提示されていた[59]。これらは核抑止力の「自立」を維持するか否かという問題に直結するものであった。これらの選択肢に関して草案作業部会は，「軍事的観点からは③が最善であるが経済的理由からこれを推奨することはできない」とのみコメントしていた[60]。

3 核戦力の提供方法に関する選択肢の提示

11月6日にOPD(O)において，草案作業部会のメンバーも陪席し，第一次草案の議論が行われた[61]。草案作業部会が提示したANFへの貢献方法の選択肢に関して，①の混成兵員部隊への参加は，自国の核戦力のANFへの提供方法を決定した後に検討することとされた[62]。その他の三つの選択肢について，草案作業部会では「イギリス政府が少なくとも戦略核戦力の一部に対する国家の統制権限を放棄する用意がなければ，同盟国に自国の提案を受諾させることはできないだろう[63]」との意見が支配的であった。これに対して国防省は，第一次草案で提示された選択肢について，究極の国益条項を保持したままANFに提供する③が最善であり，一部を国家統制下に控置する④が次善の選択肢であると述べていた[64]。彼らは，NATO域外における自国の対外政策の遂行を支援するために，V型爆撃機やポラリス潜水艦の独自使用が保証されること，すなわち核抑止力の「自立」が担保される選択肢を必要としていたのであった[65]。

しかし，④の次善の選択肢にも問題がないわけではなかった。第一次草案では，④の場合の混成兵員部隊への参加の必要性に関して明記されていなかった。しかし国防省は，この場合においても，同盟諸国から自国の混成兵員

第 5 章　ANF 構想の立案と「自立」をめぐる攻防

部隊への貢献を求められるであろうと分析していた[66)]。彼らは，V 型爆撃機部隊の一部を混成兵員化することや混成兵員水上艦隊に施設等を提供することを受け入れていた[67)]。しかし，財政的・人的理由から，混成兵員水上艦隊自体への参加には，依然として乗り気ではなかった[68)]。

OPD(O) の議論では，ANF への提供方法と混成兵員部隊の規模と構成，これへの自国の参加の程度について，合意を得ることができなかった[69)]。このため，第二次草案では，これらに関して選択肢を提示するにとどめ，新政権の閣僚たちに決定を委ねることとなった。

11 月 6 日に第二次草案がトレンド内閣官房長に提出された。ANF への自国の核戦力の提供方法に関しては，①「究極の国益条項」を保持しつつ，ポラリス潜水艦及び V 型爆撃機部隊の全てを提供する，②「究極の国益条項」を放棄した上で，ポラリス潜水艦及び V 型爆撃機部隊の全てを提供する，③ポラリス潜水艦と V 型爆撃機部隊の一部を条件なしに提供するが，その他は自国の統制下に控置する，という三つの選択肢が提示されていた。また，混成兵員部隊については，この構成や規模，これへの自国の参加の程度を含め，同盟諸国が受け入れ可能であるか否かという観点から検討すべきであるが，いずれの選択肢を採用するにしても，イギリスがこれに参加することが必要であろうと述べられていた[70)]。

ANF の立案に際して，イギリス政府が自国の戦略核戦力の全部または一部の国家統制権限を放棄するか否か，すなわち核抑止力の「自立」を放棄するか否かは最重要の問題であった[71)]。内閣官房や外務省の官僚たちは，同盟諸国，特にアメリカとの「特別な関係」を維持するためには，一定条件下で核抑止力の「自立」を放棄することが必要不可欠であると覚悟していた[72)]。核抑止力の「自立」とアメリカとの「特別な関係」の双方の維持に固執する保守党政権にとって，これはディレンマであった。しかし，核抑止力の「自立」の放棄を意図していた労働党は，このディレンマから逃れることができる筈であった。核抑止力の「自立」を放棄することで，アメリカとの「特別な関係」を維持することが可能であるからであった。労働党の政治家たちは，これに加えて，軍事的に価値がなく，財政的・人的に大きな負担でもある混

131

成兵員水上艦隊への参加を免除されることも期待していた。メイヒュ海軍担当政務次官が提示した新たなアプローチは、これらを期待しての提案であったと言えよう[73]。しかしながら、草案作業部会での議論を吟味すると、彼らが依然としてこのディレンマに直面していたことが判明する。その原因は、核抑止力の「自立」に固執する国防省の存在であった。

第4節　国防省の「自立」を維持するための働きかけ

1　国防省の譲れない線

　新政権に対する核政策の説明文書を統合する過程において、OPD(O)内で支配的になっていた、アメリカとの「特別な関係」を維持するためにはMLFに参加しなければならないとの主張は、ウィルソン、ゴードン・ウォーカー及びヒーリーの非公式三者会合における方針決定により立ち消えになった[74]。MLFへの参加に反対していた国防省は、これを歓迎した。しかし、核抑止力の「自立」に軍事的な価値を認めていないウィルソン労働党が、これの放棄により「特別な関係」の維持を企てていたことは、国防省にとって新たに憂慮する事態であった[75]。

　1964年11月4日にOPD(O)の参加者に配布されたANFの第一次草案は、イギリスが核抑止力の「自立」を維持すべきか否かという問題が主要な焦点であった[76]。6日のOPD(O)で第一次草案を討議する予定であったので、国防参謀総長は、これについて議論するために5日に臨時の参謀長委員会を招集した[77]。

　第一次草案で提示されていた核戦力の提供方法に関する選択肢についてルース（David Luce）海軍参謀長は、「究極の国益条項」を放棄する②の選択肢や、核戦力を分割することになる④の選択肢に異議を唱えた[78]。④の選択肢は一見すると一部の核抑止力に対する「自立」を維持することが可能であるように思われる。しかし、イギリスの核抑止力をポラリス潜水艦が担うようになる1960年代以降を考えると、これが困難になると予測されていた。なぜならば、潜水艦を運用する際には、通常、3隻を用いて作戦任務、待機、

第 5 章　ANF 構想の立案と「自立」をめぐる攻防

整備のローテーションを組む。原潜の場合は，定期的に長期の原子炉の整備が必要なため，これに予備を加えて，4 隻を保持すれば，常時最低でも 1 隻は作戦任務に従事する態勢を維持できるとされていた[79]。参謀長委員会は，核抑止力の信頼性を確保するためには常時 2 隻を作戦任務に従事させることが必要であると認識し，最低でも 5 隻のポラリス潜水艦を保有すべきであると主張していた。核抑止力の「自立」を重視する保守党政権はこれを認め，64 年 2 月に 5 隻目の潜水艦を建造することが決定された[80]。前述のように，政権就任直後の非公式会合においてウィルソン首相らは，ポラリス潜水艦の建造計画を継続することを決定した。しかし，これを何隻建造するのかについては未決定であった。建造される隻数が 4 隻以下であるならば（そうなることが有力であると思われていたが），常時運用可能な原潜は 1 隻以下となる。すなわち，ポラリス潜水艦が核抑止力の担い手となる 60 年代後半以降には，④の選択肢のような分割使用ができなくなるのであった。

　ルース海軍参謀長の主張に対して，ポラリス潜水艦自体を ANF に提供するのではなく，搭載しているミサイルを NATO 用として割り当てる，すなわち，48 基の SLBM を NATO 用と自国用に区分するという妙案も提示された。一方，ルースは，いずれにしても将来にわたって核抑止力の効果的な提供が可能であるか否かについて検討する時間が必要であると主張していた。海軍出身のマウントバッテン国防参謀総長は，ルースの主張を理解していた。しかし彼は，ポラリス潜水艦が核抑止力を担うのは先の話であるが，核抑止力の「自立」が必要であると訴えることは，直ちに対処せねばならない問題であると認識していた。このためマウントバッテンは，分割使用も含めて，核抑止力の最低限の「自立」を維持するために，可能な限り多くの選択肢を閣僚たちに提示することが必要であり，これを早急に検討するよう指示した[81]。ANF 構想の草案の立案に際して国防省は，核抑止力の最低限の「自立」が担保されることを譲れない線としていたのであった。

2　中国の核実験とスエズ以東への核配備の必要性の現出

　1964 年 10 月の政権交代に備えて国防省は，核抑止力の「自立」の必要性

を新政権に認めさせるために、「三段階作戦」を準備していたことは第4章で述べた。10月20日の参謀長委員会において、これをOPD(O)の参加者に根回しするために、第二段階用の国防相に対する説明文書を彼らに非公式に配布することが合意された。これを受けてハードマン事務次官は、トレンド内閣官房長や、外務省、コモンウェルス省、植民地省、財務省、商務省の事務次官たちに、書簡を送付した。「イギリスの戦略核能力」と題された書簡では、イギリスの国防戦力と対外政策の第一の目的が、イギリス本土に対する外国からの攻撃を防ぐこと、現在の直接的な軍事的脅威はソ連のみからもたらされること、イギリスはソ連との戦争を欲していないが攻撃を受けたならば彼らを破壊可能な報復能力を保持していることを常に彼らに知らしめておくことが重要であること、が強調されていた。この書簡では、全12個段落のうち8個段落でヨーロッパでの核抑止力の「自立」の必要性が言及されており、スエズ以東での「自立」の必要性が述べられていたのは僅か1個段落のみであった[82]。

　国防省は、スエズ以東での核抑止力の「自立」の必要性を前面に出すことにより、イギリスが独自路線をとるのではとの誤解を同盟諸国、特にアメリカが抱くことを危惧していた。しかし、ウィルソンが首相に就任したまさにその日に、スエズ以東において核抑止力の「自立」を必要とする事態が生起した。1964年10月16日、中国が新疆ウイグル自治区のロブノールにおいて原爆実験に成功し、世界で五番目の核保有国となったのである。とはいえ、中国が核兵器を実戦配備するのは早くとも1970年代半ば以降であると見積もられていた。このため、保守党政権期に、中国の原爆実験が差し迫っているとの報告が相次いだが、同政権内では、これに早急に対処する必要があるとの認識は共有されていなかった[83]。

　しかし、中国が原爆実験に成功して以降、核武装した中国自体への脅威よりも、中国の核実験がさらなる核拡散と誘因となること、すなわち、中国の核実験に刺激され、インド、イスラエル、西ドイツ、スウェーデン、日本などの国々が核兵器開発に着手することが危惧されるようになった。この時、イギリス政府の関心はインドに向けられていた。1962年11月に中印国境で

第 5 章　ANF 構想の立案と「自立」をめぐる攻防

大規模な武力衝突が発生して以来，インドと中国は緊張関係にあった。またインドは，平和利用目的で 1950 年代末に研究用原子炉を導入し，プルトニウムの再生工場も建設していた。さらに，中国の核実験に触発され，インド国内では「インドも核武装を目指すべきである」との主張が強まっていた。アメリカの情報当局は，インド政府が政治決断すれば，数年以内に核実験が可能であると報告していた[84]。

ハードマン国防事務次官から，ヨーロッパにおける核抑止力の「自立」の必要性が強調された書簡を受け取った事務次官たちは，この新たな状況に際して，どのような反応を示したのであろうか。

3　OPD（O）におけるスエズ以東への核配備の容認

ハードマンの書簡に対してコモンウェルス省のガーナー（Saville Garner）事務次官からは，イギリス本土に対する直接的な軍事的脅威のみが言及されているが，自国の世界規模での利益を維持するためにも核抑止力の「自立」が必要であることを強調すべきであるとの意見が寄せられた。ガーナーは，核保有した中国が長期的ではあるが脅威として存在する極東地域に言及する必要があり，同地域においてイギリスが「自立」した核抑止力を展開することにより，同盟諸国のみならず，非同盟諸国にも影響力を行使することが可能となるであろうと述べていた[85]。この，スエズ以東における核抑止力の「自立」の必要性を強調すべきという意見は，10 月 22 日に外務省のカッチアから，27 日には商務省のパウエル（Richard Powell）からも寄せられていた[86]。他省庁のみならず，国防省内からも，通常戦力を用いた局地紛争においても核抑止力を有していることにより，敵国に対して優位な立場に立てること，スエズ以東においてアメリカと親密でない同盟国・友好国にとってはイギリスの提供する核保証が魅力的であること，も指摘すべきであるとの意見が寄せられていた[87]。

これらの意見を受けてハードマンは，国防相に訴えるための文書において，核抑止力の「自立」が必要であるとの主張には，本土防衛という主要論拠に加えて，スエズ以東における自国の立場を強化するという論拠も存在する，

135

イギリスが核保証を提供することによって中国の核保有に脅威を抱くようになった諸国への影響力を増大することができる，スエズ以東におけるアメリカとの核協力はイギリスにとって政治的にも軍事的にも価値がある，との記述を追加した[88]。国防省は，核抑止力の「自立」が，ヨーロッパのみならずスエズ以東においても重要であると強調するようになったのである。

　ANFへの戦略核戦力の提供方法が議論された11月6日のOPD(O)において国防省は，中国の核保有に脅威を抱くようになったアジアの同盟国や友好国に対して核保証を提供するためには，「自立」した核抑止力を配備することを可能とする選択肢が望ましいと訴えた。OPD(O)では，戦略核戦力の提供方法に関して選択肢を提示するに留め，この決定を閣僚たちに委ねることとされていたが，その際の留意事項を付言することが合意された[89]。これを受けて草案作業部会が作成した第二次草案では，ANFへの核戦力の提供方法の決定に際しては，中国が核戦力を整備しつつあることやスエズ以東におけるイギリスの防衛役割を考慮せねばならないという文言が挿入されていた[90]。

　11月6日のOPD(O)の議論を反映して修正されたANF構想の二次草案は，外務省及び国防省に加え，財務省及び航空産業省にも配布され，各省からの意見が聴取された。財務省からは，国防支出の削減の観点からの意見が，航空産業省からは，混成兵員部隊への貢献方法に関する意見が寄せられた[91]。また，外務省は，スエズ以東での核使用を担保する方法として，「究極の国益条項」の保持や一部核戦力の国家統制下での控置という「自立」を維持する選択肢以外にも，NATO統制機関に米英両国から提供されている核戦力の域外使用に関する権限を付与するという方法もあり，西ドイツ政府もこれを受け入れるのではないかとの意見を述べていた[92]。これらの修正要望を受け，11月9日に最終草稿が作成された。しかし，ANFの戦力構成やこれの提供方法に関しては第二次草案の微修正に留められた[93]。

　以上のように，ウィルソンは政権就任直後の外相及び国防相との三者会合において，自国のV型爆撃機及びこの後継となるポラリス潜水艦を，ナッソ

第5章　ANF構想の立案と「自立」をめぐる攻防

一協定で獲得した「究極の国益条項」を放棄してNATOに恒久的に提供することを主眼とした，MLFの代替核戦力構想を提案するという指針を打ち出した。外相を介してアメリカ政府がこれに反対でないことを確認したウィルソンは，トレンド内閣官房長にANFと称されるようになった構想の具体化を指示した。これを受けて，OPD(O)内に草案作業部会が編成された。労働党内でも代替核戦力構想を具体化する動きもあったが，短期間での具体化が必要とされたために，ANF構想は草案作業部会において，外務省や国防省が政権交代以前から検討していた代替構想のあらゆる要素を盛り込んで具体化されていった。ただし，「自立」の放棄に直接的に関連する，ANFへの核戦力の提供方法に関しては，草案作業部会で意見を集約することができず，選択肢を提示するに留められた。

　この草案作業部会で主導権を握ったのは国防省であった。ANF構想は，彼らがタイミングよく検討していた「多角的NATO核戦力」を素案とて具体化された。彼らは，ウィルソンらの指針と両立し得る最小限の「自立」を確保することを模索し，「核保有国となった中国に脅威を抱くアジアの非核保有諸国に対して核保証を提供するためには，スエズ以東に核戦力を配備する必要があり，ANFに全ての核戦力を提供するのではなく，その一部を自国の統制下に控置する」とのレトリックを見出した。次章では，草案作業部会の提示したANF草案に対し，ウィルソンがどのような政治決定を下したのかについて詳しく見ていく。

注
1) *FRUS 1964-1968*, vol. 13, no. 36, Letter From Chancellor Erhard to President Johnson, 30 Sep. 1964, pp. 78-79.
2) PREM 13/25, Telegram from Bonn to FO, no. 250 Saving, 14 Oct. 1964.
3) FO 371/179030, Letter from A. M. Palliser to Lord Hood, 5 Oct. 1964.
4) FO 371/179030, Telegram from Washington to FO, no. 3415, 7 Oct. 1964.
5) *FRUS 1964-1968*, vol. 13, no. 37, Memorandum of Conversation, 6 Oct. 1964, pp. 80-82.
6) FO 371/179030, Letter from E. J. W. Barnes to Lord Hood, 12 Oct. 1964.
7) FO 371/179030, Letter from K. B. A. Scott to D. C. Thomas, 9 Oct. 1964.

8) FO 371/179030, Letter from W. F. Mumford to W. N. Hugh-Jones, 10 Oct. 1964.
9) FO 371/179030, "The MLF," 13 Oct. 1964.
10) PREM 13/25, Telegram from UK Del. to NATO to FO, no. 506, 17 Oct. 1964.
11) PREM 13/25, Note by J. O. Wright, 641021.
12) Labour Party, *Let's Go Labour for the New Britain*, pp. 22-23.
13) Shrimsley, *The First Hundred Days of Harold Wilson*, pp. 5-19.
14) Wilson, *The Labour Government*, p. 68.
15) DEFE 25/103, Note of a Meeting with Lord Harlech, 22 Oct. 1964; PREM 13/25, Note of a Meeting with Sir Evelyn Shuckburgh, "Multilateral Force," 26 Oct. 1964.
16) Wilson, *The Labour Government*, pp. 68-69.
17) Healey, *The Time of My Life*, p. 302.
18) DEFE 25/103, Note of a Meeting with Lord Harlech, 22 Oct. 1964; PREM 13/25, Note of a Meeting with Sir Evelyn Shuckburgh, "Multilateral Force," 26 Oct. 1964.
19) FO 800/951, Visit of the Foreign Secretary to Washington, 25-27 Oct. 1964.
20) PREM13/25, Record of Meeting between the Foreign Secretary and the United States Secretary of State at the State Department, at 4 p.m. on Monday, 26 Oct. 1964.
21) PREM 13/25, Record of a Lunch-time Discussion at the State Department between the Foreign Secretary and the United States Secretary of State, at 11 a.m. on 27 Oct. 1964.
22) DEFE 4/175, COS 62nd Meeting/64, 20 Oct. 1964.
23) Healey, *The Times of My Life*, p. 304.
24) DEFE 11/317, Annex to COS 3138/23/10/64, Memorandum by the Secretary of State for Defence, "The Multilateral Nuclear Force," 23 Oct. 1964.
25) FO 371/179031, Memorandum by E. J. W. Barnes, "An Atlantic Army," 19 Oct. 1964.
26) FO 371/179031, Memorandum by A. M. Palliser, "An Atlantic Army," 20 Oct. 1964.
27) FO 371/179033, Letter from E. J. W. Barnes to H. Caccia, "Multilateral Force (OPD (O) (64)2) -Brief for Sir H. Caccia," 28 Oct. 1964.
28) DEFE 25/31, Telegram from UK Del. to NATO to FO, no. 182, 17 Apr. 1964 and no. 191, 21 Apr. 1964.
29) FO 371/179029, E. Shuckburgh's Amendments, "Multilateral Force," 28 Aug. 1964; FO 371/179029, Letter from Evelyn Shuckburgh to W. N. Hug-Jones, 15 Sep. 1964.
30) FO 371/179029, Letter from Evelyn Shuckburgh to W. N. Hug-Jones 15 Sep. 1964; FO 371/179030, Letter from E. J. W. Barnes to Lord Hood, "MLF: Sir E. Shuckburgh's Proposals," 14 Oct. 1964; CAB 148/7, DO(O) (64)69, Note by the Chairman, "The Multilateral Force," 9 Oct. 1964, para. 62.
31) FO 371/179032, Letter from Evelyn Shuckburgh to the Viscount Hood, 28 Oct.

第 5 章　ANF 構想の立案と「自立」をめぐる攻防

1964.
32) PREM 13/25, Note of a Meeting with Sir Evelyn Shuckburgh, "Multilateral Force," 26 Oct. 1964.
33) FO 371/179030, Letter from E. J. W. Barnes to Lord Hood, "MLF: Sir E. Shuckburgh's Proposals," 14 Oct. 1964.
34) FO 371/179031, Memorandum by E. J. W. Barnes, 19 Oct. 1964.
35) FO 371/179033, Letter from E. J. W. Barnes to H. Caccia, "Multilateral Force (OPD(O)(64)2) -Brief for Sir H. Caccia," 28 Oct. 1964.
36) DEFE 25/104, Letter from E. J. W. Barnes to Lord Hood, 23 Oct. 1964.
37) FO 371/179032, Letter from Evelyn Shuckburgh to E. J. W. Barnes, 29 Oct. 1964.
38) DEFE 4/175, COS 60th Meeting/64, 13 Oct. 1964.
39) DEFE 11/317, Annex to COS 3138/23/10/64, Memorandum by the Secretary of State for Defence, "The Multilateral Nuclear Force," 23 Oct. 1964.
40) Ibid., para. 34.
41) Ibid., para. 35-36.
42) DEFE 11/317, COS 63rd Meeting/64, 27 Oct. 1964.
43) 例えば，Macintyre, "Nuclear Sharing in NATO," p. 51; Ponding, *Breach of Promise*, p. 91; Young, "Killing the MLF," p. 300.
44) DEFE 25/104, Letter from Christopher Mayhew to S of S for Defence, 2 Nov. 1964.
45) DEFE 25/104, Memorandum by F. W. Mottersread, 5 Nov. 1964; DEFE 25/104, Letter from CGS to Deputy Secretary of State, 5 Nov. 1964; DEFE 25/104, Letter from F. W. Mottershead to Henry Hardman, 5 Nov. 1964.
46) DEFE 25/104, Letter from F. W. Mottershead to Henry Hardman, 6 Nov. 1964.
47) PREM 13/25, Note for the Record, The Foreign Secretary Came to See the Prime Minister before Cabinet this Morning, 29 Oct. 1964.
48) CAB 148/40, OPD(O)(64)1st Meeting, 30 Oct. 1964.
49) CAB 148/40, OPD(O)(64)2, Note by the Chairman, "The Multilateral Force," 23 Oct. 1964.
50) DEFE4/175, COS 3087/16/10/64, "Matters for Discussion by the Defence and Overseas Policy (Official) Committee on Friday, 23rd Oct. 1964," 16 Oct. 1964.
51) DEFE 25/104, COS 3138/23/10/64, Memorandum by J. H. Lapsley, 23 Oct. 1964.
52) FO 371/179033, Letter from E. J. W. Barnes to H. Caccia, "Multilateral Force (OPD (O)(64)2) -Brief for Sir H. Caccia," 28 Oct. 1964.
53) DEFE 11/317, COS 63rd Meeting/64, 27 Oct. 1964.
54) DEFE 25/104, COS 65th Meeting/64, 3 Nov. 1964. なお，10 月 30 日及び 11 月 2 日の OPD(O)では，MLF の代替核戦力構想についても議論されたが，ウィルソンの指示により議事録からは削除されていた。
55) DEFE 25/104, COS 65th Meeting/64, 3 Nov. 1964.

56) CAB 130/211, MISC 11/1, Cabinet Defence Study Group: Meeting Notice, 2 Nov. 1964.
57) DEFE 25/104, "Atlantic Nuclear Force: Possible Outline Organisation," 2 Nov. 1964.
58) DEFE 25/104, COS 65th Meeting/64, 3 Nov. 1964.
59) DEFE 25/104, MISC 11/2(Draft), "Atlantic Nuclear Force," 4 Nov. 1964.
60) DEFE 25/104, COS 65th Meeting/64, 3 Nov. 1964.
61) CAB 148/40, OPD(O)(64)4th Meeting, 6 Nov. 1964. この日の議事録でも ANF 構想に関する議論は削除されていた。
62) DEFE 11/317, COS 3250/9/11/64, Note of OPD(O)Meeting on 6 Oct. 1964, "Multilateral Force," 9 Nov. 1964.
63) CAB 21/6047, Letter from D. S. Laskey to Burke Trend, "Atlantic Nuclear Force," 5 Nov. 1964.
64) DEFE 25/104, COS 65th Meeting/64, 3 Nov. 1964.
65) DEFE 25/104, COS (I) 5/11/64 Annex B, 5 Nov. 1964.
66) DEFE 25/104, MISC 11/2(Draft), "Atlantic Nuclear Force," 4 Nov. 1964.
67) CAB 21/6047, Letter from D. S. Laskey to Burke Trend, "Atlantic Nuclear Force," 5 Nov. 1964.
68) DEFE 11/31, Annex to COS 3138/23/10/64, Memorandum by the Secretary of State for Defence, "The Multilateral Nuclear Force," 23 Oct. 1964, para. 25-32.
69) FO 371/179078, Letter from E. J. W. Barnes to Lord Hood, "Atlantic Nuclear Force," 6 Nov. 1964.
70) DEFE 25/104, MISC 11/2(Revise), "Atlantic Nuclear Force," 6 Nov. 1964.
71) DEFE 11/317, Memorandum by A. W. G. Le Hardy, "Defence Study Group Paper on the MLF," 4 Nov. 1964.
72) CAB 148/40, OPD(O)(64)2, Note by the Chairman, "The Multilateral Force," 23 Oct. 1964, para. 41.
73) DEFE 25/104, Letter from Christopher Mayhew to S of S for Defence, 2 Nov. 1964.
74) FO 371/179033, Letter from E. J. W. Barnes to H. Caccia, "Multilateral Force (OPD(O)(64)2)-Brief for Sir H. Caccia," 28 Oct. 1964.
75) DEFE 25/104, COS 65th Meeting/64, 3 Nov. 1964.
76) DEFE 11/317, Memorandum by A. W. G. Le Hardy, "Defence Study Group Paper on the MLF," 4 Nov. 1964.
77) DEFE 11/317, COS 3216/4/11/64, "The Multilateral Force," 4 Nov. 1964.
78) DEFE 25/104, Minutes of COS(Informal) Meeting, 5 Nov. 1964.
79) CAB 130/213, MISC 17/7, Memorandum by the Ministry of Defence, "Atlantic Nuclear Force-The Size of the British Polaris Force," 20 Nov. 1964.
80) CAB 148/1, DO(64)7th Meeting, 7 Feb. 1964; DO(64)8th Meeting, 19 Feb. 1964;

DO(64)9th Meeting, 25 Feb. 1964.
81) DEFE 25/104, Minutes of COS(Informal) Meeting, 5 Nov. 1964.
82) DEFE 24/78, Letter from Henry Hardman to Burke Trend, 20 Oct. 1964.
83) DEFE 4/175, COS 59th Meeting, 6 Oct. 1964.
84) 岩田修一郎『核拡散の論理――主権と国益をめぐる国家の攻防』（勁草書房, 2010年), 30-31頁。
85) DEFE 24/78, Letter from Saville Garner to Henry Hardman, 22 Oct. 1964.
86) DEFE 24/78, Letter from Henry Hardman to Saville Garner, no day.
87) DEFE 24/78, Letter from F. W. Mottershead to Henry Hardman, 22 Oct. 1964.
88) DEFE 24/78, Letter from Henry Hardman to Saville Garner, no day.
89) DEFE 11/317, COS 3250/9/11/64, Note of OPD(O)Meeting on 6 Oct. 1964, "Multilateral Force," 9 Nov. 1964.
90) DEFE 25/104, COS(I) 5/11/64 Annex B MISC/11/2(Draft), 5 Nov. 1964; DEFE 25/104, MISC 11/2(Revise), "Atlantic Nuclear Force," 6 Nov. 1964, para. 30, 64 (b).
91) CAB 21/6047, Letter from P. H. F. Dodd to P. Rogers, 9 Nov. 1964; Letter from G. T. Rogers to P. Rogers, "Atlantic Nuclear Force," 9 Nov. 1964.
92) FO 371/179078, Letter from E. J. W. Barnes to Lord Hood, "British Nuclear Forces," 9 Nov. 1964.
93) CAB 21/6047, MSC 11/2(Final), "Atlantic Nuclear Force," 9 Nov. 1964.

第6章

ANF構想の決定と「自立」の決着
1964年11月～12月

　本章では，ウィルソン首相によるANF構想の決定過程について述べる。草案作業部会が提示した選択肢のうち，ウィルソンはどれを採用したのであろうか。また，具体化されたANF構想は，ウィルソンの指針に沿ったものであったのであろうか。これらの疑問に答えることにより，ANF構想が，果たして「自立」を維持することを意図した提案であったか否かという論争に一つの解答を提示することを試みる。

　まず，トレンド内閣官房長からの報告を受けたウィルソン首相が，外相及び国防相との閣僚委員会において決定した方針を述べる。次に，チェッカーズの首相別邸で開催された外交・防衛臨時委員会において同盟諸国に提案すると決定されたANF構想の詳細や，「自立」との関連について明らかにする。最後に，ANF構想を提案して以降，これの実現に向けての同盟諸国と交渉していくが，結局は同構想を断念するに至った経緯を，NATOでのNPGの設立とウィルソンのスエズ以東へのポラリス潜水艦の配備の模索と併せて概観する。

第1節　MISC16での「自立」に関する方針決定と代償の模索

1　首相，外相，国防相による「自立」に関する方針決定

　1964年11月10日にトレンド内閣官房長は，ウィルソン首相に対してANFの最終草稿を報告した。この中で彼は，ANF構想に関して首相らが政治決定すべき重要事項として，①全ての核抑止力の「自立」を放棄するのか，あるいはスエズ以東での配備のために一部を国家統制下に控置するのか，②

核抑止力の「自立」を放棄する際に，これを完全に放棄するのか，あるいは何らかの免責条項を確保して形式的に放棄するのか，の二点を挙げていた。また彼は，西ドイツ政府がANF構想を受け入れるか否かは，自国が核抑止力の「自立」を放棄する程度によるであろうと述べていた。さらに，「自立」を放棄する代償として，自国の世界規模での防衛負担を同盟諸国に分担させることも要求すべきであるとも述べていた。ウィルソンは，11月21日と22日に外交・防衛に携わる省庁の閣僚と事務次官，各軍の参謀長をチェッカーズの首相別邸に招集し，今後の外交・防衛政策の基本方針を議論することを予定していた。ANF構想は，この会合における重要議題の一つであった。トレンドは，この会合の前に，ウィルソン首相とゴードン・ウォーカー外相及びヒーリー国防相の三者で会談し，ANF構想の基本的事項について合意しておくべきであると具申した[1]。

11月11日の昼，首相官邸においてウィルソン首相，ゴードン・ウォーカー外相，ヒーリー国防相をメンバーとする臨時閣僚小委員会（MISC16）が開催された。トレンド内閣官房長とANF構想の草案作成の主務者であったロジャース内閣官房副長も陪席した。

ウィルソン，ゴードン・ウォーカー，ヒーリーは，草案作業部会から提示されたANF構想を，まず初めにアメリカ及び西ドイツ政府と協議した後に，他のNATO諸国に提案することを承認した。その際，MLFの代替としてのみならず，NATOが抱えている様々な戦略的及び政治的要求に調和させることにより，同盟の再構築を狙いとすることを確認した[2]。

草案作業部会から政治決定を求められていた戦略核戦力の提供方法に関しては，「究極の国益条項」を放棄して恒久的に提供するが，一部の戦略核戦力をNATO域外で使用するために国家統制下に控置することを決定した。また，提供する核戦力には，PALの装着といった物理的な制約なしに，条約上のみ関与させることとされた。この理由は，ANFが解体される事態が生じたならば，提供した核戦力を自国の統制下に速やかに引き戻すことを可能にするためであった。ただし，交渉において同盟諸国が求めるならば，自国の統制下に速やかに引き戻すことを阻害しないとの条件で，PALの装着について

譲歩することも必要となるであろうと認識されていた。さらに，自国がANFに提供した核戦力の使用に際しては，参加諸国の拒否権が及ぶことも了承された[3]。核使用の拒否権に関して国防省は，アメリカ及びイギリスの両核保有国が拒否権を有することは，核拡散を懸念するソ連を安心させるために必要不可欠であると認識していた。しかし一方で，非核保有諸国にも拒否権を付与することにより，核抑止力の信頼性が低下することが懸念されていた[4]。これに対してウィルソンらは，非核保有諸国に拒否権を付与することにより，西ドイツが少なくとも核兵器の統制に関してはイギリスと同等の立場に位置することになり，彼らを満足させることができると期待していた。ウィルソンらは西ドイツが満足することに加え，同国が核兵器自体を共有することを回避することによって，ソ連に安心感を付与することになると認識していた。ウィルソンらは，ソ連の懸念を緩和することによって，ヨーロッパでの軍縮を達成するための新たな方法も模索することができるのではないかとさえ期待していた[5]。このようにウィルソンらは，核抑止力の信頼性の向上という軍事的効果よりも，西ドイツの核兵器への願望を満足させることやソ連の西ドイツに対する懸念を緩和するという政治的効果を重視し，ANFに提供する戦略核戦力の「自立」を完全に放棄することを決定したのであった。

　この一方で，NATO域外，すなわちスエズ以東において使用するために，一部の戦略核戦力を自国の統制下に控置する方針を決定した。ウィルソンが控置を想定していた核戦力はV型爆撃機であった。1964年10月の時点で，128機のV型爆撃機がNATOに配属されていた。このうち24機は，必要に応じてNATOへの配属を解かれ，シンガポールに緊急配備されることになっていた[6]。ウィルソンらは，この24機を当初からシンガポールに配備することを承認した。ただし，同盟諸国に対しては，これらは通常任務用としての配備であると説明することとされた[7]。しかし，シンガポールには48発の核爆弾がすでに備蓄されており，緊急時にはこれらが核任務に従事することは自明の理であった[8]。後の1965年3月の下院の議論においても，スエズ以東に配備されるV型爆撃機が，核任務に使用可能であることが明らかにされている[9]。

一方，V型爆撃機の後継として，保守党政権は5隻のポラリス潜水艦の建造を計画していた。前章で述べたように，10月16日の非公式会合では，これらの建造計画の大部分を「引き返し不能地点を超えている」との理由で継続することを決定していた。MISC16では，3隻のポラリス潜水艦のANFへの提供を暫定的ではあるが承認した[10]。国防省は，核抑止力の信頼性を確保するためには，5隻のポラリス潜水艦を建造し，これらをANFに提供することが望ましいと具申していた[11]。しかしウィルソンらは，ANFにおける核抑止力の信頼性を考慮する際に，アメリカから提供されるポラリス潜水艦を加味すると，自国が提供するポラリス潜水艦は3隻で十分であると理解していた。ウィルソンら労働党首脳部は，自国が提供する戦略核戦力だけでなく，ANF全体の核戦力で西側の核抑止の信頼性を確保することを追求していたのであった。また，これはNATO解体という事態が生じた際には，自国が受け入れ可能な最小限の核抑止力であるとも思料していた。この時点でウィルソンらは，NATOが解体された際にも，常時「自立」を維持する必要性があるとは認識していなかったのである[12]。

　以上のようにウィルソンは，ヨーロッパにおける核抑止力の「自立」を放棄する一方で，一部の戦略核戦力をスエズ以東に配備するために自国の統制下に控置するという方針を，ゴードン・ウォーカー外相及びヒーリー国防相のみが参加する臨時閣僚小委員会で秘密裏に決定した。この11月11日の時点においては，ANF構想の最終草案は，首相，外相及び国防相のみに提示されており，他の閣僚らには内密にされていた[13]。

2　「自立」の放棄に対する代償の模索

　11月4日に配布されたANF構想の第一次草案では，混成兵員水上艦隊への実質的な貢献を回避するためには，少なくとも何らかの形で核抑止力の「自立」を放棄せねばならないと述べられていた[14]。草案作業部会は，核抑止力の「自立」を放棄することにより，アメリカ及び西ドイツが混成兵員水上艦隊へのイギリスの不参加を了承することを代償として期待していた[15]。これに対してトレンド内閣官房長は11月6日のOPD(O)において，「自立」

を放棄する代償についての検討が不十分であると不満を述べていた[16]。彼は，混成兵員部隊への参加の免除に加えて，自国の世界規模での防衛負担を同盟諸国に肩代わりさせることを代償として期待していた[17]。トレンドの発言を受けて修正された二次草案では，核抑止力の「自立」を放棄することにより，核戦力に直接関わる代償のみならず，国防支出の削減を可能とする代償を確保せねばならないとの記述が加筆されていた[18]。この記述は，最終草案でも修正されることがなかった[19]。

核抑止力の「自立」を放棄する見返りに，混成兵員艦隊への不参加を認めさせるのみならず，国防支出の削減を可能とする代償の獲得を模索すべきとのトレンドの発言は，当時のイギリスの経済状況を鑑みると至極当然であったと言えよう。1964年10月に政権に就いたウィルソンは，自国の国際収支の赤字が8億ポンドであることを財務省から知らされ驚愕した。これは彼が首相就任前に予測していた2倍以上であった[20]。また，労働党が政権に就いたことで経済の先行きに対する不安が広がり，大量のポンドが短期間で売り浴びせられた。このためウィルソンは，首相就任直後からこれに対処せねばならなかった[21]。ウィルソン政権は，一時的に15％の輸入課徴金を課し，税率を引き上げ，また，公定歩合を2％引き上げることでポンド危機を乗り切ろうとした。しかし，これらはいずれも一時的なものであり，問題の根本的な解決策ではなかった[22]。このためウィルソンら労働党首脳部は，「自立」を放棄する見返りとして，国防支出の削減を可能とする代償を求めていたのであった。11月9日にヒーリー国防相はデンマーク国防相と会談した。ヒーリーは，この際にも，「核抑止力の『自立』を放棄する代償として，NATO戦略の修正，中部ヨーロッパにおける軍縮，ヨーロッパ域外での自国の防衛負担の同盟諸国による肩代わりを求めている」と述べていた[23]。

11月11日の閣僚委員会においては，核抑止力の「自立」を放棄する代償として，①アメリカが核戦力の使用に際する拒否権を放棄しないこと，②現在の戦略的必要性に調和するようにNATO核戦略を修正すること，③ソ連とのヨーロッパにおける軍縮交渉を開始すること，④NATO域外でのイギリスの防衛負担を同盟諸国に分担させること，を模索すべきであることが合意さ

れた[24]。②及び③はBAORを中核とするヨーロッパに駐留するイギリス軍の削減を伴うことが期待されていた。つまり，④に加えて，これらも防衛負担の削減を求めていたと言えよう。

このようにウィルソンらは，「自立」を放棄する代償として，混成兵員水上艦隊への不参加のみではなく，イギリスの国防支出の削減を可能とする代償を，同盟諸国，特にアメリカ及び西ドイツから獲得することを意図していた[25]。ウィルソンはトレンド内閣官房長に対して，ヨーロッパにおいて核抑止力の「自立」を放棄する代償についてさらに検討するよう指示した[26]。

3 代償の模索に対する草案作業部会からの警告

ウィルソン首相らからの指示を受けた草案作業部会は，自国の国防支出の削減を可能とする，どのような代償をどのようにして引き出すべきかについて11月13日に討議し，OPD(O)で議論するための文書を作成した[27]。18日のOPD(O)において，草案作成部会の提示した文書が議論され，「大西洋核戦力——イギリスの国防支出の削減の可能性」と題する文書が完成した[28]。

この文書では，ナッソー協定においてイギリス政府が獲得した「究極の国益条項」を放棄することを主眼としたANF構想を，アメリカ政府が好意的に受け止めるであろうとの期待が述べられていた。そして，核抑止力の「自立」を放棄する代償について，放棄する程度が大きければ大きいほど，同盟諸国，特に西ドイツからより大きな代償を獲得することができるであろうと述べられていた。この代償については，NATO域内とNATO域外に区分して考察されていた。NATO域内では，第一に，核不拡散を確実にする処置，具体的には，アメリカ政府が核使用に際しての拒否権を固持することや，非核保有諸国が核兵器の獲得・製造を行わないと誓約することを求めるべきであり，これらはソ連も歓迎するであろうと述べられていた。第二に，ヨーロッパに駐留するイギリス軍の削減に関して，国防支出の削減のためにこれを求めていた閣僚たちに対して，官僚たちはこれが容易ではないと分析していた。草案作業部会は，NATOの防衛力を維持するという観点から，自国がヨーロッパに駐留するイギリス軍を削減するならば，削減分を同盟諸国が肩代わり

することが不可欠であるが，これが可能なのは西ドイツのみであり，たとえ西ドイツがこれを受け入れたとしても，彼らの影響力が増大するという新たな問題が生じると指摘していた。次に，NATO 域外，すなわちスエズ以東における代償について草案作業部会は，自国のスエズ以東での防衛役割が，歴史的な経緯から由来していることから，ヨーロッパの同盟諸国にこれを肩代わりさせることは期待できないと分析していた。彼らは，アメリカから何らかの支援を受けるための取り決めを結ぶことのみが可能であろうと結論づけていた[29]。

　このように，ウィルソンら労働党首脳部は，ヨーロッパにおける核抑止力の「自立」を放棄する見返りに，自国の国防支出の削減を可能とする代償を獲得すべきであるし，またこれが可能であると楽観視していた。しかし，草案作業部会の官僚たちは，「自立」の放棄に対して過大な代償を望むべきでないと結論づけていた[30]。彼らは，ANF 構想の提案により，MLF 構想を阻止するとともに，ヨーロッパにおける自国の影響力を増大させることは可能であると認識していた。しかし，これを超えた過大な代償を要求すると，同盟諸国に疑念を生じさせ，ANF 構想の実現自体を危うくするであろうと警告していたのである[31]。ただし，草案作業部会の作成した文書に対して国防省は，「自立」の放棄によって大きな代償を求めることができるはずだと反論していた[32]。

第 2 節　チェッカーズ会合における ANF 構想の決定

1　イギリスの三つの戦略的役割と国防支出の削減要求

　1964 年 11 月 21 日と 22 日に，ロンドン北西 55km のチェッカーズにある首相別邸に，ウィルソン政権の外交・防衛に携わる省庁の閣僚と事務次官，各軍の参謀長が参集して，外交・防衛臨時委員会（チェッカーズ会合）が開催された。そこでは，ウィルソン政権の外交・防衛政策の基本方針が議論された[33]。

　21 日の午前 10 時から 1 回目の会議が開始され，自国経済に対する国防支

出の重圧を除去するという観点から，イギリスがどのような戦略的役割を果たすべきかについて話し合われた。具体的には，イギリスが第二次世界大戦以降に担ってきた，西ヨーロッパ防衛，スエズ以東防衛及び核抑止力の提供という三つの戦略的役割について，これらを引き続き維持するのか否か，維持しないのであればどれを放棄するのかについて議論された。

　このイギリスの戦略的役割の見直しは，今に始まったことではなかった。自国の相対的国力の低下という現実に直面する一方で，国際舞台での影響力を引き続き維持するために，どのような戦略的役割をどのようにして担うべきかという議論は，まさに第二次世界大戦後のイギリスの外交・防衛政策の中心的課題であった。保守党政権下でも，三つの戦略的役割に関しては，閣議や委員会で幾度となく議論されてきた[34]。

　トレンド内閣官房長は，政権交代に備えて，核政策に関する提言文書のみならず，この問題に関しても提言文書を用意していた。1964年5月のOPD(O)でトレンドは，将来計画作業部会を設置し，ヨーロッパ，中東及び極東において，自国が今後どのような関与を行うべきかを検討するよう指示していた[35]。同部会が10月に提出した最終報告書では，世界規模での軍事的関与が経済的に負担であることが明白であり，対外関与の削減が不可欠であると結論づけられていた。この際に，西ヨーロッパ防衛からの撤退が政治的に極めて困難であるので，極東での防衛関与の削減が望ましいと述べられていた[36]。この検討作業では，核抑止力の提供という戦略的役割を維持することが前提とされていたのであるが，労働党が政権に就いた時期，OPD(O)に参加する官僚たちの間では，核抑止力の「自立」を維持するのであれば，スエズ以東への関与を削減する必要があるとの認識が支配的であったのである。

　このような官僚たちの認識に対し，労働党の閣僚たちが異なる認識を抱いていたことは，チェッカーズ会合での初日の議論を見れば明らかであった。ウィルソンらは，自国の経済力を鑑みると，三つの戦略的役割の全てを現状の規模で維持することが困難であると理解していた。彼らは，将来的には一ないし二の戦略的役割を断念するか，もしくは著しく削減する必要があると認識していた。会議では，どの戦略的役割を断念するのかが焦点となった。

第 6 章　ANF 構想の決定と「自立」の決着

そして，コモンウェルスの中心国としての自国の地位，SEATO 及び CENTO における条約上の義務，スエズ以東はますます不安定化しているが，西側同盟国の中で同地域の安定化に貢献できるのはアメリカを除くと自国のみである，米ソが核均衡に至ったことからヨーロッパではもはや大規模な戦争が生起する蓋然性を想定できない，自国の核抑止力を NATO に提供することと引き換えに西ヨーロッパ防衛への関与を減少することが可能である，との理由から，イギリスが引き続き重視しなければならない戦略的役割がスエズ以東防衛であると合意された[37]。

以上のように，国防支出の削減のために戦略的役割の見直しが議論された 1 回目の会議において，ウィルソンら労働党首脳部は，ヨーロッパにおいては東西の緊張緩和が進展する兆しが見られる一方で，スエズ以東においては不安定化する傾向が強まっているという情勢認識から，核抑止力「自立」を放棄し，スエズ以東防衛を維持するという，官僚たちとは異なる結論に至ったのであった。

2　ANF 構想の承認

チェッカーズ会合初日の 17 時 30 分からの 3 回目の会議では，それまでに合意された戦略的役割の見直しを具現化する方策の一つとして，ANF 構想が議論された[38]。

会議の冒頭でゴードン・ウォーカー外相は，アメリカ，西ドイツ，イタリア及びベルギーの各外相との個別会合において，自国が MLF には参加せず，その代替として ANF 構想の提案を検討していると伝えたこと，これに対する各国の反応が予想よりも好意的であったことを報告した。次いでウィルソンらは，草案作業部会から提示された文書に基づき，ANF 構想の戦力構成や指揮統制について議論した。彼らは ANF を，①イギリスの V 型爆撃機及びポラリス潜水艦部隊，②自国と同数以上のアメリカのポラリス潜水艦部隊，③フランスから自発的に提供される部隊，④非核保有国の軍隊が参加し得る混成兵員部隊，という四つのカテゴリーから構成することに合意した。④の非核保有国が参加し得る混成兵員部隊については，ヨーロッパ戦域に配備さ

れているMRBMパーシング部隊や核搭載の戦術爆撃機部隊，アメリカ本土に配備されているICBMミニットマン部隊が望ましいとされた。これに加えて，同盟諸国が希望するならば，通常戦力への負の影響を最小限にするとの留保付きで混成兵員水上艦隊を組み込むことも合意された[39]。

これらの核戦力は，参加諸国のNATO常駐代表から構成される監督機関によって一元的に統制・管理されることになっていた。この監督機関は，①ANF司令官への政治的指針の付与，②核攻撃の目標選定や計画の承認，③核運用ドクトリンの作成，④ANF司令官への核発射権限の付与，⑤あらゆる地域における核使用の際の協議，を行うとされていた。また，監督機関とは別に，参加国の駐アメリカ大使から構成される諮問委員会（Consultative Committee）をワシントンに設置し，世界のあらゆる地域における核使用に関して，アメリカ大統領に助言することも想定されていた[40]。このように，ANF構想においては，NATOの核政策や目標選定の作成過程に参画することを欲していた非核保有諸国を満足させるために，核政策協議を制度化することも内包されていたのであった。

またANFの使用に際しては，イギリス及びアメリカ，そして参加するのであればフランスの核保有諸国には拒否権が付与され，また非核保有国が希望するならばこれを付与することとされた。ウィルソンらは，自国がANFに提供した戦略核戦力の使用に際してアメリカや非核保有諸国の拒否権が及ぶこと，すなわち，提供した核戦力については「自立」を放棄することを決断したのであった。この一方で，ポラリス潜水艦の混成兵員化を阻止し，平時からイギリス政府との通信を常時確保する手段を担保することが明示されていた。また，同盟が崩壊した際には，提供したポラリス潜水艦を自国の指揮統制下に引き戻すことも明言されていた。

ウィルソンの「自立」の放棄は，前述したように，核抑止力の信頼性を犠牲にしてでも，非核保有諸国の満足という政治的効果を優先し，同盟内の結束を高めるとともに，西ドイツの核兵器自体の共有を回避することによって，これを警戒していたソ連に安心感を付与することが期待されていたのであった。

3　ANFへの核戦力の提供方法とポラリス潜水艦の隻数の決定

　草案作業部会が閣僚らに政治決定を求めていた核戦力の提供方法に関しても，MISC16において確認された方針に沿って合意された。すなわち，ANFに提供するV型爆撃機とポラリス潜水艦部隊に関しては，「究極の国益条項」を放棄するが，スエズ以東に展開するために，一部の戦略核戦力を自国の統制下に控置することが承認された[41]。

　この際，V型爆撃機に関しては，MISC16で合意された方法で，自国の統制下に控置することが合意された。一方，ポラリス潜水艦の一部を国家統制下に控置することは，そう簡単な問題ではなかった。前述したように，11月11日のMISC16では，3隻のポラリス潜水艦をANFに提供するという方針が暫定的に合意されていた。しかし，全体として何隻のポラリス潜水艦を建造するのかについては，チェッカーズ会合で再度議論することになっていた[42]。この問題は，翌日の10時30分からの4回目の会議で議論された。

　会議に冒頭で，保守党政権が進めてきたポラリス潜水艦の建造計画の進捗状況について報告がなされた。これによると，5隻の建造が計画されていたが，このうちの4隻については順調に進捗しているが，5隻目は一部を除いて着手されていないことが伝えられた。次に，ANFに提供するポラリス潜水艦の隻数について議論された。閣僚たちは，ANFに提供する核戦力の規模とその有効性が大きければ大きいほど，同盟諸国との交渉において有利になるであろうと認識していた。この反面，西ドイツなどの非核保有諸国がイギリスとのバランスをとるために，自国の提供する核戦力と同規模の混成兵員部隊を要求していることを考慮すると，余りにも大きな核戦力をANFに提供することは適切でないとの指摘もなされた。このような観点から，3隻を建造し，これをANFに提供するという意見に多くの支持が集まった。3隻の潜水艦では効果的な抑止力を提供できないとの反論も，核抑止力の「自立」を放棄すると公約していた労働党の閣僚たちにとっては世論にアピールするという観点からは好都合であった。しかしながら，3隻の潜水艦では事故や整備の遅延等が生じた際に，対処ができなくなるとの懸念も国防省関係者の間で根強かった。このため，ANFに提供するポラリス潜水艦については3隻とする

が，不測事態に備えて4隻目を建造し，これを予備として自国の統制下に控置することで妥結された[43]。ただし，これはあくまでも暫定的な決定であり，同盟諸国からの反応を窺いつつ，1965年1月までに最終決定することとされた。また，ポラリス潜水艦については，従来まで専らソ連に対する運用のみが検討されてきたが，中国の核保有という新たな脅威の現出に鑑み，これをスエズ以東で運用するための検討を開始すべきであるとの指摘もなされた[44]。このため，国防省が引き続きポラリス潜水艦の細部の運用を検討し，同盟諸国との交渉経過も踏まえて，65年1月までにこれらの決定を行うことが合意された。なお，65年1月のOPDにおいて，不測の事態に備えてポラリス潜水艦を4隻建造することが正式に決定された[45]。

このように，中国の核実験に脅威を抱いている同盟・友好諸国に対する核保証を提供するために，スエズ以東において核抑止力を配備しなければならないとの国防省の主張を，ウィルソンら労働党政権の閣僚は受け入れた。しかし，これはウィルソンらが核抑止力の「自立」を容認したからではなかった。ウィルソンらは，SEATOやCENTOに提供する戦略核戦力についても，ANFと同様の統制枠組みを検討すべきであるとも述べていた[46]。つまり，労働党政権の閣僚たちは，当面はスエズ以東に展開させるための戦略核戦力を自国の統制下に保持するが，これらを将来のいずれかの時点において，同盟に統制権限を移譲すること，すなわち，核抑止力の「自立」を放棄することを意図していたのであった。しかしながら，ウィルソンら労働党首脳部と国防省の間に存在していた「自立」に対する認識の差異は，少なくとも同盟諸国への提案時には表面化することはなかった。この時点においてイギリス政府内では，アメリカ及び西ドイツの両政府がイギリス抜きでもMLFを設立するであろうとの認識が支配的であった。このため，スエズ以東における核抑止力の「自立」を維持するか否かの課題よりも，代替構想を提案することによってMLFの創設を阻止することが，ウィルソンら労働党首脳部，外務省及び国防省にとって優先されていた。1964年11月にアメリカのボール国務次官がロンドンを訪れ，ウィルソン首相らと会談した。その際にボールは，ウィルソンらが今後，米国との良好な関係を望むのならば，イギリスが

第 6 章　ANF 構想の決定と「自立」の決着

MLF に参加することが不可欠であると強い調子で述べていた[47]。このため，ウィルソン政権内の核抑止力の「自立」に対する認識の差異は隠蔽されたのであった。

4　「自立」放棄の代償の妥結

　このチェッカーズ会合において，ANF 構想における論点の一つであった，核抑止力の「自立」を放棄する見返りに要求する代償に関してはどのように議論されたのであろうか。ウィルソンら労働党首脳部は，自国の国防支出の削減を可能とするような代償を要求すべきであると主張しており，これが可能であると認識していた。一方，OPD(O) に参加する官僚たちは，余りにも大きな代償を求めることに警告を発していた。チェッカーズ会合での論点を整理したトレンド内閣官房長からウィルソン首相宛のメモの中でも，代償として，ヨーロッパにおいては MLF 構想の放棄，核不拡散及びヨーロッパに駐留するイギリス軍の削減，スエズ以東においては自国の国防支出の削減を要求する方針であるが，後者のために自国の防衛関与の分担をヨーロッパの同盟諸国に求めることが容易ではないと述べられていた[48]。

　「自立」の放棄と引き換えに獲得する代償については，3 回目及び 4 回目の会議において議論された。ウィルソンらは，代償として，ヨーロッパ地域においては，MLF への貢献の免除とヨーロッパに駐留するイギリス軍の削減を要求することが望ましいと合意した。しかし，後者については，これをイギリスが一方的に要求することは困難であろうから，ヨーロッパに駐留するイギリス軍の削減を導くような NATO 戦略の改訂や，ヨーロッパ全体の通常戦力の削減を導くようなソ連との軍縮協定の締結に向けて同盟諸国が共同歩調を取ることを要求すべきであると合意された。一方，スエズ以東においては，防衛関与を維持すべきであるが，イギリスが自国の能力に比較すると余りにも大きな負担を強いられているとの事実を同盟諸国に理解させた上で，彼らから国防支出の削減が可能となる代償を引き出すことを模索すべきであると合意された。ただし，これをヨーロッパの同盟諸国から引き出すことは困難であることも指摘されていた。このため，イギリスがスエズ以東において部

155

隊を展開する際に，アメリカからの後方支援が得られるような取り決めを締結することや，オーストラリア及びニュージーランドから支援が得られるような枠組みの構築に向けて，アメリカから協力を得ることを模索すべきであるとの合意に至った[49]。

このように，ウィルソンら労働党の首脳部が楽観視していた，核抑止力の「自立」を放棄する代償は，OPD(O)に参加する官僚たちからの警告を受け，現実的なものに妥結したのであった。

5　閣議での最終決定と「自立」をめぐる対立の鎮静化

ウィルソンは労働党内の左派からの支持を受け労働党の党首に選出されたが，彼の外交・防衛政策の路線は，どちらかと言うと右派寄りであった。このため首相就任後の組閣の際にも，外交・防衛に関わる閣僚には，ブラウン，キャラハン，ゴードン・ウォーカー，ヒーリー等，専ら党内右派の政治家を任命していた。一方，ウィルソンの外交・防衛政策を必ずしも支持していなかった党内の左派の中心であったカズンズ（Frank Cousins）を技術相，リー（Fred Lee）を動力相，クロスマンを住宅・地方自治相に任命し，労働党のマニフェストで公約されていた「技術革新の白熱」によって国内経済及び社会を変革するという政策の実行を彼らに専念させるように巧妙な組閣を行っていた[50]。

チェッカーズ会合の参加閣僚は，ウィルソンの外交・防衛政策に比較的好意的であった党内右派の閣僚が中心であった。そこで合意されたウィルソン政権の外交・防衛政策の方針は，党内左派の閣僚たちも参加する閣議において11月26日に議論された[51]。核兵器に対して倫理的に拒否的感情を抱いていた左派の閣僚たちは，核抑止力の「自立」のみならず，核保有そのものを一方的に放棄すべきであるという主張を断念したわけではなかった。彼らは1964年10月の総選挙に勝利するために，核保有を継続するか否かについて曖昧にする選挙戦術を受け入れたに過ぎなかったのである[52]。

一方，ソ連の脅威に対抗するためには核抑止力が不可欠であると認識していた党内右派は，自国が何らかの方法で西側の核抑止力の強化に貢献するこ

とが必要であると認識していた。第3章で述べたように，彼らは野党時代には，戦略核戦力の領域はアメリカに任せ，西ヨーロッパ諸国は通常戦力で貢献するという，同盟全体の抑止力を強化するため米欧間での機能的役割分担を選好していた。しかし政権に就くと，ポラリス潜水艦による核抑止力が極めて安価であり，この反面，厳しい財政状況から，自国の通常戦力による西側同盟への貢献が極めて困難であることを理解するようになった[53]。このため，ウィルソンら労働党首脳部は，西側の抑止力の強化に貢献するための方法として，自国のポラリス潜水艦の活用を選好するようになった。

労働党内では，ウィッグ主計総監やチャルフォント（Alum Chalfont）軍縮担当閣外大臣らが，ポラリス潜水艦の建造継続に強く反対していた[54]。しかし，彼らには閣議に出席する資格がなかった。閣議でのウィルソンらの説明に対して，クロスマンら一部の閣僚らは疑念を抱いていた。核兵器の一方的放棄を主張していた労働党左派にとって，ANF構想は必ずしも満足のいく提案ではなかったのである[55]。しかし，少なくとも核抑止力の「自立」を放棄するという彼らの主張の一部が具現されていたこともあり，「自立」を放棄し，これを同盟の枠組みで運用するという同構想が最終的に承認された[56]。

一方，労働党政権が決定したANF構想に対して野党に転じた保守党は，どのような反応を示したのであろうか。保守党は依然として，自国の安全を最終的に保障するとともに，対外政策の遂行を支援するために，核使用の最終決定権を保持すること，すなわち核抑止力の「自立」が必要不可欠であると主張していた。12月16日及び17日，労働党が政権に就いて初めての外交政策に関する集中審議が下院で行われた。野党の党首の立場となったヒューム前首相や影の内閣の一員となったバトラー前外相，ソニークロフト前国防相らが質問に立ち，核使用の最終決定権を放棄し，これを同盟に移譲するというANF構想に対して，核時代の危険な国際社会において自国の安全保障を危うくさせ，自国の影響力も著しく低下させる代物であると激しく攻撃した[57]。しかし，総選挙前には，労働党が核保有自体の放棄を意図していると批判していた保守党は，ウィルソン政権がこれを継続したことや，スエズ以東への戦略核戦力の配備を受け入れたことにより，同政権に対する攻撃の

勢いが削がれた感は否めなかった[58]。1965年3月3日及び4日に下院で国防政策に関する集中審議が行われたが，ヒュームらのANF構想に対する攻撃は，激しいものにはならなかった[59]。

ウィルソン政権と保守党政権の核抑止力の「自立」に対する認識の差異は，ANF構想の提案以降も明白であった。しかし，労働党が核保有自体を継続した上に，核使用の統制権限を移譲するとされていたANF構想の実現が不透明であったことから，労働党と保守党の核政策の差異は，極めて曖昧になっていた。1966年3月にウィルソンは，政権基盤を安定させるために議会を解散し総選挙に打って出たが，核抑止力の「自立」はもはや主要な争点ではなかった。保守党のマニフェストでは，国内経済・社会を安定させるための諸々の政策が14個節にわたって掲げられていた。しかし，外交・防衛問題については，国内政策の後に，コモンウェルス諸国との関係強化及び世界平和の維持の促進という2個節が提示されていたに過ぎず，その中でも核問題に関しては，「我々自身の防衛と対外的な約束を履行するために，我々の資源に応じた釣り合いのとれた核及び通常戦力を保持する」と記述されていたのみであった[60]。一方の労働党のマニフェストでは，新しいイギリスと世界という章の中で，核兵器という節が設けられており，「NATO内での核兵器の拡散を阻止するためには，我々が提案しているANF構想がいまだ最善であり，労働党は戦略核戦力を国際化することを公約する」と述べられていた[61]。

以上のように，核抑止力の「自立」をめぐる労働党内の右派と左派及び労働党と保守党の激しい対立は，核保有を継続するが「自立」は放棄するというANF構想の立案・決定を契機として，第一次ウィルソン政権期においてはひとまず鎮静化したと言えよう。

第3節　ANF構想の実現に向けての模索と断念

1　アメリカ政府に対する提案

1964年11月26日の閣議においてANF構想を同盟諸国に提案することを

第 6 章　ANF 構想の決定と「自立」の決着

決定したウィルソンは，12 月初旬にゴードン・ウォーカー及びヒーリーを伴い，アメリカ及びカナダを訪問した。ウィルソンらは，12 月 7 日にワシントンを訪れ，アメリカ政府関係者と会談した。

　12 月 7 日の午後，当初閣僚レベルで，途中から首相及び大統領も参加して，イギリスの長期的防衛構想，ANF，ヴェトナム問題等が議論された。まず，ヒーリー国防相が自国の外交・防衛政策の方針を説明した。彼は，イギリスがスエズ以東防衛の貢献を核抑止力の提供や西ヨーロッパ防衛への貢献よりも優先するという方針をアメリカ側に伝えた。これに対してラスク国務長官とマクナマラ国防長官は，イギリスが世界の大国としての役割を維持することに理解を示した。アメリカ政府は対外的軍事関与に対する自国世論の支持を得るために，同盟諸国からの協力を欲していた。フランスが東南アジアから引き上げ，西ドイツが世界的役割を引き受ける用意がないという現状を鑑みれば，イギリスの貢献が不可欠であるとラスクらは認識していた。次に，ゴードン・ウォーカー外相が，自国の世界的役割を維持するためにヨーロッパに駐留するイギリス軍を削減する必要があると述べた。これに対してラスクは，ヨーロッパにおいて大規模な戦争が生起する蓋然性が極めて低いことを認めつつも，それは NATO が有効に機能している結果であり，ヨーロッパに駐留するイギリス軍の戦力削減には慎重な検討が必要であると述べた。マクナマラも，アメリカ世論を考慮すれば，ヨーロッパに駐留するイギリス軍人を現状の規模で維持することが望ましいと述べた。イギリス側は，スエズ以東での防衛負担を維持するためにはヨーロッパでの負担を減少することが不可欠であると繰り返した。マクナマラは，英米間の共同兵器開発やアメリカ製兵器の調達により，国防支出の削減を検討すべきであると応じた[62]。

　続いて，NATO における核共有問題に関する議論が行われた。アメリカ政府は，西ドイツの核兵器への願望を満たすためには，混成兵員水上艦隊を創設し，これにイギリスが人的・財政的に貢献することが不可欠であると主張した。またイギリス政府が提案するポラリス潜水艦や ICBM ミニットマンの部隊を多角的核戦力の構成要素に加えることに対して，機密保全の観点から望ましくないと反対した[63]。これに対してイギリス政府は，ANF 構想の詳

159

細が記された覚書をアメリカ政府に手交し，その骨子を説明した[64]。翌12月8日，ANF構想に対するアメリカ政府からのコメントも手交され，両国間で本格的な議論が行われた[65]。

ラスク国務長官は，①ANFに対してイギリスがどの程度貢献するのか，②核使用の際の統制取り決め，特に拒否権に対してどのように考えているのか，③SACEURとは別にANF司令官を創設することによりNATO再編と解釈される危険があるのではないか，④西ドイツの核兵器への願望を叶えることが可能であるのか，という四つの質問を提示した。これに対してウィルソンは，①戦略核戦力の全てを「究極の国益条項」を放棄して恒久的に提供するつもりであるが，例外として一部をスエズ以東において使用するために自国の統制下に控置する，しかしながら，ヨーロッパでの構想に目処がついたならば，インド-太平洋においても，同盟国間でANFのような多国間核戦力の創設に向けて検討を開始する，②核使用の際，核保有国であるアメリカ政府とイギリス政府の拒否権を担保するとともに，非核保有諸国が希望すれば彼らに拒否権を付与する，③ANFは戦略核戦力から構成されており，ヨーロッパ戦域での戦闘に責任を有するSACEURへの提供は適切ではない，これに関してはさらにヨーロッパの同盟諸国と交渉する，④西ドイツ政府と早期に交渉を開始し，同国の理解を求める，とそれぞれ回答した[66]。

アメリカ政府内では，ANF提案に対して，その意図がMLFの妨害にあるのではないかと懐疑的な意見も存在していた。バンディ（McGeorge Bundy）国家安全保障担当大統領補佐官は，イギリスが混成兵員水上艦隊に形式的にでも参加するのであればそのような疑いが晴れると述べた。しかしウィルソンは，ANF構想が大西洋同盟の強化や，東西の緊張緩和への促進に向けての，自国の積極的な貢献を具現化したものであり，MLFよりも優れているとの主張を繰り返した。最終的にジョンソンらは，イギリス政府がANF構想を提案することに反対はしないが，アメリカ政府から西ドイツ政府に対してこれを推奨することもしないということで妥結した[67]。英米首脳会談後にジョンソン政権は，NATOにおける核共有問題の解決に向けて自国が積極的に行動することを止め，NATO核戦力の構築をイギリス政府及び西ドイツ政府のイ

ニシアティヴに委ねることを決定した[68]。

2　同盟諸国との交渉

　12月11日にウィルソンは，シュレーダー西ドイツ外相と会談した。ウィルソンは，ANF構想を実現することによって，全参加諸国が核使用に際して，同等の立場に位置することを希求していると述べた。これに対してシュレーダーは，同等性を担保するために，イギリスが混成兵員水上艦隊に参加する必要があると応じた。議論の結果，NATO核戦力の構築に向けて，まず，イギリス政府のANF提案をもとにして，英独の事務レベルで1965年1月末まで協議して両国間でNATO核戦力の方向性について同意を得，その後にNATOの有志諸国に多国間で協議することを呼びかけるという方針に合意した[69]。12月15日に開催された閣僚級NACにおいてゴードン・ウォーカー外相は，有志諸国の間でNATO核戦力の構築に向けた多国間協議を1965年1月末頃から開始することを提案した。NATOの外相たちはこれを了承し，その細部の方法等は事務レベルで検討することとされた[70]。翌日，アメリカ，西ドイツ，イタリア及びイギリスの外相たちが会談し，多国間協議を意義あるものとするために，各々の政府が二国間でさらに討議していくことも確認された[71]。

　1965年1月中旬，ANF構想に対する西ドイツ政府のコメントがイギリス政府に寄せられた。彼らは，ANFに混成兵員水上艦隊を包含し，これにイギリスが参加することが不可欠であると主張し続けていた。また，西ドイツ政府は，ANF構想をNATO核戦力の叩き台とすることを受け入れたが，MLFも併せて多国間協議で検討することを要求していた[72]。西ドイツ政府は，NATOの核防衛に影響力を行使するためには，核兵器自体を共有することが不可欠であると認識していたのである。一方，ウィルソン政権内でも，西ドイツ政府との二国間交渉に向けて，ANF構想の修正が検討された。しかし，ANF提案によりアメリカ政府からMLFへの参加を強要されることを回避したとの認識がイギリス政府内では支配的になっていたので，ANFに混成兵員艦隊を包含することはともかく，これに自国が参加するという西ドイツ政府

への妥協が必要であるとは認められなかった[73]。1965年1月から英独政府の事務レベル間で，NATO核戦力を検討するための多国間協議をどのような形式で進めていくのかについて協議が進められた。しかし，両国間でNATO核戦力の方向性に対する認識に相違が存在していたため，目標とされていた1965年1月末になっても合意に至ることはなかった[74]。

ウィルソン政権が，混成兵員艦隊に関して西ドイツ政府への妥協を躊躇したのには，他にも理由があった。ソ連がMLF構想と同様，ANF構想に対しても，西ドイツが核兵器の引き金に指をかけるとの理由で反対を表明したからである。ウィルソンらは，ANF構想の立案・決定の段階においては，非核保有諸国への核兵器の拡散を防止することが包含されているANFをソ連が暗黙裡に受け入れるのではないかと期待していた。しかし，1964年12月9日にゴードン・ウォーカー外相と会談したソ連のグロムイコ（Andrei A. Gromyko）外相は，彼らがANFに対してもMLF同様に強く反対していることを明らかにした[75]。また，1965年1月の初頭には，NATO諸国がANF構想の設立にこだわれば，東西関係が悪化するであろうと警告する書簡が，ソ連のコスイギン（Aleksei N. Kosygin）首相からもウィルソン首相の元に届けられた[76]。ウィルソンは，ソ連との関係が悪化することで，ヨーロッパにおいて兆しが見られる緊張緩和の先行きが不透明になることを懸念していた。このような理由から，将来的に西ドイツの核保有に繋がるとソ連の指導者たちが連想する要素をANF構想からできる限り排除する必要があったのである[77]。

1965年1月末に予定されていたウィルソンとエアハルトの首脳会談は，3月になってようやく実現した。3月7日及び8日の会談において，MLFの検討を行ってきたパリ作業部会を再招集し，ANF構想やMLF構想を叩き台にして，NATO核戦力の創設を多国間で議論していくことが合意された[78]。イギリス政府内でも，1965年2月にOPD(O)の下部組織として，ANF事務官小委員会が設立され，NATOの有志諸国にANF構想を働きかける態勢が整った。ANF事務官小委員会は，草案作成部会長であったロジャースを委員長とし，財務省，経済省，外務省，国防省の局長クラスの官僚たちから構成さ

れていたが，バーンズ，モッターヘッド，マッキントッシュ，ハーディ，ライトらこれまでこの問題に携わってきた専門家たちも漏れなく参加していた[79]。彼らは，ANF 構想の実現に向け，この交渉担当者となったシャックバラ NATO 常駐代表とともに同盟諸国に精力的に働き掛けた。

　1965 年 5 月よりパリ作業部会が再開され，有志諸国の間で NATO 核戦力の設立に向けた協議が継続された。しかし，MLF に強い関心を抱き続ける西ドイツ政府は，混成兵員水上艦隊の創設とこれへのイギリスの貢献を求め続けた。英独政府間の思惑の差異は明白であり，彼らのイニシアティヴによる NATO 核戦力の構築を模索する動きは行き詰まりつつあった[80]。この時点で，西ドイツ政府内の NATO 核戦力の早期設立を望む熱意はすっかり冷めていた。西ドイツのエアハルト首相は，秋に行われる自国の総選挙を見据え，核問題に関する決定を回避することを決意していたからであった[81]。

3　戦力共有方式から政策協議方式への転換

　イギリス及び西ドイツの間で NATO 核戦力の設立を模索する動きが停滞する一方，アメリカ政府内では，1965 年 3 月頃から新たな動きが出てきた。ジョンソン政権内では，1964 年 10 月のゴードン・ウォーカーによる ANF 構想の提案後，MLF 政策の見直し作業が行われた。英米首脳会談の直前にバンディ大統領補佐官は，イギリスをはじめとするヨーロッパ諸国の反対やアメリカ議会の懐疑心などを理由に挙げて，MLF 構想の推進を断念すべきであるとジョンソン大統領に進言していた[82]。これを受けて 1964 年 12 月以降，アメリカ政府内ではボール国務次官に代わってバンディ大統領補佐官が NATO の核共有問題を主導するようになっていた。MLF のような核兵器自体を共有することによって，NATO の核問題を解決するという方法に疑念を抱くようになったバンディは，ANF でも提案されていた，核政策の立案過程に非核保有国が参加できるような制度を確立する方法が有効であると認識するようになった。彼は，ジョンソン大統領やラスク国務長官に対して，核政策協議制度による解決を具申し，これがアメリカ政府内で次第に支配的になっていった[83]。

1965年5月31日及び6月1日に行われたNATOの国防相級会合は，NATOにおける核問題の協議を大きく推進させ，核共有問題における政治的様態を本質的に変化させた転換点であったと言われている[84]。会合においてアメリカのマクナマラ国防長官は，国務省への事前の打ち合わせをせずに，核戦力使用の計画作成における加盟国の参加の向上の方策と，核戦力使用の決定に関する協議を確実に行うための情報交換や通信施設の改善を検討するために，4～5カ国の国防相から構成される選抜委員会（Select Committee）を設置し，必要に応じて迅速かつ柔軟に会合することを提案した[85]。マクナマラはNATO主要国の国防相たちにアメリカの核兵器に関する計画や情報に関して協議を通してオープンにすることによって，国防相たちがアメリカの戦略を理解・支持するという教育効果を選抜委員会に期待していた。マクナマラの核の協議に関する提案は，パリのMLF／ANF作業部会ですでに補完的に協議されていたが，常駐代表級で検討することが合意された[86]。

　マクナマラ提案に対するヨーロッパの主要国の反応を概観すると，フランスは，マクナマラ提案自体に反対はしないが，国防相が参加する協議の内容として，情報交換や通信はあまりにも技術的であり，逆に核兵器の使用に関する協議は余りにも政治的であるので適切でなく，自国の委員会への参加を見送ると表明していた[87]。西ドイツは，マクナマラ提案の曖昧な点を指摘しつつも，NATOの核政策において自国がより積極的な役割を担うことを欲していたので，これに賛同する一方で，これによって戦力共有方式のアプローチが阻害されることを警戒していた[88]。イタリアは，当初は自国の役割が明確ではないので警戒したが，委員会の常任メンバー入りが確実視されていると認識した後は，これへの参加を強く表明していた[89]。一方，イギリスはマクナマラ提案の意図が何であるのかを測りかね，ANFが核共有問題の解決において有力であるとの考えに変わりはなかった[90]。このような懸念を抱くイギリスに対してアメリカは，選抜委員会はMLF／ANFの代替ではなく，これらを補完するものであり，また，同委員会は核使用に関する意思決定機関ではなく，あくまでも核兵器の使用に関する計画をどのようにして調整するのかという問題や核使用に関して共同決定するためにどのような通信設備や

情報交換を向上させるのかという問題を協議する一時的な機関であると説明した[91]。

1965年6月から7月にかけての常駐代表級NACにおいて、マクナマラの選抜委員会提案について、委員会の構成、地位（一時的か恒久的か）、権限、NACとの関係を論点として継続して議論が行われた[92]。常駐代表級NACにおいては、委員会は不測事態において協議するために必要な通信、情報交換の措置並びに核計画への非核保有国の参加の向上を検討するための一時的なものとし、委員会での協議の成果をNACへ報告することが合意された。この一方で、委員会への参加をめぐり、非核保有諸国間で激しい対立が生じていた。マクナマラは限られた少数の国防相たちが参加することによって実質的な協議ができるという考えを持っていた。これに対して、イギリスのシャックバラNATO常駐代表は、マクナマラの意図を具現しつつ、非核保有国の希望を満たすために、委員会とは別に作業部会を設ける妥協案を提示した[93]。10月の常駐代表級NACにおいて、11月中旬に核問題を協議するために希望する全ての国とNATO事務総長が参加するアド・ホックな特別委員会（Special Committee）を開催することが合意された[94]。

1965年11月27日、ベルギー、カナダ、デンマーク、ドイツ、ギリシャ、イタリア、オランダ、トルコ、イギリス及びアメリカの国防相が参加する特別委員会において、核問題に関する協議をどのように向上させるのかについて、三つの部会を設けて検討することが合意された。部会1では核情報の交換に関する方法と手続きの研究を、部会2では危機時における通信手段の研究を、部会3では核計画の研究を行うこととなった。部会1及び部会2は技術的・専門的な議論が主体であったが、部会3のテーマは政治的であり核問題の協議における核心であった。部会3には核保有国であるアメリカ及びイギリスと非核保有国の中でも大国である西ドイツとイタリアが参加することは大きな反対もなく受け入れられた。しかし、残る一つの椅子をめぐって、オランダ、カナダ、トルコが激しく争った。そして最終的には、くじ引きによって選ばれたトルコが参加することになった[95]。

4　NPGの設立とANF／MLFの放棄

　特別委員会の部会3は「国防相によるNATO特別委員会の核計画作業部会（Nuclear Planning Working Group: NPWG）」というのが正式名称であった。しかしNPWGの議長をアメリカのマクナマラ国防長官が務めたことから，単に「マクナマラ委員会」と呼ばれることも多かった。

　第1回のNPWGは1966年2月17日と18日にワシントンで行われた。初日の午前の協議は，イギリス，西ドイツ及びイタリアの事前回覧文書に基づく概要説明とこれらへの質疑応答であった。その日の午後はアメリカ政府によるソ連の核戦力に対する彼らの情報見積，目標評価及び核攻撃計画についての概要説明とこれらに対する質疑応答であった。2日目の午前の協議では，引き続きアメリカ政府による，彼らの軍事指揮・統制機構，戦略核兵器の統制システム及びヨーロッパの脅威に対抗するための戦略核戦力のコスト概要が説明され，これらに対しての質疑応答が行われた。そして，2日目の午後の協議では，次回以降のNPWGの作業計画とNACへの報告内容及び時期が合意された[96]。第1回のNPWGに際してイギリス政府はアメリカ政府から，「ヒーリー国防相にとってはあまりにも基本的な概要説明になるかもしれないが，狙いはNPWGの全参加者が基本的な知識を共有することであり，また，他の参加者から質問を受けた際には，イギリス政府の危機管理に関する内閣レベルでの組織，MRBM及び核兵器の十分性への意見に関して説明して欲しい」との依頼を事前に受けていた[97]。

　NPWGでの協議は，事前に文書を回覧して，これに基づいて参加諸国の国防相たちが忌憚のない意見を交わすことを基本としていた。イギリスが事前に回覧した文書では，核計画と協議に関しての恒久的な機関を設置する必要性や集団的核戦力の構築の可能性など核問題に関する最も重要な側面に焦点があてられていた。西ドイツの回覧文書では，非核保有国が関心を持っている事項の列挙に大部分が費やされ，アテネ・ガイドラインで示された協議のより具体的な推進及び非核保有国が目標選択や脅威評価を含む戦略核戦力の計画に参加する必要性が述べられていた。イタリアの回覧文書では，協議，政治的警戒態勢，軍事計画への参加及びNATOが利用できる核兵器に関する

第6章　ANF構想の決定と「自立」の決着

意見が述べられていた。「核兵器の使用に関する覚書」と題されたトルコの回覧文書では，核兵器を戦略核兵器と戦術核兵器に分類し，前者は慎重に政治的に決定して適切な時期に使用しなければならないが，後者は局地的敗北を防ぐために自衛的に使用すべきであり，そのために政治的協議及び決定を至短時間で行う必要があると述べられていた[98]。

　第1回のNPWGにおいてマクナマラが行った概要説明は，アメリカの情報機関関係者が困惑するほど率直であったと言われている。ヒーリーからの報告を受けたウィルソンは，西ドイツのエアハルト首相に対し，NATOでの国防相たちによる特別委員会は，核政策・戦略・計画を議論するためのフォーラムとして，危機における同盟内の協議のための取り決めも含まれており，極めて有用なものとして期待できるのではないかとの書簡を送っていた[99]。

　1966年4月28日及び29日にロンドンで開催された第2回のNPWGでは，ヨーロッパ戦域における戦術核兵器が焦点となった。28日の午前中はSACEURから，共産圏のワルシャワ条約機構軍とNATOのヨーロッパ連合軍の核兵器を含む戦力の比較に続いて，ヨーロッパ戦域での様々な状況下におけるヨーロッパ連合軍の核兵器の使用計画についての概要が説明された。28日の午後は大西洋連合軍最高司令官（SACLAT）から，ヨーロッパ戦域での戦いを支援する大西洋連合軍の作戦構想についての短切な説明があった。各国の事前回覧文書の議論が行われた29日の午前は，イギリスによるヨーロッパ戦域で核兵器が使用された場合のシミュレーションの提示が実施された。ヒーリー国防相は，イギリスの国防省作戦分析官によるヨーロッパで戦術核兵器が使用される作戦が招く影響を説明したウォーゲームの結果についての議論を主導した[100]。

　会合において国防相たちは，ヨーロッパ戦域においてSACEURとSACLANTが使用できる戦術核戦力は量的に十分であるが，核兵器の最適な構成や，全面的な核戦争に至る前段階における様々な地域における戦術核兵器の使用に関しては，政治指導者が核使用の決定に関して協議する際の基礎となるので，さらなる研究が必要であるとの認識で一致した。また，政治・軍事の高級レベルでこれらを研究する組織や定められた手続きがNATO内に

は存在しないことを指摘した上で，次回以降の会合では，攻撃目標の抽出，核兵器の展開，攻撃目標の選択，核兵器の使用条件を含む核計画の作成に，非核保有諸国が参画する度合いを高め，核兵器の使用が考慮される事態における適切な協議を可能にするような組織や手続き・指針を検討することが合意された[101]。

　1966年7月25日と26日にパリでNATO国防相級会合が行われ，26日の午前中に特別委員会が，午後に第3回のNPWGが開催された。NPWGでは，同盟の核問題に対して，非核保有諸国がより密接な活動ができるようにするために，恒久的な機関をNATO内で制度化するように提言することが合意された。この恒久的な機関はNPWGをモデルとすることが想定されていた。マクナマラは，ワシントン及びロンドンの会合で限定された部会の利点が明らかに見られたと述べ，彼が選抜委員会提案でも提示したように，4カ国の常任国と1カ国のローテーション国の国防相から構成される少数の限定されたメンバーによって幅広い問題を議論することを主張した。イギリスは非核保有諸国への配慮からローテーション国を2カ国に増やし，さらに国防相に加えて外相も参加させる案を提示した。トルコはローテーション国を少なくとも3カ国にすべきであると主張していた。また議長についても，マクナマラは議長を各国がローテーションで回すことを主張していたが，ブロシオNATO事務総長は，自身が議長を務めるべきであると主張していた。このように，第3回会合では核問題について協議する恒久的な機関を設置することは合意されたが，その構成をめぐっては意見の一致が見られず，9月にローマで予定されている会合で議論することになった[102]。

　第3回会合が開催される約2週間前に，アメリカのクリーヴランド（Harlan Cleveland）NATO常駐代表はマクナマラ国防長官に，核計画を協議する恒久的機関の構成は，アメリカ，イギリス，西ドイツ及びイタリアの常任メンバー4カ国に2カ国のローテーション・メンバーを加えること，「同盟内同盟」という批判を避けるために，この機関の上位に全ての国が参加可能な核委員会を設置し，二層構造とするという構想を意見具申した[103]。第3回の会合では，これらの構想は公には提示されなかったが，会合後にNATO常駐代表

たちの間で構成をめぐる協議が続けられた。9月23日にローマで開催された第4回NPWGにおいて、核問題を協議するための恒久的な機関として、全ての希望する国が参加可能な核防衛問題委員会（Nuclear Defence Affairs Committee: NDAC）と、その下で政策提言の詳細な作業を行うために、アメリカ、イギリス、西ドイツ及びイタリアを常任メンバーとし、その他のNDAC参加国の中から選出される2カ国のローテーション・メンバーで構成する核計画部会（NPG）を設立し、ともにNATO事務総長が議長を務めることを12月のNACに報告することに合意した[104]。

このNDAC-NPGの二層構造によって、最大の争点であった構成国の問題は解決されたかに見えた。しかし、ローテーション国の順番をめぐって、トルコ、オランダ、カナダ及びギリシャが最初に参加することを強く希望し、さらにデンマーク及びベルギーも初回に参加することを希望していた。アメリカはNPGへの参加国を限定することを欲していたが、12月の閣僚級NACでNPGの設立に合意させるために、ローテーション国を3カ国に増やすことを妥協した。

1966年12月14日に行われたNATOの防衛計画委員会（DPC）において、特別委員会の報告書が承認された。これにより、NDACとNPGを設立することが合意された[105]。NDACには、アメリカ、イギリス、西ドイツ、イタリア、オランダ、ノルウェー、ベルギー、デンマーク、トルコ、ギリシャ、カナダが参加した。NPGの最初のローテーション国は、トルコ、オランダ、カナダが選ばれた。またNPGは、国防相級会合を年2回、常駐代表級会合を月1回、事務官級会合を週1回の基準で開催することで合意された。これにより、NATOの核問題は収束し、ANF／MLFの設立も、同時期に正式に放棄されることとなった[106]。

第4節　スエズ以東での核抑止力の「国際化」の模索

1　中国の核実験とインドへの核保証の模索

第5章で述べたように、1964年10月に中国が核実験に成功したことにより、

ウィルソン政権は、ヨーロッパでの核共有問題に対処する一方、スエズ以東においてもアジア諸国、特にインドの核開発を阻止するという問題に対処することが求められるようになっていた。

1964年12月4日、インドのシャーストリー（Lal Bahadur Shastri）首相がロンドンを訪問し、ウィルソンと会談した。シャーストリーは、中国の核保有に対して脅威を受けるようになった全ての非核保有国に対して、核保有国であるアメリカ、ソ連及びイギリスが核保証を提供すべきであると訴えた[107]。また、会談においてシャーストリーは、イギリス政府の核開発の経験から算出した、インド政府が独力で核兵器を開発する際に必要な費用の見積もりを提供することも要求した。シャーストリーは、経済的理由から核開発には着手せず、核保有国からの何らかの保証措置を獲得することによって、中国の核の脅威に対抗することを目論んでいたのであった[108]。一方、インドの民族主義者たちは、自国がアジアの二級国の地位に甘んじる意思がないことを内外に示すために核開発に着手する必要があると主張し、政権に対する圧力を強めていた。

ウィルソンは、インド政府が核開発に踏み切ることにより、アジアのみならず世界的な核開発競争に発展することを憂慮していた[109]。1964年12月のアメリカのジョンソン大統領との首脳会談においてウィルソンは、アジアの非核保有諸国に核保証を行うために、同地域において新たな核戦力を創設することが必要であると述べた。また、同会談においてゴードン・ウォーカー外相も、潜在的核保有国に核不獲得を約束させる必要があると述べた。これに対し、アメリカのラスク国務長官も、潜在的核保有国が参加可能なMLFのような核戦力を創設することが必要であると応じた[110]。この一方でアメリカ政府は、同盟国である日本に対しては、アジア版MLFの創設で核開発の阻止が可能であるが、同盟国ではないインドに対してはこれが困難であるので、同国への対応を早急に検討する必要があると認識していた[111]。インドへの対応においてアメリカ政府が着目したのはかつて宗主国であったイギリスである。アメリカ政府内では、イギリスが提供する核戦力をプールして、インドやパキスタンが共同で使用できるようにするコモンウェルス核委員会

第 6 章　ANF 構想の決定と「自立」の決着

のような枠組みが有用であると認識していた[112]。

　一方のウィルソンは，インドに対して核保証を提供するのは，自国単独ではなく，イギリス及びアメリカの二国間の枠組みが望ましいと思料していた[113]。イギリス外務省は，NATO の域外に配備している核兵器の今後の運用についての検討を 1964 年 12 月より開始していた。外務省は，インドの核開発を阻止するための最善の選択肢は，極東に配備されているイギリス及びアメリカの核戦力を統合し，これを運用する統制機関にインドも参加させることであると結論づけていた。外務省はこのアジアでの統合核戦力とヨーロッパで提案中の ANF を併せて，将来的には自由世界全体の安全保障に寄与可能な世界規模の同盟国間核戦力に発展させるという壮大な構想をも抱いていた[114]。

　この外務省の検討は，1965 年 1 月より OPD(O)において協議されるようになった。そして，「中国の核脅威に対するインドへの核保証問題[115]」という文書にまとめられ，3 月 19 日に報告された。そこでは，インドの核開発着手を契機に核拡散の加速化が予測され，これを阻止することがイギリスのみならず世界平和のためにも必要であるとの認識が共有されていた。OPD(O)内での議論の結果，インドの核開発阻止のためには，核保有国による保証が必要であり，アメリカ政府と早急にこれを協議すべきであるとの結論に至った[116]。

　1965 年 3 月 22 日，スチュワート(Michael Stewart)外相が訪米し，ラスク国務長官とインドへの核保証問題について協議した。自国よりもイギリスの方がインドへの影響力を行使することができると認識していたラスクは，コモンウェルスの枠組みでイギリスが核保証を提供することを示唆した[117]。ラスクへの即答を避けたスチュワートは，協議の結果をウィルソンに報告した。スチュワートは，核拡散防止の観点からは，ヨーロッパにおける懸案国である西ドイツは NATO の加盟国であり，ANF に取り込むことによって独自核開発を断念させることが可能であるが，一方，アジアでのインドは非同盟諸国であり，自国がアメリカとともに ANF と同様の核戦力を創設しても，核拡散を防ぐことは不可能であると認識していた[118]。このスチュワートの考えは，

次第にウィルソンらイギリス政府首脳部にも共有されるようになった。

　一方，非同盟政策を標榜していたインド政府は，アメリカ及びイギリスの西側諸国からのみではなく，ソ連からも併せて核保証が提供されることを欲していた。しかし，ソ連政府は，実質的に中国の核戦力をターゲットとするような核保証を西側諸国とともに提供することを拒否した[119]。

　このような状況を受けて，中国の核脅威に直面するようになったアジアの潜在的核保有国，特にインドの核開発を阻止するために，イギリス及びアメリカの両国が共同して核戦力を創設し，これによって核保証を提供するという構想は，1965年夏頃までには立ち消えになった。この一方で，その頃から，スエズ以東におけるイギリスの戦略的役割をどのようにして維持していくのかというOPD(O)内での検討の中で，極東への核戦力の配備が関連づけられるようになる。

2　スエズ以東での戦略的役割とインド－太平洋核戦力構想

　前述したようにイギリス政府は，第二次世界大戦以降，西ヨーロッパ防衛，スエズ以東防衛及び核抑止力の提供という三つの戦略的役割を維持することを模索してきた。しかしながら，自国の相対的国力の低下という現実に直面し，国際舞台での影響力を引き続き維持するために，どのような戦略的役割をどのようにして維持すべきかについて，保守党政権期から幾度となく議論されてきた[120]。1964年10月に将来計画作業部会がOPD(O)に提出した最終報告書では，世界規模での軍事的関与の削減が不可欠であるが，西ヨーロッパ防衛からの撤退が政治的に極めて困難なので，極東でのそれを削減することが望ましいと述べられていた[121]。

　このような官僚たちの認識に対して，1964年10月の総選挙で政権に就いた労働党の指導者たちは全く異なる考えを抱いていた。11月のチェッカーズ会合においてウィルソンらは，イギリスが重視すべき戦略的役割はスエズ以東防衛であるとの結論に至った[122]。さらに，スエズ以東を防衛するためのイギリス部隊を展開する際に，アメリカからの後方支援が得られるような取り決めの締結や，オーストラリア及びニュージーランドから支援を得るため

の枠組みの構築に向けて，アメリカから協力を得ることを模索すべきであることも重要であると確認した[123]。

チェッカーズ会合での議論を踏まえて，1964年12月のアメリカのジョンソン大統領との首脳会談においてウィルソンは，引き続きスエズ以東での戦略的役割を重視していくと明言した。アメリカ政府も，自国の負担軽減になるとの思惑からこれを歓迎した[124]。そこでワシントンから帰国したウィルソンは，スエズ以東への軍事的関与の手段の一つとして，ポラリス潜水艦のインド洋への配備の可能性を検討するよう参謀本部に指示した。参謀本部は1965年1月から検討を開始し，7月に適切な支援が得られればインド洋への配備が可能であるとの結論を報告した。参謀本部は，中国の核実験により，イギリスがスエズ以東で軍事的関与を継続するには，戦略核兵器の運用態勢を整備することが必要であると分析していた。ただし，この戦略核兵器は，使用することを前提とするのではなく，あくまでも使用できる態勢を維持しておくことで同盟国の信頼を獲得するとともに，中国の挑発的な行動を抑止することを狙いとしていた[125]。この報告以降，イギリス政府内では，スエズ以東防衛に貢献するための手段として，戦略核戦力であるポラリス潜水艦が選択肢として浮上するようになる。第1章で述べたように，イギリスは1950年代末から，V型爆撃機やキャンベラ軽爆撃機，空母艦隊などの核兵器を配備してきた。ウィルソンの政権就任後に国防支出の見直しが行われたが，この結果，これらの後継兵器の開発が相次いで中止されることになった。また，極東での民族意識の高まりから，これらの核兵器が配備されているシンガポールのイギリス軍基地が，1970年代には使用できなくなることも懸念されていた。ポラリス潜水艦が選択肢として浮上する背景には，これらの要因も存在していた。

ウィルソンは，ポラリス潜水艦のスエズ以東への配備によって，同地域への軍事的関与の継続のみならず，そこでの西側の同盟体制の再構築をも目論んでいた。1965年9月23日に開催された閣議においてウィルソンは，ポラリス潜水艦のスエズ以東配備の具体化とともに，同地域での西側の同盟体制の見直しを検討するよう指示した[126]。これを受けて，OPD(O)やその小委

員会において検討が行われ，スエズ以東での戦略的役割を維持するためには，既存の SEATO を強化するのではなく，アメリカ，オーストラリア，ニュージーランド及びイギリスから構成される 4 カ国同盟を新たに構築することが有用であるとの結論が得られた[127]。

　ウィルソンは，1965 年 11 月 13 日及び 14 日にチェッカーズで臨時外交・防衛委員会を開催し，今後の政策について議論した。スエズ以東の戦略的役割に関しては，インドネシアとマレーシアの「対立」が終焉してもイギリスが極東での軍事的関与を維持しなければならないこと，極東地域における主要な脅威が核武装した中国であること，中国へは自国単独ではなく西側同盟の一員として対抗するという方針が確認された。そして，スエズ以東における自国の利益を確保するための同盟として，欧米諸国と利益を異にする東南アジア諸国を包含している SEATO は好ましくなく，新たにアメリカ，オーストラリア，ニュージーランド及びイギリスの 4 カ国で防衛取り決めを締結することが望ましいとの結論に至った。さらに，インド洋のイギリスのポラリス潜水艦，太平洋のアメリカの核戦力を統合し，4 カ国同盟がこれを統制する「インド-太平洋核戦力」の創設を検討することも了承された。この核戦力構想は，同盟諸国との協議が不可欠であり，ウィルソン自身が 12 月に予定されていたジョンソン大統領との首脳会談において提案することとなった[128]。

　1965 年 12 月 16 日，ウィルソンはジョンソン大統領と会談し，自国がシンガポールに駐留して軍事的関与を継続することが困難であり，代替の態勢としてアメリカ，オーストラリア，ニュージーランド及びイギリスの 4 カ国で防衛取り決めを結び，集団的枠組みの中で軍事的関与を継続することを構想していると述べた[129]。翌日のマクナマラ国防長官との会談でウィルソンは，西側がソ連に対抗するためにヨーロッパに配備中の核戦力はすでに十分な量である一方で，核保有国となった中国への対処が不十分であると指摘した。そして，イギリスのポラリス潜水艦を大西洋ではなくインド洋に配備することがより有効であり，これを 4 カ国同盟に提供することを検討していると伝えた。このウィルソンの発言に対してマクナマラが大いに関心を示した，

とイギリス側の公文書には記述されている[130]。

3　スエズ以東への核配備の断念

　ワシントンから帰国したウィルソンは，オーストラリア及びニュージーランドの首相へ英米首脳会談の概要を説明する書簡を送付するとともに，トレンド内閣官房長に対してインド-太平洋核戦力の構想を具体化するよう命じた[131]。1966年1月7日のOPD(O)において，スエズ以東でのポラリス潜水艦の運用とそのために必要な処置が検討された。議論の結果，アメリカ及びオーストラリア両政府との協議が必要であるが，ポラリス潜水艦のインド洋への配備は，西側同盟全体への貢献になり得ると結論づけられた[132]。

　ウィルソンはトレンドからの報告を受け，1966年1月23日のOPDで今後の方向性について議論した。ウィルソンは，この会議でポラリス潜水艦のスエズ以東配備の是非を決定すべきであると主張した。しかしスチュワート外相とヒーリー国防相は，NATOで行われていた核政策協議の制度化の議論の行方を見定めてから決定すべきであると主張した。このため，1966年半ばまで決定を先延ばしし，この間にスチュワートとヒーリーがアメリカ側と協議を行うこととなった[133]。

　このインド-太平洋核戦力に関しては，ANFと同様の枠組みで核戦力を創設すると説明されているが，ANFのような具体的な構想文書は管見の限りでは存在しない。しかし，参謀本部内や政府内では，インド-太平洋核戦力に配属するためのポラリス潜水艦のスエズ以東配備が具体的に検討されており，これらの文書に基づいて，同核戦力の戦力構成や運用構想を分析してみたい。

　イギリス政府は4隻のポラリス潜水艦をインド-太平洋核戦力に配属させることにしていた。ANFと同様の枠組みであれば，アメリカは太平洋に配備中の同数のそれを提供することになる[134]。イギリスのポラリス潜水艦は，インド洋か太平洋に基地を設置することができれば，一年のうち半年は1隻のみが，残りの半年は2隻が作戦任務に就くことが可能であった。ポラリス潜水艦の基地についてイギリス海軍は，自国が極東での根拠地にしていたシンガポールは恒久的な施設を構築するには不適であり，オーストラリア西部

のフリーマントル（Fremantle）を母港とするのが最適であると分析していた。そこから出航したポラリス潜水艦は，インド南岸の海域で待機し，ソ連を攻撃する際にはアラビア海へ，中国を攻撃する際にはベンガル湾に移動することになる。この移動にはそれぞれ4日間を要するとともに，ソ連への攻撃の際には，射距離の関係から目標地域が限定されることになる。しかしながら，モスクワを攻撃可能であることから，ソ連に対する最低限の抑止力を維持することが可能であるとイギリス海軍は分析していた[135]。

ただし，ポラリス潜水艦のスエズ以東配備には，様々な支援措置が必要不可欠であった。具体的に言うと，スエズ以東で作戦するポラリス潜水艦に対して定期的な補給・整備を行うためには，インド洋か太平洋に基地を設けるか，洋上での支援が可能な補給船や浮きドックを準備することが必要であった。また，SLBMポラリスの目標に対する一定の命中率を確保するためには，自己位置測定を1200メートル以内の誤差に収める必要があった。これには，アメリカが開発中の衛星システムを使用する必要があり，アメリカ海軍と協議して同システムの受信装置をイギリスのポラリス潜水艦に搭載する必要があった。さらに，無線通信の確保という観点からは，超長波の中継基地をインド洋沿岸に建設しなければならなかった。これもアメリカ海軍がオーストラリアのノースウェスト岬に建設中であったので，別途協議する必要があった[136]。

1966年1月末にスチュワートとヒーリーは，4カ国同盟やインド-太平洋核戦力構想の実現に向けて，これらの問題を協議するために訪米した。しかしながら，彼らの訪米で状況が進展することはなかった。これには幾つかの理由が挙げられる。まず，アメリカ政府は，極東での同盟国との行動は二国間で行うことを基本としており，多国間の核戦力構想の推進に乗り気ではなかった。また，ヴェトナム戦争が泥沼化していく中で，アメリカ政府はイギリスが核戦力ではなく通常戦力によって貢献することを求めていた。さらに，彼らはイギリス政府が自国の対中政策に関与することも望んでいなかった。一方，オーストラリア政府も，イギリス軍が引き続きシンガポールの基地を使用することが可能であると判断しており，また中国の脅威も切迫したもの

第 6 章　ANF 構想の決定と「自立」の決着

であるとは認識していなかった。このためオーストラリア政府は，4 カ国同盟の創設には消極的であった。ウィルソンは 66 年 6 月にキャンベラで予定されていた SEATO 閣僚級理事会の前後に，アメリカ，オーストラリア，ニュージーランド及びイギリスの閣僚が会合し，4 カ国防衛取り決めについて議論することを希望していた[137]。しかし，アメリカ及びオーストラリアの両政府は，会合の開催自体には同意したが，4 カ国での防衛取り決めに向けた実質的な議論を行うことには反対した。インド-太平洋核戦力構想を推進するには，アメリカ及びオーストラリアの両政府の協力が不可欠であった。しかし，66 年 6 月 30 日に行われたアメリカ，オーストラリア，ニュージーランド及びイギリスの 4 カ国会合では，両政府からの積極的な協力を得ることができなかった[138]。

このように，1966 年夏頃には，4 カ国での防衛取り決めが実現する可能性は限りなく零に近かった。しかし，ポラリス潜水艦をインド洋に配備することにより，スエズ以東における通常戦力の削減が可能であると認識していたウィルソンは，アメリカをはじめとする同盟諸国や，政府内の閣僚や官僚らからの反対にもかかわらず，ポラリス潜水艦のインド洋配備を中核とするインド-太平洋核戦力構想の検討を継続するよう命じた[139]。ウィルソンが同構想に固執した理由は，ヨーロッパにおいて，核政策協議の制度化に向けた議論が順調に進行するのと反比例して ANF 構想の実現する見込みが皆無になった結果，彼自身が公約していた核抑止力の「国際化」を果たす手段が，インド-太平洋核戦力を創設し，これにポラリス潜水艦を配属させること以外に存在しなかったからであったと思われる。

1966 年半ばから 1967 年にかけて，相次ぐポンド危機の発生により国防支出の削減に対してさらに圧力が増大したことや，インドネシアのマレーシアへの「対立政策」が終焉したこと，極東での民族意識の高まり等を受け，1968 年 1 月にウィルソンは，1971 年末までにスエズ以東から通常戦力を撤退させると発表した。ポラリス潜水艦へのスエズ以東への配備は，通常戦力用の基地や支援施設等を活用するとの前提で，年間で 400 万ポンドの運用コストのみが計上されていた。通常戦力のスエズ以東からの撤退は，これらの

施設等が使用不能になることを意味していた。このため、ポラリス潜水艦への後方支援を行うための補給船や整備施設、司令部、通信施設等のコストを新たに計上する必要があった。これにより、ポラリス潜水艦をスエズ以東に配備するためには、3500万ポンドの資本コストと、年間500万ポンドの運用コストが必要とされるようになった[140]。この報告を受けたウィルソンは、1968年6月28日のOPDにおいて、スエズ以東にポラリス潜水艦を配備する検討を事実上断念することを決定した[141]。

4　「自立」の「踏襲」

1967年にイギリスのポラリス潜水艦の一番艦が就航した。ウィルソン政権は8月に、「究極の国益が危機に瀕しているとイギリス政府が判断する際にはポラリス潜水艦を引き上げる権利を有する」との条件でこれをNATOに提供することに合意した[142]。これは皮肉にも、野党時代にウィルソン自身が批判していた、ナッソー協定における条件と同一のものであった。

核使用の統制権限を同盟に移譲するというウィルソン政権の企ては、ANF構想の断念に伴い放棄された。これにより、核使用の統制権限を自国が保持するという「自立」が、結果として「踏襲」されることになる。1967年8月の、ポラリス潜水艦を「究極の国益条項」を保持した上でNATOに提供するという決定は秘密裏になされた[143]。しかし、自国の国益が究極の危機に瀕している際には、イギリス政府の判断でポラリス潜水艦を使用することができるとウィルソン政権が公に認めたのは、政権末期の1970年2月のことであった[144]。

このように、ウィルソン政権は最終的に「自立」を「踏襲」することになるが、彼らが「踏襲」した「自立」は、保守党政権期のそれとは、実態が異なるものになっていた。すなわち、保守党政権期には、ヨーロッパ戦域において、V型爆撃機が自国単独ではソ連の対価値目標を、アメリカとの共同では同じく対兵力目標の攻撃を準備していた。また、極東地域においては、緊急時に来援するV型爆撃機が、アメリカとの共同では戦略任務を、自国単独では戦術任務を遂行することになっていた。

第 6 章　ANF 構想の決定と「自立」の決着

　1960 年代末にイギリスの戦略核戦力の担い手は，Ｖ型爆撃機からポラリス潜水艦に交代した。ポラリス潜水艦は，その性能上，世界の全海域に赴くことができる。しかしこれを戦力化するには，恒常的な補給，航法，通信等の支援が必要不可欠であった。インド洋においてこれらをイギリスが単独で行うことは不可能であり，アメリカやオーストラリアの直接的支援または間接的な協力を必要としていた。しかし，アメリカ及びオーストラリア両政府からこれらの支援及び協力を断られた結果，ポラリス潜水艦の作戦可能海域は北大西洋のイギリス近海のみに限定されることになった。このポラリス潜水艦には，敵の攻撃からの生存性が極めて高い非脆弱性という最大の利点を有する一方で，運用の柔軟性や攻撃の精密性に欠けるという欠点があった。これらの特性に鑑み NATO の核攻撃計画では，イギリスが提供したポラリス潜水艦は，ソ連の対価値目標に対する報復を行う第二撃専門の兵器として専ら控置されることになっていた[145]。

　このように，核抑止力の「自立」を「踏襲」したとはいえ，その本質に変化が生じた結果，イギリス政府は，「自立」を維持するための論拠を変える必要が生じた。すなわち，ウィルソンが政権に就く以前のイギリス政府は，核抑止力の「自立」を保持する論拠として，それが自国の安全を保障する最終手段になるとともに，対外政策の遂行を支援するための手段にもなり得ると主張していた。これに対して第一次ウィルソン政権以降のイギリス政府は，自国が核使用の最終決定権を保持することにより，ソ連が西側への侵攻を計画する際に，彼らにアメリカの核抑止力とともに自国のそれへの考慮も強いることになり，彼らの計画作成に際しての各種見積もりを複雑にさせ，この結果，西側全体の核抑止力の信頼性が強化されることになるという，「決定の第二センター[146]」を「自立」保持の論拠として主張するようになる[147]。

　以上のように，ウィルソンは，草案作業部会から決定を迫られた核戦力の提供方法に関して，ナッソー協定で獲得した「究極の国益条項」を放棄し，自国の核戦力を恒久的に ANF に提供するが，一部の核戦力を NATO 域外で使用するために自国の統制下に控置することを決定した。すなわち，ウィル

ソンは，ヨーロッパにおいては「自立」を放棄するが，スエズ以東に配備するために，核戦力の一部を自国の統制下に控置するという決断を下した。
　このスエズ以東への核配備は，中国の核兵器を脅威と認識するようになったインドに対して核保証を提供することで同国の核開発を阻止することや，同地域での戦略的役割を維持するという狙いで，多国間核戦力の構築と併せて模索されてきた。しかしながら，ウィルソンが提案した核戦力構想は，いずれも同盟諸国からの賛同を得ることができず，最終的に断念することを余儀なくされた。この結果，イギリスの核抑止力は，保守党政権がナッソー協定において合意したのと同じ条件でNATOに提供され，核抑止力の「自立」が結果として「踏襲」されることになった。

注
1) PREM 13/26, Letter from Burke Trend to the Prime Minister, "Atlantic Nuclear Force," 10 Oct. 1964.
2) CAB 130/212, MISC 16/1st Meeting, Atlantic Nuclear Force, 11 Nov. 1964.
3) Ibid.
4) DEFE 25/104, Letter from F. W. Mottersread to Henry Hardman, 5 Nov. 1964.
5) CAB 130/212, MISC 16/1st Meeting, Atlantic Nuclear Force, 11 Nov. 1964.
6) DEFE 4/175, Annex to COS 3033/9/10/64, "British Nuclear Forces," 9 Oct. 1964.
7) CAB 130/212, MISC 16/1st Meeting, Atlantic Nuclear Force, 11 Nov. 1964.
8) CAB 148/49, OPD(O)(64)23, Note by the Secretaries, "The Prime Minister Visit to Washington," 25 Nov. 1964.
9) *HC Deb.*, vol. 707, 4 Mar. 1965, col. 1543.
10) CAB 130/212, MISC 16/1st Meeting, Atlantic Nuclear Force, 11 Nov. 1964.
11) DEFE 25/46, "The Case for 5 SSBNs," 19 Oct. 1964.
12) CAB 130/212, MISC 16/1st Meeting, Atlantic Nuclear Force, 11 Nov. 1964. ポラリス潜水艦の建造問題については，David James Gill, "Strength in Numbers: The Labour Government and the Size of the Polaris Force," *Journal of Strategic Studies*, vol.33, no.6（Dec. 2010），pp. 819-845; 小林弘幸「第一次ハロルド・ウィルソン政権とポラリス・ミサイル搭載型潜水艦建造問題，1964年-1965年」『法学政治学論究』第94号（2012年9月），101-125頁。
13) PREM 13/26, Letter from Burke Trend to the Prime Minister, "Atlantic Nuclear Force," 10 Oct. 1964.
14) DEFE 25/104, MISC 11/2(Draft), "Atlantic Nuclear Force," 4 Nov. 1964, para. 30,

58.
15) DEFE 11/317, Memorandum by A. W. G. Le Hardy, "Defence Study Group Paper on the MLF," 4 Nov. 1964, para. 3b.
16) DEFE 11/317, COS 3250/9/11/64, Note of OPD(O)Meeting on 6 Oct. 1964, "Multilateral Force," 9 Nov. 1964.
17) PREM 13/26, Letter from Burke Trend to the Prime Minister, "Atlantic Nuclear Force," 10 Nov. 1964.
18) DEFE 25/104, MISC 11/2(Revise), "Atlantic Nuclear Force," 6 Nov. 1964, para. 5.
19) CAB 21/6047, MSC 11/2(Final), "Atlantic Nuclear Force," 9 Nov. 1964, para. 5.
20) Wilson, *The Labour Government*, p. 27.
21) CAB 130/202, MISC 1/1st Meeting, "Cabinet Economic Affairs," 17 Oct. 1964.
22) CAB 128/39, CC(64)1st Conclusions, 19 Oct. 1964; CAB 129/119, C(64)4, "Public Expenditure," Note by the Chancellor of the Exchequer, 20 Oct. 1964.
23) DEFE 25/104, Letter from F. W. Mottershead to A. M. Mackintosh, 9 Nov. 1964.
24) CAB 130/212, MISC 16/1st Meeting, Atlantic Nuclear Force, 11 Nov. 1964.
25) PREM 13/25, Note of Meeting with Danish Foreign Minister, 11 Nov. 1964, para. 4.
26) CAB 21/6047, Letter from F. W. Mottershead to P. Rogers, "Atlantic Nuclear Force," 13 Nov. 1964.
27) CAB 21/6047, Letter from F. W. Mottershead to P. Rogers, "Atlantic Nuclear Force," 13 Nov. 1964; DEFE 11/317, MISC 11/3, "Atlantic Nuclear Force-Possible Reductions in British Defence Expenditure," 17 Nov. 1964.
28) 18日のOPD(O)の議事録は，現時点でも参加者の一覧以外は非開示に指定されている。
29) CAB 130/213, MISC 17/5, "Atlantic Nuclear Force-Possible Reductions in British Defence Expenditure," 19 Nov. 1964.
30) CAB 21/6047, Letter from D. S. Laskey to Burke Trend, "Atlantic Nuclear Force-Possible Reductions in British Defence Expenditure," 17 Nov. 1964; Letter from P. Rogers to Burke Trend, "Atlantic Nuclear Force," 17 Nov. 1964.
31) CAB 130/213, MISC 17/5, "Atlantic Nuclear Force-Possible Reductions in British Defence Expenditure," 19 Nov. 1964, para. 26.
32) DEFE 32/9, COS 68th Meeting, 17 Nov. 1964.
33) チェッカーズ会合については，Saki Dockrill, "Britain's Power and Influence: Dealing with Three Roles and the Wilson Government's Defence Debate at Chequers in November 1964," *Diplomacy & Statecraft*, vol. 11, no. 1 (Mar. 2000), pp. 211-240.
34) 例えば，CAB 131/28, D(63)19, Future Defence Policy, Memorandum by the Secretary of the Cabinet, 14 Jun. 1963.
35) CAB 148/4, DO(O)(64)11th Meeting, 8 May 1964.
36) CAB 148/10, DO(O)(S) (64)42, Note by the Chairman of the Long Term Study Group, "Report of the Long Term Study Group," 23 Oct. 1964.

37) CAB 130/213, MISC 17/1st Meeting, "Defence Policy," 21 Nov. 1964.
38) CAB 130/213, MISC 17/3rd Meeting, "Defence Policy," 21 Nov. 1964. なお，チェッカーズ会合初日の午後3時30分からの2回目の会議では，国防支出を削減するための方策として，航空機開発の見直しについて議論された。CAB 130/213, MISC 17/2nd Meeting, "Defence Policy," 21 Nov. 1964.
39) CAB 130/213, MISC 17/3rd Meeting, "Defence Policy," 21 Nov. 1964.
40) CAB 130/213, MSC 17/4, "Atlantic Nuclear Force," 18 Nov. 1964.
41) CAB 130/213, MISC 17/4th Meeting, "Defence Policy," 22 Nov. 1964.
42) CAB 130/212, MISC 16/1st Meeting, Atlantic Nuclear Force, 11 Nov. 1964.
43) CAB 130/213, MISC 17/4th Meeting, "Defence Policy," 22 Nov. 1964.
44) CAB 130/213, MISC 17/7, Memorandum by the Ministry of Defence, "Atlantic Nuclear Force - The Size of the British Polaris Force," 20 Nov. 1964.
45) CAB 148/18, OPD(65)5th Meeting, 29 Jan. 1965.
46) CAB 130/213, MISC 17/4th Meeting, "Defence Policy," 22 Nov. 1964.
47) PREM 13/27, Record of a Conversation between the Prime Minister and the United States Under-Secretary of State, Mr. George Ball, at 4:00 p.m. at No. 10 Dowing Street on Monday, 30 Nov. 1964.
48) PREM 13/26, Memorandum from Burke Trend to Prime Minister, "Defence Policy-Chequers Discussions," 19 Nov. 1964.
49) CAB 130/213, MISC 17/4th Meeting, "Defence Policy," 22 Nov. 1964.
50) Shrimsley, *The First Hundred Days of Harold Wilson*, pp. 11-16.
51) PREM 13/26, Memorandum from Burke Trend to Prime Minister, 25 Nov. 1964.
52) *Wigg Paper*, 5/1, Letter from George Wigg to Anthony Wedgwood Benn, 16 Sep. 1964.
53) Healey, *The Time of My Life*, pp. 301-302.
54) *Ibid.*, p. 302.
55) Crossman, *The Diaries of a Cabinet Member*, p. 57, 73.
56) CAB 128/39, CC(64)11th Conclusion, 26 Nov. 1964.
57) *HC Deb.*, vol. 704, 16 Dec. 1964, cols. 402-403, 409; 17 Dec. 1964, cols. 586-589, 628, 688-689.
58) *HC Deb.*, vol. 704, 17 Dec. 1964, cols. 592, 682, 694; vol. 707, 3 Mar. 1965, cols. 1421.
59) *HC Deb.*, vol. 707, 3 Mar. 1965, cols. 1363-1364; 4 Mar. 1964, cols. 1542.
60) "Action Not Words: The New Conservative Programme," British Conservative Party Election Manifesto: 1966. (http://www.conservative-party.net/manifestos/1966/1966-conservative-manifesto.shtml)
61) "Time for Decision," British Labour Party Election Manifesto: 1966. (http://www.labour-party.org.uk/manifestos/1966/1966-labour-manifesto.shtml)
62) PREM 13/104, Record of a Meeting Held at the British Embassy, Washington,

第 6 章　ANF 構想の決定と「自立」の決着

D.C., and later at the White House, at 3:30 p.m. on 7 Dec. 1964, Item 1.
63) Ibid., Item 2.
64) PREM 13/27, "Atlantic Nuclear Force, Outline of Her Majesty's Government's Proposal," 7 Dec. 1964.
65) PREM 13/27, "US Comments on the UK Proposal of a Project for an Atlantic Nuclear Force," 8 Dec. 1964.
66) PREM 13/104, Record of a Meeting held at the White House, at 3:45 a.m. on Tuesday, 8 Dec. 1964.
67) Ibid.
68) *FRUS 1964-1968,* vol. 13, no. 65, National Security Action Memorandum no. 322, 17 Dec. 1964, pp. 165-167.
69) PREM 13/27, Record of a Conversation between the Prime Minister and the Federal German Foreign Minister, Dr. Schroeder, at 10 Downing Street, at 5 p.m. on Friday, 11 Dec. 1964.
70) FO 371/179079, Record of Meeting in NATO Headquarters, 15 Dec. 1964.
71) FO 371/179079, Telegram from Paris to FO, no. 941, 16 Dec. 1964.
72) PREM 13/219, Atlantic Nuclear Force (Position of the Federal Government on British Proposals of 11 December), 18 Jan. 1965.
73) PREM 13/27, Telegram from Paris to FO, no. 937, 15 Dec. 1964 ; PREM 13/219, Letter from J. O. Wright to J. N. Henderson, 25 Jan. 1965.
74) FO 371/184407, Letter from E. J. W. Barnes to Lord Hood, "Atlantic Nuclear Force-The Next Step," 5 Feb. 1965.
75) PREM 13/27,"Record of a Conversation between the Foreign Secretary and Mr. Gromyko, the Foreign Minister of the USSR, at the Soviet Embassy, Washington, at 10:15 a.m. on Dec. 9, 1964."
76) PREM 13/129, "Letter from A. Kosygin to the Prime Minister," 6 Jan. 1965.
77) PREM 12/219, Telegram from FO to Moscow, no. 366, 9 Feb. 1965.
78) PREM 13/220, Record of Conversation between the Prime Minister and the Federal German Chancellor, Professor Erhard at the Federal Chancellor's Office, at 4:00 p.m. on Monday, 8 Mar. 1965.
79) CAB 148/48, OPD(O)(ANF)(65)1, Note by the Secretary of the Cabinet, 19 Feb. 1965.
80) CAB 21/6047, Paris Working Group 51st Meeting, 1965, 26 May 1965.
81) FO 371/184409, Letter from E. J. W. Barnes to Harold Caccia, "Atlantic Nuclear Force," 12 Mar. 1965. 但し，総選挙に勝利して首相に再任したエアハルトは，1965年 10 月以降，多角的核戦力の創設を再び求めるようになった。PREM 13/220, Telegram from FO to Bonn, no. 2156, 19 November 1965.
82) *FRUS 1964-1968*, vol. 13, no. 52, Memorandum from the President's Special Assistant National Security Affairs (Bundy) to the Under Secretary of State (Ball), 25

183

Nov. 1964, pp. 121-122.
83) *FRUS 1964-1968*, vol. 13, no. 74, Memorandum from the President's Special Assistant for National Security Affairs (Bundy) to Secretary of State Rusk, 4 Mar. 1965, pp. 187-188. 核共有問題においてジョンソン政権が，核戦力の構築から核政策協議の制度化へと政策を転換する過程については，Andrew Priest, "The President, the 'Theologians' and the Europeans: The Johnson Administration and NATO Nuclear Sharing," *International History Review*, vol. 33, no. 2 (Jun. 2011), pp. 257-275; 新垣拓「ジョンソン政権における核シェアリング政策── NATO 核問題と政策協議方式案の採用」『国際政治』第 163 号（2011 年 1 月），68-80 頁。
84) Paul Buteux, *The Politics of Nuclear Consultation in NATO 1965-1980* (Cambridge: Cambridge University Press, 1983), p. 60.
85) DEFE 24/122, "Mr. McNamara's Proposal for a Select Committee," 1 Jun. 1965.
86) FO 371/184456, Telegram from FO to Certain of Her Majesty's Representatives no. 240 Guidance, 4 Jun. 1965.
87) DEFE 25/59, Teregram from NATO Del. to FO no. 30 Saving, 30 Jun. 1965.
88) FO 371/184457, Telegram from Bonn to FO no. 666, 11 Jun. 1965.
89) Leopoldo Nuti, "'Me Too, Please': Itary and the Politics of Nuclear Weapons, 1945-1975," *Diplomacy & Statecraft*, vol. 4, no. 1 (March 1993), p. 130.
90) PREM 13/220, Telegram from FO to NATO Del. no. 920, 2 Jun. 1965.
91) DEFE 25/59, Letter from John T. McNaughton to Denis Healey, 14 Jul. 1965.
92) DEFE 25/59, Telegram from NATO Del. to FO no. 38 Saving, 22 Jul. 1965.
93) DEFE 25/59, "NATO Select Committee of Defence Ministers on Nuclear Consultation, Submission to S of S for Defence," 10 Aug. 1965.
94) DEFE 24/122, Telegram from NATO Del. to FO no. 253, 11 Oct. 1965.
95) DEFE 24/123, Telegram from NATO Del. to FO no. 300, 27 Nov. 1965.
96) DEFE 25/96, "Special Committee of Defence Ministers Working Group–3, Washington D.C., Feburuary 17-18, 1966."
97) DEFE 25/96, Letter from Evelyn Shuckburgh to G. Leitch, 660125.
98) DEFE 25/97, "NATO Nuclear Special Committee Nuclear Planning Working Group, Brief for Meeting to Held on 17/18th February 1966," 660214.
99) PREM 13/805, "Draft Reply to Dr. Eahard from the Prime Minister," no day (late February 1966).
100) DEFE 13/488, MO/13/1/34, "Record of the 2nd Meeting of the Nuclear Working Group held in the Ministry of Defence, London on 28-29th April 1966," 20 May 1966.
101) DEFE 13/488, "Meeting of Nuclear Planning Working Group NATO Special Committee of Defence Ministers, London 28-29 April 1966, Minute."
102) DEFE 13/886, "Nuclear Planning Working Group, Record of the 3rd Meeting held in Paris on 26 July 1966."

第6章　ANF構想の決定と「自立」の決着

103) DEFE 25/98, Telegram from NATO Del. to FO no. 376, 15 Jul. 1966.
104) DEFE 25/99, "Nuclear Planning Working Group-Recommendations to the Special Committee," 23 Sep. 1966.
105) "Final Communiqué, *North Atlantic Council Ministerial Communiqué,*" *Paris* (15th December 1966), para. 15.
106) *FRUS 1964-1968*, vol. 13, no. 226, Summary Notes of the 566th Meeting of the National Security Council, 13 Dec. 1966, pp. 511-513.
107) Dominions Office [DO] 196/536, "Visit of The Prime Minister of India," Talks with Ministers at Marldorough House, 4 Dec. 1964.
108) DO 196/536, "Indications of the Cost of an Indian Nuclear Defence Capability in the Light of British Experience," Dec. 1964.
109) PREM 13/104, Record of a Meeting held at the White House on Tuesday, 8 Dec. 1964, at 12:15 p.m.
110) PREM 13/104, "The Prime Minister's Visit to the United States and Canada," 6-10 Dec. 1964, pp. 9-10.
111) *FRUS 1964-1968*, vol. 13, no. 56, "Draft Minutes of Discussion of the Second Meeting of Committee on Nuclear Proliferation," 13-14 Dec. 1964, p. 148.
112) *FRUS 1964-1968*, vol. 13, no. 59, "Memorandum of Conversation," 7 Jan. 1965, p. 154.
113) PREM 13/225, Letter from Foreign Secretary to Prime Minister, "Nuclear Matters East of Suez," 11 Mar. 1964.
114) FO 953/2253, "Nuclear Forces," 16 Dec. 1964.
115) CAB 148/42, OPD(O)(65)12, "The Problem of Safeguards for India against a Chinese Nuclear Threat," Memorandum by the Foreign Office, the Commonwealth Relations Office and the Ministry of Defence, 16 Mar. 1965.
116) CAB 148/41, OPD(O)(65)7th Meeting, 19 Mar. 1965.
117) FO 371/181355, Record of a Conversation between the Foreign Secretary and Mr. Rusk at the State Department on the Morning of Monday, 22 Mar. 1965.
118) FO 953/2254, PM/65/54, "Pacific Nuclear Force," 26 Mar. 1965.
119) PREM 13/973, "Secret Background Note" for Parliamentary Question, 27 Jul. 1965.
120) 例えば，CAB 131/28, D(63)19, Future Defence Policy, Memorandum by the Secretary of the Cabinet, 14 Jun. 1963.
121) CAB 148/10, DO(O)(S)(64)42, Note by the Chairman of the Long Term Study Group, "Report of the Long Term Study Group," 23 Oct. 1964.
122) CAB 130/213, MISC 17/1st Meeting, "Defence Policy," 21 Nov. 1964.
123) CAB 130/213, MISC 17/4th Meeting, "Defence Policy," 22 Nov. 1964.
124) PREM 13/104, The Prime Minister's Visit to the United States and Canada, 6-10 Dec. 1964.

125) DEFE 4/187, Annex A to COS 1969/1/7/1965, "Deployment of Polaris Submarines East of Suez," para. 1, 1 Jul. 1965.
126) CAB 128/39, CC(65)49th Conclusion, Item 3, 23 Sep. 1965.
127) CAB 148/52, OPD(O)(DR)(WP)(65)13th Meeting, Item 1, 6 Oct. 1965; CAB 148/41, OPD(O)(65)22nd Meeting, Item 1, 11 Oct. 1965.
128) CAB 130/213, MISC 17/8th meeting, 13-14 Nov. 1965.
129) PREM 13/686, Record of Meeting held at the White House, at 5:30 p.m. on Thursday, 16 Dec. 1965.
130) PREM 13/686, Record of Meeting held at the British Embassy, Washington, at 11 a.m. on Friday, 17 Dec. 1965.
131) PREM 13/686, Draft Message from the Prime Minister to Sir R. Menzies and Mr. Holyoake, "Washington Talks," 23 Dec. 1965.
132) CAB 148/68, OPD(O)2nd Meeting, 7 Oct. 1966.
133) CAB 148/25, OPD(66)8th Meeting, 23 Jan. 1966, Item 1.
134) TNA, CAB 130/213, MISC 17/14, "Defence Review : Note by the Chairman of the Defence and Oversea Policy(Official) Committee," 8 Nov. 1965.
135) TNA, DEFE 4/195, COS 1088/19/1/66, "Deployment-Polaris Submarines," 9 Nov. 1966.
136) TNA, CAB 148/45, OPD(O)(65)81, "United Kingdom Nuclear Policy," Note by the Ministry of Defence, 10 Dec. 1965.
137) TNA, CAB 148/25, OPD(66)24th Meeting, Item 2, 13 May 1966.
138) TNA, CAB 148/68, OPD(O)(66)18th Meeting, Item 4, 25 Jul. 1966.
139) TNA, CAB 148/25, OPD(66)34th Meeting, Item 3, 5 Aug. 1966.
140) DEFE 24/504, COS 38/68, Annex A, 13 Jun. 1968.
141) CAB148/35, OPD(68)12th Meeting, 28 Jun. 1968.
142) Smith, "British Nuclear Weapons and NATO in the Cold War and beyond," p. 1392; Frank Panton, "Governments, Scientists, and the UK Nuclear Weapons Program," Jenifer Mackby and Paul Cornish eds., *U.S.-U.K. Nuclear Cooperation after 50 Years* (Washington D.C.: CSIS, 2008), p. 240.
143) CAB 148/60, OPDO(DR)(67)57, Note by the Chairman, "Nuclear Policy," 12 Sep. 1967.
144) *HC Deb.*, vol. 795, 4 Feb. 1970, cols. 409-410.
145) Freedman, "British Nuclear Targeting," p. 120.
146)「決定の第二センター」とは，イギリスがアメリカの指揮・統制に縛られない核報復能力を保有していれば，核攻撃を目論む敵国は，アメリカからの報復に加えて，イギリスからのそれも考慮する必要があるため，彼らの計算が複雑になり，これによって西側全体としての核抑止力が強化されるというものである。Jonathon Green, *The A-Z of Nuclear Jargon* (London: Routledge & Kegan Paul, 1986), p. 152.
147) DEFE 5/192, COS 45/72, Note by the Secretary, "The Rationale for United King-

dom Strategic Nuclear Deterrent Force," 25 Jul. 1972; Freedman, *Britain and Nuclear Weapons*, p. 127; Scott, "Labour and the Bomb," p. 690.

終　章

　本書は，野党時代に核抑止力の「自立」に否定的であったウィルソンが，政権就任後に提案したANF構想において「自立」に関してどのような決断を下したのかを明らかにした。この際，立案・決定に際して，主要アクターの核抑止力の「自立」に対する認識が，どのように作用したのかという点に着目した。

　終章では，まず，外務省及び国防省によるANF構想の立案過程や，ウィルソンら労働党首脳部による同構想の決定過程を簡単に振り返りつつ，これを明らかにしていく。そして，ANF構想の立案・決定過程の精緻化によって得られた知見を述べる。最後に，イギリスの外交・防衛政策におけるANF構想の含意を考察する。

1　ANF構想の立案・決定過程

　1960年代初頭にイギリス政府は，核兵器の運搬手段をアメリカから購入することを決定し，同国への依存をますます深めるようになった。保守党政権は，核抑止力の「自立」を保持することによって，自国の安全を最終的に保障するとともに，大国としての威信を誇示するための，あるいは，アメリカに対する影響力を行使するためのリソースを確保することが可能であると認識し，これを維持する政策を追求した。しかし，これはアメリカの核政策の変更に伴い，イギリスのそれも大きな影響を受けることを意味していた。

　一方，1950年代後半にソ連がアメリカ本土への核攻撃能力を獲得して以降，アメリカ政府は，西ヨーロッパ諸国が彼らの提供する拡大抑止の信憑性に疑念を抱き始めたことを危惧するようになった。このためアメリカ政府は，拡大抑止の信頼性の回復に加え，同盟内で核兵器が水平的に拡散することの防止や，同盟内の核戦力を彼らが一元的に統制することを目論み，彼らが提供する核兵器を同盟諸国と共同で所有・管理するという多角的な核戦力構想を

提案した。アメリカ政府は，ナッソー協定の締結以降，そこで合意されたNATO核戦力を彼らの選好する混成兵員水上艦隊と狭義に解釈し，これをMLFと称してイギリス政府に対してこれへの参加を要求するようになった。

　MLF構想への参加を求められた保守党政権は，この対応に苦慮した。自国の安全を保障するという観点から「自立」の保持を絶対視していた国防省は，これを喪失しかねないMLFへの参加に難色を示していた。これに対して外務省は，「自立」の軍事的・政治的な価値を認めつつも，世界規模で自らの国益を確保するためには，アメリカとの「特別な関係」を維持することが「自立」の維持に優先するとの認識を抱いていた。外務省は，MLFに反対することで「特別な関係」自体を悪化させるのではないかとの危機感を抱いていた。保守党は，「自立」と「特別な関係」を互いに影響し合う関係と捉えており，双方を維持することを追求していた。このため，MLF構想への対応をめぐってディレンマに陥った。

　一方，野党の党首であったウィルソンは，核兵器自体の有する抑止効果を認めていた。しかしウィルソンは，NATOが対ソ戦略を遂行する上で，自国の小規模な核抑止力による貢献が意味をなさないのみならず，アメリカに依存する自国の核抑止力に，大国としての威信を誇示するための，あるいは，アメリカに対する影響力を行使するためのリソースとして期待することはもはやできないと諦観していた。

　MLFへの対応をめぐりディレンマに陥った保守党政権は，これへの対応を総選挙後に先送りした。このため，総選挙で誕生する新政権は，MLFへの参加の可否に関して早急に決定することを迫られていた。総選挙に勝利したウィルソンは，「自立」の放棄を主眼とした核戦力構想の提案を決意した。ウィルソンの意を受けて草案作業部会が編成され，ANFと称されるようになった核戦力構想が具体化された。この中で，ANFへの核戦力の配属方法は，「自立」の将来に直結する最重要問題であった。しかし，これを一つに絞ることができなかったため，草案作業部会がまとめ上げた最終草案では複数の選択肢が列挙されていた。

　草案作業部会からの報告を受けたウィルソンは，臨時閣僚小委員会

終　章

（MISC16），臨時外交・防衛委員会（チェッカーズ会合）及び閣議での白熱した議論を経て，ANF に「究極の国益条項」を放棄して核戦力を提供し，これらの使用に際しても他国の拒否権を受け入れるという，ヨーロッパにおいては「自立」を放棄することを決定した。この一方で，スエズ以東に配備するとの理由から，核戦力の一部を自国の統制下に控置することも受け入れた。

　ウィルソンは，ANF 構想の実現に向け，同盟諸国に積極的に働きかけた。しかし，彼らからの支持を得ることができず，最終的にこれを断念することになった。これによりイギリス政府は，自国の核戦力をナッソー協定と同様の条件で NATO に配属させ続けることになる。

　以上が，ANF 構想の起源から断念までの顛末である。次に，本書の分析により明らかになった知見を述べる。

2　本研究から得られた知見

　第一に，ANF 構想においてウィルソンは，「自立」の放棄を真剣に意図していた。保守党政権は，ナッソー協定に「究極の国益条項」を挿入してまで，自国の核戦力の独自使用可能な態勢を維持することに固執していた。一方，ウィルソンは，野党時代から，アメリカ政府が西側同盟の核戦力を一元的に統制することを求めており，イギリスが「自立」に固執することにより，彼らとの「特別な関係」を悪化させる可能性があるとの懸念を抱いていた。ウィルソンは，「自立」を断念することにより保守党政権が直面していた MLF 構想をめぐるディレンマの克服が可能であると考えるようになった。そこでウィルソンは，「自立」の放棄を交渉カードに用いて，自国の核戦力の提供先となる統合核戦力を NATO 内に構築するというコンセプトを発案した。これこそが ANF 構想の起源であった。

　政権就任後にウィルソンは，野党時代の発案を実行に移すことを決意した。ウィルソンは，同盟諸国が ANF 構想を受容するか否かは，放棄する「自立」の程度に依拠すると認識していた。このため当初は，全ての核戦力の「自立」を放棄することを選好していた。しかし，最終的にウィルソンは，核戦力の一部を自国の統制下に控置するという国防省が主張した選択肢を採用し

た。とはいえ，これによりウィルソンが「自立」の容認に転じたわけではなかった。ウィルソンは，ANF構想の目途がついたならば，スエズ以東においても西側同盟を再編し，ANFと同様の核戦力を構築して，これに自国の核戦力を恒久的に提供すること，すなわち，スエズ以東においても「自立」を放棄することをANF構想の提案時点から意図していた。このようにウィルソンは，スエズ以東用に控置する核戦力も，同地域における同盟再編のための交渉カードと認識していたのであった。

このようにウィルソンは，ANF構想の発案から断念に至る終始にわたって，イギリスの核抑止力の「自立」を放棄することを意図していたのであった。

第二に，本書は，ANF構想の立案担当者の草案作成過程で交わされた書簡や覚書，草案作業部会の会合記録など，先行研究では用いられていない公文書に依拠して，同構想の立案・決定過程を精緻化した。この結果，ANF構想が，従来まで理解されていた以上に，ウィルソンと官僚機構，あるいは，外務省と国防省の間で，「自立」の是非は言うに及ばず，MLFへの参加の可否や同盟諸国に求める代償に関して深刻な対立があり，これをめぐって白熱した論争や激しい駆け引きが繰り広げられていたとの知見が得られた。この中で，ANF構想の立案・決定過程の特徴も幾つか鮮明になった。

それは，ANF構想の立案・決定が，政府機関内で完結していたことである。ウィルソン政権期には，労働党の非公式アドヴァイザーが，政府の政策の立案や政策決定に大きな影響力を持っていたと指摘されている。しかし，ANF構想の立案に際しては，ウィルソンの側近がこれに関与した形跡は見られない。労働党が提示した代替核戦力の一案も，ANF構想の具体化に影響を及ぼさなかった。このような事実から，核兵器という国家機密を扱う領域においては，党の機関が影響力を行使するのは困難であり，専ら政府機関によって政策が立案されていたと示唆することができる。

政府機関の中でも，ANF構想の立案を主導したのは国防省であった。彼らは，労働党への政権交代以前から，「自立」を喪失する恐れがあるとの危機感を抱いていた。このため，国防省は，労働党の面子を潰さないで，実質的に「自立」を確保する政策をウィルソンに具申することを目論み，周到な準

終　章

備を行っていた。この過程において国防省は，MLF構想を代替するための核戦力構想の検討にもすでに着手していた。これが草案作業部会において，ANF構想を具体化する際の素案になった。

　ウィルソンの指針と両立可能な範囲で最小限の「自立」を確保するという国防省の模索を後押ししたのが，中国の原爆実験であった。イギリス政府内では，中国の核実験以降，これに脅威を抱くアジア諸国の核開発を阻止するために，彼らに対して核保証を提供する必要があるとの認識が次第に支配的になっていった。これを好機と捉えた国防省は，自国の核戦力をスエズ以東に配備するために，一部の核戦力を自国の統制下に控置するという選択肢を提示した。しかしこれは，核保証の提供のために，どのような核戦力をどのように配備するのかという詳細を詰めた上での提案ではなく，最小限の「自立」を確保するための国防省のレトリックに過ぎなかったと言えよう。

　一方の外務省は，ウィルソンの指針を好意的に受け止めた。外務省は，MLF構想に反対し続けることにより，自国のアメリカに対する影響力が減少する反面，西ドイツのそれが増大し，この結果，西ドイツがアメリカとの「特別な関係」を享受するようになるのではとの懸念を抱いていた。また，保守党の「自立」を追求する核政策が，ドゴール体制下のフランスのようなアメリカに対する独立外交に繋がりかねないと憂慮していた。外務省は，「自立」の放棄を主眼としたANF構想の提案により，このような外交的窮地から自国を救出することを期待していた。ただし外務省は，自国の国防支出の削減を可能とするような代償の獲得を目論むウィルソンに対して，これが「自立」を放棄するという交渉カードを過信した過大な要求であるとの理由で自制を促していた。財政負担の軽減を模索していたウィルソンは，「自立」を放棄する代償を獲得することにこだわっていたが，西ヨーロッパ諸国の反発を招くとの外務省の忠告を最終的には受け入れた。

　このように，ANF構想に関しては，ウィルソンの主導というよりは，政府機関による集団的な立案・決定であったことが明らかになった。

3 ANF 構想の含意

　ウィルソン政権から提案されたが，最終的に NATO 同盟諸国から受け入れられず断念された ANF 構想には，イギリスの国内政治や核政策，スエズ以東への関与政策，さらにはヨーロッパ統合政策との関連で，どのような意義があったのであろうか。

　まず，イギリスの国内政治の文脈から ANF 構想の意義を考察する。1960年代初頭からイギリスの国内では，労働党と保守党の両党間のみならず，両党の内部でも，核政策をめぐって激しく対立していた。核兵器に対して倫理的な理由から否定的であった労働党の左派は，これの一方的廃棄を求めていた。しかし，軍事的に核抑止力自体の必要性を認めていた同党の右派は，西側の核抑止力の信頼性を向上させるために，核抑止力の「自立」を放棄し，これを同盟の枠組みで運用することを模索していた。これに対して，軍事的・政治的な理由から核抑止力の「自立」の維持が必要不可欠であると主張していた保守党政権ではあったが，同党首脳部や外務省は，アメリカとの「特別な関係」が損なわれることを懸念し，「自立」の必要性を声高に主張することを躊躇していた。この一方で，保守党の一部には，たとえ「特別な関係」を毀損することになっても「自立」を固持しなければならないと主張する者もいた。しかし，「自立」の放棄を公約するウィルソン労働党が 1964年10月に政権に就いたことにより，国防省を中心に，最低限の「自立」を維持するための方策が模索されるようになった。

　ウィルソンら労働党首脳部は，核保有を継続するが，西側同盟全体の核抑止力の信頼性の向上に寄与するために，自国の全ての核抑止力の「自立」を放棄し，これを同盟の枠組みで運用することを模索していた。しかし，中国の核保有という外的要因を受け，ヨーロッパにおいては「自立」を放棄するが，スエズ以東に配備するために核抑止力の一部を自国の統制下に控置することを最終的に決断した。これにより，最低限の「自立」を維持することを模索していた国防省は，ANF 構想を受け入れることとなった。一方，核放棄を主張していた労働党の左派は，ウィルソンの巧妙な組閣により国内改革に力を傾注させられていた。彼らは，ANF 構想に必ずしも満足していたわけで

終　章

はなかった。しかし，ヨーロッパにおいては「自立」が放棄され，彼らの主張の一部が具現されていたこともあり，同構想に強硬に反対することもなくこれを受け入れた。これに対して野党の保守党は，「自立」を放棄するというANF構想に異を唱えていた。しかし，ウィルソン政権が核保有を継続し，スエズ以東への戦略核戦力の配備を容認したことにより，労働党と保守党の核政策の差異は，以前に比較すると曖昧になった。このため，ANF構想の立案・決定以降，イギリスの国内では核問題が激しい争点となることはなかった。第一次ウィルソン政権期を通じて，核抑止力の「自立」をめぐる激しい対立は，ひとまず鎮静化されたのであった。

　次に，イギリスの核政策の文脈からの考察を試みる。ANF構想は，大西洋同盟を強化するために，核抑止力の統制権限をNATOに移譲し，これを同盟の枠組みで運用することを主眼としていた。ウィルソン政権は同構想の実現に向け，同盟諸国への様々なアプローチを試みた。しかし，1966年12月のNACにおいてNDAC／NPGの設立が合意されたことに伴い，イギリス政府はANF構想の実現を正式に断念することになる。ヨーロッパにおける自国の戦略核戦力の統制権限をNATOが継続する限りこれに無条件で移譲するという同構想が断念されたことにより，イギリスは同地域においても引き続き核使用の統制権限を自国が保持すること，すなわち核抑止力の「自立」を維持することになった。ウィルソン政権は，結果として保守党政権の「自立」を維持する核政策を踏襲することになったのである。

　しかしながら，ウィルソン政権が踏襲した「自立」は，保守党政権期のそれとは，実態が異なるものになっていた。すなわち，保守党政権期には，V型爆撃機を運搬手段とするイギリスの核抑止力は，ヨーロッパにおいてもスエズ以東においても，アメリカとの二国間での核使用のみならず，自国単独での核使用が可能な態勢が整備されてきた。保守党政権期の核抑止力は，自国の安全を保障する最終手段としてのみならず，自国の対外政策の遂行を支援するための手段でもあったのである。一方，ウィルソン政権期以降，スエズ以東に配備されていた核戦力は，通常戦力の撤退決定とともに，撤収されていった。また，ヨーロッパにおいても，戦略核戦力の担い手としてポラリ

ス潜水艦が就航して以降，イギリスの核抑止力は，専ら NATO の攻撃計画の中でソ連に対する報復攻撃のための第二撃専門の核抑止力として控置されることとなった。このため，ウィルソン政権以降のイギリス政府は，核抑止力の「自立」を保持する論拠として，自国の対外政策遂行への寄与ではなく，NATO 全体の核抑止力の信頼性を向上することへの寄与を強調するようになる。

では，西側同盟，特に NATO の同盟内政治の文脈からは，どのような考察ができるであろうか。ANF は NATO 防衛に関与する核兵器を単一の監督機関の下に統合するという構想であった。これは，西側諸国にとって潜在的敵国であったソ連を対象としていたと理解されている。しかしウィルソンは，ヨーロッパにおいては米ソの核戦力が均衡しており，緊張緩和も進展しつつあることから，戦争が生起する蓋然性が極めて低いと認識していた。このため ANF 構想では，その使用に際して，全ての参加国の拒否権を受け入れるという，核抑止力の信頼性を低下させかねない規定が盛り込まれていた。つまり ANF 構想は，ソ連への軍事的効果が第一に期待された構想ではなかったのである。ANF 構想において全参加国に拒否権を付与していたのは，少なくとも核使用の権限に関しては，非核保有諸国，特に西ドイツが核保有諸国と平等になることを担保することにより，同国の不満を緩和することを企図していた。ANF 構想に内包されていた核政策協議の制度化も，西ドイツを満足させるためのものであったと言えよう。ウィルソンは，緊張緩和の兆しが見えていたヨーロッパにおいて，西ドイツの不満が安定を毀損するトリガーになると懸念していたのであった。また ANF 構想には，西ドイツの核保有に発展するとの理由で MLF に反対していたソ連の懸念を緩和することが企図されていた。すなわち，西ドイツと核兵器自体を共同で所有することを回避し，彼らに核不拡散を誓約させることが盛り込まれていたのである。ウィルソンは，これらによってソ連の安心感を獲得し，ヨーロッパにおける緊張緩和がより一層進展することを期待していたのである。すなわち ANF 構想は，ヨーロッパにおいて緊張緩和の兆しが見られた冷戦変容期に，これをより一層促進するために提案された，ウィルソンの積極的な外交政策のイニシアテ

ィヴの一つであったと評価することができよう。

　さらに，ANF 構想をスエズ以東防衛との関連から考察してみたい。ANF は，ヨーロッパにおける西側同盟内の核防衛態勢の再編を意図する構想であったが，イギリスの外交・防衛政策の側面からは，スエズ以東における同国の防衛関与を見直しすることも併せて意図されていたと指摘することができよう。ウィルソンら労働党首脳部は，イギリスが第二次世界大戦後に維持してきた，西ヨーロッパ防衛，スエズ以東防衛及び核抑止力の提供という三つの防衛役割を従来通りの規模で維持することは今や不可能であると認識していた。ここで注目したいのは，OPD(O) の官僚たちが，放棄すべき役割はスエズ以東防衛であると認識していたのに対して，ウィルソンらは，自国が存在感を発揮できるのはスエズ以東での貢献であると認識していたことである。ウィルソンらは，スエズ以東での防衛役割を現状の規模で維持するために，自国の NATO に提供する通常戦力の負担を最小限に抑制し，あわよくば，これをスエズ以東に転用することさえも目論んでいた。この目論みは，NATO 同盟諸国からは受け入れられず，イギリス経済の困窮も伴い，通常戦力によるスエズ以東での防衛関与の継続は困難になる。そこでウィルソンは，スエズ以東での防衛役割を維持するための手段として，通常戦力ではなく核戦力を検討するようになる。ウィルソンは，ANF のスエズ以東バージョンと称される，インド-太平洋核戦力を媒介として，アメリカ，オーストラリア，ニュージーランド及びイギリスによる 4 カ国同盟を創設し，これをパワーリソースとして，スエズ以東での自国の防衛役割を維持することを企てたのであった。インド-太平洋核戦力構想も，ANF 構想同様に，最終的には同盟諸国から受け入れられず，断念することになる。この結果，スエズ以東への直接的な防衛関与がもはや不可能であることが如実となり，ウィルソン政権は同地域からの撤退の検討を加速化し，1968 年 1 月には，1971 年末までにイギリス軍をスエズ以東から撤退させる方針を発表することになる。この意味で ANF 構想及びこれに引き続くインド-太平洋核戦力構想の断念は，イギリスのスエズ以東における直接的な防衛関与の放棄へと向かう大きな転換点になったと言えよう。

以上のようにウィルソンは，イギリスが国際政治において影響力を行使するための，あるいはアメリカの政策に影響力を行使するための新たなリソースとして ANF 構想に大きな期待を抱いていた。しかしながら，ANF にイギリスが提供する核戦力は，アメリカに大きく依存するものであった。このため，同国への影響力を行使する上でも，同盟諸国にアピールする上でも，ウィルソンが期待していた効果は発揮されなかった。イギリスの核戦力は，政治的にもはや大きな効果を期待することができなくなっていたのである。

　この ANF 構想が水泡に帰し，また，経済的困窮も継続する中，ウィルソンには，国際政治において自国の影響力を行使するためのリソースとして，ヨーロッパの中での自国の役割を見出すこと以外に有効な選択肢がなくなったと言えよう。この結果，ウィルソンは 1967 年 5 月に EEC への加盟を再申請することになる。これは，マクミラン首相による 1961 年の加盟申請と同様，1967 年 11 月にまたしてもドゴール大統領に拒否される。しかし，その後のイギリスの外交・防衛政策は，統合ヨーロッパへの関与を深める方向に向かうことを余儀なくされた。ただし，それはヨーロッパに向かって一直線の軌跡を描いたわけではなく，ウィルソン政権期もそうであったように，アメリカとの関係の緊密化やコモンウェルス諸国との枠組みの活用も同時に模索するといった紆余曲折したものであった。

おわりに

　本書は、防衛大学校総合安全保障研究科に提出した学位資格論文「核抑止力の『自立』をめぐるウィルソン政権内の相克——大西洋核戦力（ANF）構想の立案・決定過程の解明」（2013年8月23日独立行政法人大学評価・学位授与機構より博士（安全保障）を授与）をもとに、加筆修正を加えている。すでに発表されている拙稿「核抑止力の『自立』をめぐるウィルソン政権内の相克——大西洋核戦力（ANF）構想の立案・決定過程の解明」（日本国際政治学会『国際政治』第174号、2013年9月、153-166頁）は、本書のエキスをまとめたものである。

　本書が出版に至るまでには、多くの方々からのご教授とご助力をいただいた。防衛大学校総合安全保障研究科の後期課程で指導をいただいた広瀬佳一教授には、どのようにお礼を申し上げたらよいのかわからない。筆者は、防衛大学校総合安全保障研究科後期課程の第一期生として入校したが、第二期生とともに何とか卒業することができた。幸いにも、学位授与機構での審査の結果、博士の学位を授与していただくことができた。これも、遅々として研究の進まない筆者を叱咤激励し、根気強く指導していただいた広瀬先生の存在抜きにはありえなかった。

　博士論文の副査をしていただいた石川卓教授には、1回目の資格審査から最終審査まで担当していただいた。先生は筆者の至らぬ原稿を丁寧に読んでくださり、厳しいコメントを賜った。最終の資格審査で「これなら博士論文として形になるのではないか」と初めてポジティヴなコメントをいただいた時には、嬉しいというよりも安堵の思いが湧き上がってきたことを昨日のように思い出す。

　学位論文提出の際の資格審査においては、吉崎知典氏、橋口豊氏、芝崎祐典氏、等松春夫氏及び倉田秀也氏に、また、卒業審査においては、岩田修一

郎氏と多くの先生方にお世話になった。さらに、防衛大学校は文部科学省の管轄外ということもあり、学位の取得には、独立行政法人大学評価・学位授与機構での審査が必要となる。この審査においては、林義勝氏、増田弘氏、佐々木卓也氏にお世話になった。審査いただいた先生方からの辛口のコメントは、学位論文を加筆修正して本書に仕上げる際に大変有用であった。改めて感謝申し上げたい。

　本書の刊行にあたっては吉田書店代表の吉田真也氏に格別のお力添えを賜った。深甚の謝意を表する。

　最後に、私事にわたって恐縮であるが、家族の支えがあってこその今日である。神戸の母には、病気を患って以来、心配の掛け通しであった。また、宮崎の義父母には、帰省のたびにお世話になりっぱなしである。結婚以来、筆者の自由気ままな研究を陰から支えてくれている妻には感謝の言葉が見つからない。また、しばしば行き詰まった博士論文の執筆中に、三人の子供たちの笑顔に救われたことは枚挙に暇がない。筆者を支えてくれている家族に謝意を表したい。

　2017年3月

　　　　　　　　　　　　　　　　　　　　　　　　　　小川　健一

参考文献リスト

1 未公刊史料
(1) イギリス政府公文書
The National Archives [TNA], Kew, UK.
 Cabinet Office
  CAB 128 Minutes of Cabinet Meetings.
  CAB 129 Cabinet Memoranda.
  CAB 130 Committee Files.
  CAB 148 Overseas Policy and Defence Committee Files.
 Ministry of Defence
  DEFE 4 COS Committee Minutes.
  DEFE 5 COS Committee Memoranda.
  DEFE 13 Private Office Papers.
  DEFE 24 Records of the Defence Secretariat Branches.
  DEFE 25 Records of the Defence Chiefs of Staff.
 Foreign Office
  FO 371 Political Series Files.
  FO 800 Various Ministers' and Officials' Papers.
 Foreign and Commonwealth Office
  FCO 41 Records of the Defence Departments.
  FCO 46 Records of the Defence Departments.
 Prime Minister's Office
  PREM 11 papers, 1954-64.
  PREM 13 papers, 1964-70.

(2) 私文書
London School of Economics and Political Science [LSE], UK.
 Fabian Society Paper—Fabian Society Archives.
 Hetherington Paper—Hetherington, Hector Alastair (1919-1999); Journalist.
 Shinwell Paper—Shinwell, Emanuel (1884-1986); Politician.
 Shore Paper—Shore, Peter David (1924-2001); Politician.
 Wigg Paper—Wigg, George Edward Cecil (1900-1983); Politician.

2 公刊史料
Digital National Security Archive [*DNSA*].
 (http://nsarchive.chadwyck.com/collections/content/NH/intro.jsp)

U. S. Nuclear History: Nuclear Arms and Politics in the Missile Age, 1955-1968.
Foreign Relations of the United States [FRUS].
- *FRUS 1958-1960*, vol. 7, part 2, *Western Europe* (Washington D.C.: U.S. Government Printing Office, 1993).
- *FRUS 1961-1963*, vol. 3, *National Security* (Washington D.C.: U. S. Government Printing Office, 1994).
- *FRUS 1961-1963*, vol. 13, *Western Europe and Canada* (Washington D.C.: U.S. Government Printing Office, 1994).
- *FRUS 1964-1968*, vol. 10, *National Security* (Washington D.C.: U.S. Government Printing Office, 2001).
- *FRUS 1964-1968*, vol. 11, *Arms Control and Disarmament* (Washington D.C.: U.S. Government Printing Office, 1997).
- *FRUS 1964-1968*, vol. 12, *Western Europe* (Washington D.C.: U.S. Government Printing Office, 2001).
- *FRUS 1964-1968*, vol. 13, *Western Europe Region* (Washington D.C.: U.S. Government Printing Office, 1995).
- *FRUS 1964-1968*, vol. 25, *South Asia* (Washington D.C.: U.S. Government Printing Office, 2000).

Hunsard, *House of Commons Debates [HC Deb.], PO 1960-* (London: Her Majesty's Stationary Office, 1960-).

Labour Party, *Let's Go Labour for the New Britain: the Labour Party's Manifesto for the 1964 General Election* (London: Labour Party, 1964).

Labour Party, *Report of the Annual Conference of the Labour Party* (London: Labour Party, 1952-).

NATO Facts and Figures (Brussels: NATO Information Service, 1969).

3　回顧録等

Benn, Tony, *Out of the Wilderness: Diaries 1963-67* (London: 1987, Hutchinson).

Bundy, McGeorge, *Danger and Survival: Choices about the Bomb in the First Fifty Years* (New York: Random House, 1988).

Callaghan, James, *Time and Chance* (London: Collins, 1987).

Castle, Barbara, *The Castle Diaries, 1964-70* (London: Weidenfeld and Nicolson, 1980).

Crossman, Richard, *The Diaries of a Cabinet Member, vol. 1* (London: J. Cape, 1979).

Healey, Denis, *The Time of My Life* (London: Penguin, 1989).

Pearce, Robert ed., *Patrick Gordon Walker: Political Diaries 1932-1971* (London: Historian's Press, 1991).

Rostow, Walt Whitman, *The Diffusion of Power: An Essay in Recent History* (New York: Cambridge University Press, 1972).

Stewart, Michael, *Life and Labour: An Autobiography* (London: Sidgwick & Jackson,

1980).

Wigg, George, *George Wigg* (London: Joseph, 1972).

Wilson, Harold, *The Governance of Britain* (London: Weidenfeld and Nicolson, 1976).

Wilson, Harold, *The Labour Government, 1964-1970: A Personal Record* (London: Penguin, 1971).

Wilson, Harold, *The New Britain: Labour's Plan* (London: Penguin, 1964).

Zuckerman, Solly, *Monkeys, Men and Missiles: An Autobiography, 1946-1988* (London: Collins, 1988).

ボール，ジョージ・W．佐藤剛訳『大国の自制』（時事通信社，1968年）。

マクナマラ，ロバート，藤本直訳『世界核戦略論――平和のための真実の提言』（PHP研究所，1988年）。

Walker, P. Gordon, "The Labour Party's Defense and Foreign Policy," *Foreign Affairs*, vol. 42, no. 3 (Apr. 1964), pp. 391-398.

4 研究書

Ball, Desmond and Richelson, Jeffrey eds., *Strategic Nuclear Targeting* (Ithaca: Cornell University Press, 1986).

Bartlett, C.J., *'The Special Relationship': A Political History of Anglo-American Relations since 1945* (London: Longman, 1992).

Baylis, John, *Ambiguity and Deterrence: British Nuclear Strategy, 1945-1964* (Oxford: Clarendon Press, 1995).

Baylis, John ed., *Anglo-American Relations since 1939: The Enduring Alliance* (Manchester: Manchester University Press, 1997).

Baylis, John ed., *British Defence Policy in a Changing World* (London: Croom Helm, 1977).

Betts, Richard K., *Nuclear Blackmail and Nuclear Balance* (Washington D.C.: Brookings Institution, 1987).

Bluth, Christoph, *Britain, Germany, and Western Nuclear Strategy* (Oxford: Claredon Press, 1995).

Booth, Ken and Baylis, John, *Britain, NATO and Nuclear Weapons: Alternative Defence versus Alliance Reform* (London: Macmillan, 1989).

Boutwell, Jeffrey D., Doty, Paul and Treverton, Gregory F. eds., *The Nuclear Confrontation in Europe* (London: Croom Helm, 1985).

Bowie, Cristopher J., Platt, Alan, *British Nuclear Policymaking* (Santa Monica: Rand, 1984).

Bozo, Frédéric, *Two Strategies for Europe: De Gaulle, the United States, and the Atlantic Alliance* (Lanham: Rowman & Littlefield, 2001).

Buchan, Alastair, *NATO in the 1960's: The Implications of Interdependence* (New York: Frederick A. Praeger Publisher, 1963).

Buteux, Paul, *The Politics of Nuclear Consultation in NATO 1965-1980* (Cambridge: Cambridge University Press, 1983).

Carver, Michael, *Tightrope Walking: British Defence Policy since 1945* (London: Hutchinson, 1992).

Clark, Ian, *Nuclear Diplomacy and the Special Relationship: Britain's Deterrent and America 1957-1962* (Oxford: Clarendon Press, 1994).

Clark, Ian and Wheeler, Nicholas J., *The British Origins of Nuclear Strategy, 1945-1955* (New York: Oxford University Press, 1989).

Cohen, Warren I. and Tucker, Nancy Bernkopt eds., *Lyndon Johnson Confronts the World: American Foreign Policy, 1963-1968* (New York: Cambridge University Press, 1994).

Colman, Jonathan, *A 'Special Relationship' ?: Harold Wilson, Lyndon B. Johnson and Anglo-American Relations 'at the Summit', 1964-68* (Manchester: Manchester University Press, 2004).

Croft, Staut, Dorman, Andrew, Lee, Wyn and Uttley, Matthew, *Britain and Defence 1945-2000: A Policy Re-evaluation* (Harlow: Longman, 2001).

Daalder, Ivo H., *The Nature and Practice of Flexible Response: NATO Strategy and Theater Nuclear Forces since 1967* (New York: Columbia University Press, 1991).

Daddow, Oliber J., *Britain and Europe since 1945: Historiographical Perspectives on Integration* (New York: Palgrave, 2004).

Darby, Phillip, *British Defence Policy East of Suez, 1947-68* (Oxford: Oxford University Press, 1973).

Deweerd, H.A., *British Defense Policy and NATO* (Santa Monica: Rand, 1963).

Dillon, G.M., *Dependence and Deterrence: Success and Civility in the Anglo-American Special Nuclear Relationship 1962-1982* (London: Gower, 1983).

Dimbleby, David and Reynolds, David, *An Ocean Apart: The Relationship between Britain and America in the Twentieth Century* (New York: Vintage Books, 1989).

Dobson, Alan P., *Anglo-American Relations in the Twenty Century: Of Friendship, Conflict and the Rise and Decline of Superpowers* (London: Routledge, 1995).

Dockrill, Michael, *British Defence since 1945* (Oxford: Basil Blackwell, 1988).

Dockrill, Saki, *Britain's Retreat from East of Suez: The Choice between Europe and the World?* (London: Palgrave Macmillan, 2002).

Dorey, Peter ed., *The Labour Governments 1964-1970* (London: Routledge, 2006).

Dumbrell, John, *A Special Relationship: Anglo-American Relations in the Cold War and After* (New York: Palgrave Macmillan, 2001).

Ellison, James, *The United States, Britain and the Transatlantic Crisis: Rising to the Gaullist Challenge, 1963-68* (Basingstoke: Palgrave Macmillan, 2007).

Freedman, Lawrence, *Britain and Nuclear Weapons* (London: Macmillan, 1980).

Freedman, Lawrence, *The Evolution of Nuclear Strategy* (New York: St. Martin's Press,

1981).

Freeman, John P.G., *Britain's Nuclear Arms Control Policy in the Context of Anglo-American Relations, 1957-68* (London: Macmillan, 1986).

Gamble, Andrew, *Between Europe and America: The Future of British Politics* (New York: Palgrave Macmillan, 2004).

George, Stephen, *An Awkward Partner: Britain in the European Community* (Oxford: Oxford University Press, 1994).

Gill, David James, *Wilson and the Bomb: The Politics and Economics of British Nuclear Diplomacy 1964-1970* (Ph. D, Aberystwyth University, 2010).

Gowing, Margaret, *Britain and Atomic Energy, 1939-1945* (London: Macmillan, 1964).

Gowland, David and Turner, Arthur, *Reluctant Europeans: Britain and European Integration, 1945-1998* (London: Longman, 2000).

Green, Jonathon, *The A-Z of Nuclear Jargon* (London: Routledge & Kegan Paul, 1986).

Greenwood, Sean, *Britain and the Cold War 1945-91* (London: Palgrave Macmillan, 2000).

Gregory, Shaun R., *Nuclear Command and Control in NATO: Nuclear Weapons Operations and the Strategy of Flexible Response* (Basingstoke: Macmillan, 1996).

Groom, A. J. R., *British Thinking about Nuclear Weapons* (London: Pinter, 1974).

Hack, Karl, *Defence and Decolonisation in Southeast Asia: Britain, Malaya and Singapore 1941-1968* (Richmond: Curzon, 2001).

Haftendorn, Helga, *NATO and the Nuclear Revolution: A Crisis of Credibility, 1966-1967* (Oxford: Clarendon, 1996).

Harrison, Brian, *Seeking a Role: The United Kingdom, 1951-1970* (New York: Oxford University Press, 2009).

Hennessy, Peter, *Cabinet* (Oxford: B. Blackwell, 1986).

Hennessy, Peter, *Cabinets and the Bomb* (Oxford: Oxford University Press, 2007).

Hennessy, Peter, *The Prime Minister: The Office and its Holders since 1945* (London: Allen Lane, the Penguin Press, 2000).

Hennessy, Peter, *The Secret State: Whitehall and the Cold War* (London: Penguin, 2002).

Hennessy, Peter, *Whitehall* (London: Secker & Warburg, 1989).

Heuser, Beatrice, *NATO, Britain, France and the FRG: Nuclear Strategies and Forces for Europe, 1949-2000* (London: Macmillan, 1998).

Heuser, Beatrice, *Nuclear Mentalities?: Strategies and Beliefs in Britain, France and the FRG* (London: Macmillan, 1998).

Hilsman, Roger, *From Nuclear Military Strategy to a World without War: A History and a Proposal* (London: Praeger, 1999).

Hopkins, John C. and Hu, Weixing eds., *Strategic Views from the Second Tier: The Nu-*

clear Weapons Policies of France, Britain, and China (New Brunswick: Transaction Publishers, 1995).

Hudson, Kate, *CND- Now More than Ever: The Story of a Peace Movement* (London: Vision Paperbacks, 2005).

Hughes, Geraint, *Harold Wilson's Cold War: The Labour Government and East-West Politics, 1964-1970* (Wilshire: Boydell, 2009).

Jackson, William, *Britain's Defence Dilemma: An Inside View-Rethinking British Defence Policy in the Post-Imperial Era* (London: B.T. Batsford, 1990).

Jordan, Robert S. with Bloom, Michael W., *Political Leadership in NATO: A Study in Multinational Diplomacy* (Boulder: Westview Press, 1979).

Kaufmann, William W., *The McNamara Strategy* (New York: Harper & Row, 1964).

Kelleher, Catherine, *Germany & the Politics of Nuclear Weapons* (New York: Columbia University Press, 1975).

Kemp, Geoffrey, *Nuclear Forces for Medium Powers: Part 1, Targets and Weapons Systems, Adelphi Papers*, no. 116 (London: The Institute for Strategic Studies, 1974).

Keohane, Dan, *Labour Party Defence Policy since 1945* (Leicester: Leicester University Press, 1993).

Kugler, Richard L., *Commitment to Purpose: How Alliance Partnership Won the Cold War* (Santa Monica: Rand, 1993).

Kugler, Richard L., *The Great Strategy Debate, NATO's Evolution in the 1960s* (Santa Monica: Rand, 1991).

Küntzel, Matthias, *Bonn & the Bomb: German Politics and the Nuclear Option* (London: Pluto Press, 1995).

Legge, J. Michael, *Theater Nuclear Weapons and the NATO Strategy of Flexible Response* (Santa Monica: Rand, 1983).

Louis, Wm. Roger and Bull, Hedley, *The 'Special Relationship': Anglo-American Relations since 1945* (Oxford: Clarendon Press, 1986).

Macintyre, Terry, *Anglo-German Relations during the Labour Governments 1964-70: NATO Strategy, Détente and European Integration* (Manchester: Manchester University Press, 2007).

Mackby, Jenifer and Cornish, Paul eds., *U.S.-U.K. Nuclear Cooperation after 50 Years* (Washington D.C.: CSIS, 2008).

Mastny, Vojtech, Holtsmark, Sven G. and Wenger, Andreas eds., *War Plans and Alliances in the Cold War: Threat Perceptions in the East and West* (London: Routledge, 2006).

May, Alex ed., *Britain, the Commonwealth and Europe: The Commonwealth and Britain's Applications to Join the European Communities* (New York: Palgrave, 2001).

McLean, Scilla ed., *How Nuclear Weapons Decisions are Made* (New York: St. Martin's Press, 1986).
McMahan, Jeff, *British Nuclear Weapons: For and Against* (London: Junction, 1981).
Moore, J. E., *The Impact of Polaris: The Origins of Britain's Seaborne Nuclear Deterrent* (Huddersfield: Richard Netherwood, 1999).
Moore, Richard, *Nuclear Illusion, Nuclear Reality: Britain, the United States and Nuclear Weapons, 1958-64* (New York: Palgrave Macmillan, 2010).
Moore, Richard, *The Royal Navy and Nuclear Weapons* (London: Frank Cass, 2001).
Murray, Donette, *Kennedy, Macmillan and Nuclear Weapons* (London: Macmillan, 2000).
Navias, Martin S., *Nuclear Weapons and British Strategic Planning 1955-1958* (Oxford: Clarendon Press, 1991).
Neustadt, Richard E., *Report to JFK: The Skybolt Crisis in Perspective* (Ithaca: Cornell University Press, 1999).
Nunnerley, David, *President Kennedy and Britain* (London: Bodley Head, 1972).
Ovendale, Ritchie ed., *British Defence Policy since 1945* (New York: Manchester University Press, 1994).
Paterson, Robert H., *Britain's Strategic Nuclear Deterrent: From Before the V-Bomber to Beyond Trident* (London: Frank Cass & Co. Ltd, 1997).
Pham, P. L., *Ending 'East of Suez': The British Decision to Withdraw from Malaysia and Singapore 1964-1968* (Oxford: Oxford University Press, 2010).
Pickering, Jeffrey, *Britain's Withdrawal from East of Suez: The Politics of Retrenchment* (Basingstoke: Macmillan Press in association with Institute of Contemporary British History, 1998).
Pierre, Andrew J., *Nuclear Politics: The British Experience with an Independent Strategic Force 1939-1970* (London: Oxford University Press, 1972).
Pimlott, Ben, *Harold Wilson* (London: Harper Collins, 1992).
Ponting, Clive, *Breach of Promise: Labour in Power 1964-70* (London: Hamish Hamilton, 1989).
Poole, John eds., *Independence and Inter-dependence: A Reader on British Nuclear Weapons Policy* (London: Brassey's, 1990).
Priest, Andrew, *Kennedy, Johnson and NATO: Britain, America and the Dynamics of Alliance, 1962-68* (London: Routledge, 2006).
Quinlan, Michael, *Thinking about Nuclear Weapons: Principles, Problems, Prospects* (Oxford: Oxford University Press, 2009).
Rademacher, Franz L., *Dissenting Partners: The NATO Nuclear Planning Group 1965-1976* (Ph. D, Ohio University, 2008).
Reed, Bruce and Williams, Geoffrey, *Denis Healey and the Policies of Power* (London: Sidgwick and Jackson, 1971).

Renwick, Robin, *Fighting with Allies: America and Britain in Peace and War* (Basingstoke: Macmillan, 1996).

Reynolds, David, *British Policy and World Power in the Twentieth Century* (London: Longman, 1991).

Roth, Andrew, *Sir Harold Wilson: Yorkshire Walter Mitty* (London: Macdonald and Jane's, 1977).

Rubinstein, David, *The Labour Paty and British Society: 1880-2005* (Brighton: Sussex Academic Press, 2005).

Ruston, Roger, *A Say in the End of the World: Morals and British Nuclear Weapons Policy 1941-1987* (Oxford: Claredon, 1989).

Sanders, David, *Losing an Empire, Finding a Role: British Foreign Policy since 1945* (Basingstoke: Macmillan, 1990).

Schrafstetter, Susanna and Twigge, Stephen, *Avoiding Armageddon: Europe, the United States, and the Struggle for Nuclear Nonproliferation*, 1945-1970 (London: Praeger, 2004).

Schwartz, David N., *NATO's Nuclear Dilemmas* (Washington D.C.: The Brookings Institution, 1983).

Schwartz, Thomas Alan, *Lyndon Johnson and Europe: In the Shadow of Vietnam* (Cambridge: Harvard University Press, 2003).

Seaborg, Glennt T. with Loeb, Benjamin S., *Stemming the Tide: Arms Control in the Johnson Years* (Toronto: Lexington, 1971).

Shrimsley, Anthony, *The First Hundred Days of Harold Wilson* (London: Weidenfeld and Nicolson, 1965).

Simpson, John, *The Independent Nuclear State: The United States, Britain and the Military Atom* (New York: St. Martin, 1983).

Snadbrook, Dominic, *White Heat: A History of Britain in the Swinging Sixties* (London: Brown, 2006).

Snyder, Grenn H., *Deterrence and Defence: Toward a Theory of National Security* (Princeton: Princeton University Press, 1961).

Steinbruner, John D., *The Cybernetic Theory of Decision: New Dimensions of Political Analysis* (Princeton: Princeton University Press, 1974).

Steinbruner, John D. and Sigal, Leon V. eds., *Alliance Security: NATO and No – First – Use Question* (Washington D.C.: Brookings Institution, 1983).

Stocker, Jeremy, *The United Kingdom and Nuclear Deterrence* (New York: Routledge, 2007).

Stoddart, Kristan, *Losing Empire and Finding a Role: Britain, the USA, NATO and Nuclear Weapons, 1964-70* (London: Palgrave Macmillan, 2012).

Stromseth, Jane E., *The Origins of Flexible Response: NATO's Debate over Strategy in the 1960s* (Basingstoke: Macmillan in association with St. Antony's College, Oxford, 1988).

Thomas, Ian Q. R., *The Promise of Alliance: NATO Political Imagination* (London: Rowman & Littlefield, 1997).

Twigge, Stephen and Scott, Len, *Planning Armageddon: Britain, the United States and the Command of Western Nuclear Forces 1945-1964* (Amsterdam: Harwood Academic, 2000).

Walker, John R., *Britain and Disarmament: The UK and Nuclear, Biological and Chemical Weapons Arms Control and Programmes 1956-1975* (Farnham: Ashgate, 2012).

Walker, John R., *British Nuclear Weapons and the Test Ban 1954-1973: Britain, the United States, Weapons Policies and Nuclear Testing: Tensions and Contradictions* (Farnham: Ashgate, 2010).

Wenger, Andreas, Neunlist, Christian and Locher, Anna eds., *Transforming NATO in the Cold War: Challenges beyond Deterrence in the 1960s* (Abingdon: Routledge, 2007).

Williams, Philip M., *Hugh Gaitskell* (Oxford: Oxford University Press, 1982).

Winand, Pascaline, *Eisenhower, Kennedy, and the United States of Europe* (Basingstoke: Macmillan, 1993).

Wynn, Humphrey, *RAF Nuclear Deterrent Forces: Their Origins, Role and Deployment 1946-1969* (London: The Security Office, 1994).

Young, John W., *The Labour Governments 1964-1970: International Policy* (Manchester: Manchester University Press, 2003).

Ziegler, Philip, *Wilson: The Authorised Life* (London: Weidenfeld & Nicolson, 1993).

Ziegler, Philip ed., *From Shore to Shore: The Tour Diaries of Earl Mountbatten of Burma 1953-1979* (London: Collins, 1989).

ガウイング，マーガレット，柴田治呂・柴田百合子訳『独立国家と核抑止力——原子力外交秘話』(電力新報社，1993 年)。

キッシンジャー，ヘンリー・A，田中武克・桃井真訳『核兵器と外交政策』(日本外政学会，1958 年)。

スミス，L，吉沢清次郎訳『ハロルド・ウィルソン』(鹿島研究所出版会，1966 年)。

ベイリス，ジョン，佐藤行雄・重家俊範・宮川眞喜夫訳『同盟の力学——英国と米国の防衛協力関係』(東洋経済新報社，1988 年)。

レイモン，アロン，佐藤毅夫訳『戦争を考える——クラウゼヴィッツと現代の戦略』(政治広報センター，1978 年)。

青野俊彦『「危機の年」の冷戦と同盟——ベルリン，キューバ，デタント　1961-63 年』(有斐閣，2012 年)。

岩田修一郎『核拡散の論理——主権と国益をめぐる国家の攻防』(勁草書房，2010 年)。

梅川正美・坂野智一・力久昌幸編著『イギリス現代政治史』(ミネルヴァ書房，2010 年)。

梅本哲也『核兵器と国際政治　1945-1995』(日本国際問題研究所，1996 年)。

金子譲『NATO　北大西洋条約機構の研究——米欧安全保障関係の軌跡』（彩流社，2008年）。

川嶋周一『独仏関係と戦後ヨーロッパ国際秩序——ドゴール外交とヨーロッパの構築 1958-1969』（創文社，2007年）。

木畑洋一『イギリス帝国と帝国主義——比較と関係の視座』（有志舎，2008年）。

倉科一希『アイゼンハワー政権と西ドイツ——同盟政策としての東西軍備管理交渉』（ミネルヴァ書房，2008年）。

黒崎輝『核兵器と日米関係——アメリカの核不拡散外交と日本の選択　1960-1976』（博士論文，東北大学，2006年）。

高坂正堯・桃井真共編『多極化時代の戦略　上——核理論の史的展開・下——さまざまな模索』（日本国際問題研究所，1973年）。

齋藤嘉臣『冷戦変容とイギリス外交——デタントをめぐる欧州国際政治　1964年-1975年』（ミネルヴァ書房，2006年）。

佐々木卓也『アイゼンハワー政権の封じ込め政策——ソ連の脅威，ミサイル・ギャップ論争と東西交流』（有斐閣，2008年）。

佐々木雄太『イギリス帝国とスエズ戦争——植民地主義・ナショナリズム・冷戦』（名古屋大学出版会，1997年）。

佐藤史郎『「非核兵器国の安全保証」の論理——秩序／無秩序，平等／不平等』（博士論文，立命館大学，2007年）。

芝崎祐典『イギリス外交の役割模索と欧州政策——ウィルソン政権による第二次EEC加盟申請，1964-1967年』（博士論文，東京大学，2006年）。

関嘉彦『イギリス労働党史』（社会思想社，1969年）。

仙洞田潤子『ソ連・ロシアの核戦略形成』（慶應義塾大学出版会，2002年）。

津崎直人『NPTとアメリカ——NPT形成史の再検討による核不拡散の再考』（博士論文，京都大学，2009年）。

西前幸則『自立性喪失の代償としての同盟再構築——同盟内核戦力を巡る英国の対応 1962-1965』（修士論文，防衛大学校総合安全保障研究科，2004年）。

福島康仁『1960年代における米国の同盟政策——NATO核計画部会の設立による米欧「相互拘束」』（修士論文，慶應義塾大学大学院政策・メディア研究科，2009年）。

藤本一美編著『ジョンソン大統領とアメリカ政治』（つなん出版，2004年）。

細谷雄一編『イギリスとヨーロッパ——孤立と統合の二百年』（勁草書房，2009年）。

益田実・小川浩之『政権交代期の対外政策転換プロセスへの政治的リーダーシップの影響の比較分析』（平成17～平成19年度科学研究費補助金（基盤研究（C））研究成果報告書，2008年）。http://miuse.mie-u.ac.jp:8080/bitstream/10076/9263/1/10K7838.pdf

水本義彦『同盟の相克——戦後インドシナ紛争をめぐる英米関係』（千倉書房，2009年）。

森聡『ヴェトナム戦争と同盟外交——英仏の外交とアメリカの選択　1964-1968年』（東京大学出版会，2009年）。

山本健太郎『ドゴールの核政策と同盟戦略——同盟と自立の狭間で』（関西学院大学出版会，2012年）。

吉田文彦『核戦略と核軍備管理政策，核不拡散政策の相互連関――米国歴代政権における政策選択の検証と分析』（博士論文，大阪大学，2007年）。

力久昌幸『イギリスの選択――欧州統合と政党政治』（木鐸社，1996年）。

5 論文

Ashton, Nigel J., "Harold Macmillan and the 'Golden Days' of Anglo-American Relations Revised, 1957-63," *Diplomatic History*, vol. 29, no. 4 (Sep. 2005), pp. 691-723.

Bader, W. B., "Nuclear Weapons Sharing and 'The German Problem'," *Foreign Affairs*, vol. 44, no. 4 (Jul. 1966), pp. 693-700.

Baylis, John, "British Nuclear Doctrine: The 'Moscow Criterion' and the Polaris Improvement Programme," *Contemporary British History*, vol. 19, no. 1 (Spring 2005), pp. 53-65.

Baylis, John, "Exchanging Nuclear Secrets: Laying the Foundations of the Anglo-American Nuclear Relationship," *Diplomatic History*, vol. 25, no. 1 (Winter 2001), pp. 33-61.

Baylis, John and Stoddart, Kristan, "Britain and the Chevaline Project: The Hidden Nuclear Programme, 1967-82," *The Journal of Strategic Studies*, vol. 26, no. 4 (Dec. 2003), pp. 124-155.

Beaufre, André, "The Sharing of Nuclear Responsibilities," *International Affairs*, vol. 41, no. 3 (Jul. 1965), pp. 411-419.

Berger, Stefan, "Britain and the GDR: Relations and Perceptions in a Divided World," *German History*, vol. 19, no. 2 (Jun. 2001), pp. 277-282.

Bluth, Christoph, "Reconciling the Irreconcilable: Alliance Politics and the Paradox of Extended Deterrence in the 1960s," *Cold War History*, vol. 1, no. 1 (Jan. 2001), pp. 73-102.

Boulton, J. W., "NATO and the MLF," *Journal of Contemporary History*, vol. 7, no.3 (Apr. 1972), pp. 275-294.

Brands, Har, "Non-Proliferation and the Dynamics of the Middle Cold War: The Superpowers, the MLF, and the NPT," *Cold War History*, vol. 7, no. 3 (Aug. 2007), pp. 389-423.

Brands, Har, "Rethinking Nonproliferation: LBJ, the Gilpatric Committee, and U.S. National Security Policy," *Journal of Cold War Studies*, vol. 8, no. 2 (Spring 2006), pp. 83-113.

Bray, Frank T. J. and Moodie, Michael L., "Nuclear Politics in India," *Survival*, vol. 19, no. 3 (May 1977), pp. 111-116.

Brodie, Bernard, "The Anatomy of Deterrence," *World Politics*, vol. 11, no. 2 (Jan. 1959), pp. 173-191.

Buchan, Alastair, "The Multilateral Force: A Study in Atlantic Politics," *International Affairs*, vol. 40, no. 4, (Oct. 1964), pp. 619-637.

Burney, John C. Jr., "Nuclear Sharing in NATO," *Military Review*, vol. 49, no. 6 (Sep. 1969), pp. 62-68.

Croft, Stuart, "Continuity and Change in British Thinking about Nuclear Weapons," *Political Studies*, vol. 42, no. 2 (Jun. 1994), pp. 228-242.

Danchev, Alex, "The Cold War 'Special Relationship' Revisited," *Diplomacy & Statecraft*, vol. 17, no. 3 (Sep. 2006), pp. 579-596.

De Rose, François, "Atlantic Relationships and Nuclear Problems," *Foreign Affairs*, vol. 41, no. 3 (Apr. 1963), pp. 479-490.

Dimitrakis, Panagiotis, "The Value to CENTO of UK Bases on Cyprus," *Middle Eastern Studies*, vol. 45, no. 4 (Jul. 2009), pp. 611-624.

Dockrill, Michael, "Restoring the 'Special Relationship'-The Bermuda and Washington Conferences, 1957," in Richardson, Dick and Stone, Glyn eds., *Decisions and Diplomacy: Studies in Twentieth Century International History* (London: Routledge, 1995), pp. 205-223.

Dockrill, Saki, "Britain's Power and Influence: Dealing with Three Roles and the Wilson Government's Defence Debate at Chequers in November 1964," *Diplomacy & Statecraft*, vol. 11, no. 1 (Mar. 2000), pp. 211-240.

Dockrill, Saki, "Forging the Anglo-American Global Defence Partnership: Harold Wilson, Lyndon Johnson and the Washington Summit, December 1964," *Journal of Strategic Studies*, vol. 23, no. 4 (Dec. 2000), pp. 107-129.

Duffield, John S., "The Evolution of NATO's Strategy of Flexible Response: A Reinterpretation," *Security Studies*, vol. 1, no. 1 (Mar. 1991), pp. 132-156.

Ellison, James, "Defeating the General: Anglo-American Relations, Europe and the NATO Crisis of 1966," *Cold War History*, vol. 6, no. 1 (Feb. 2006), pp. 85-111.

Epstein, Leon D., "The Nuclear Deterrent and the British Election of 1964," *The Journal of British Studies*, vol. 5, no. 2 (May 1966), pp. 139-163.

Gavin, Francis J., "Blasts from the Past: Proliferation Lessons from the 1960s," *International Security*, vol. 29, no. 3 (Winter 2004/2005), pp. 100-135.

Gavin, Francis J., "The Myth of Flexible Response: American Strategy in Europe During The 1960's," *International History Review*, vol. 23, no. 4 (Dec. 2001), pp. 847-875.

Gill, David James, "Ministers, Markets and Missiles: The British Government, the European Economic Community and the Nuclear Non-Proliferation Treaty, 1964-68," *Diplomacy & Statecraft*, vol. 21, no. 3 (Sep. 2010), pp. 451-470.

Gill, David James, "Strength in Numbers: The Labour Government and the Size of the Polaris Force," *Journal of Strategic Studies*, vol. 33, no. 6 (Dec. 2010), pp. 819-845.

Gill, David James, "The Ambiguities of Opposition: Economic Decline, International Co-operation, and Political Rivalry in the Nuclear Policies of the Labour Party, 1963-1964," *Contemporary British History*, vol. 25, no. 2 (Jun. 2011), pp. 251-276.

Godwin, Matthew and Kirby, Maurice, "V is for Vulnerable: Operational Research and the V-Bombers," *Defence Studies*, vol. 9, no. 1 (Mar. 2009), pp. 149-168.

Hartley, Anthony, "The British Bomb," *Survival*, vol. 6, no. 4 (Jul.-Aug. 1964), pp. 170-192.

Heppell, Timothy, "The Labour Party Leadership Election of 1963: Explaining the Unexpected Election of Harold Wilson," *Contemporary British History*, vol. 24, no. 2 (Jun. 2010), pp. 151-171.

Heuser, Beatrice, "Victory in a Nuclear War? A Comparison of NATO and WTO War Aims and Strategies," *Contemporary European History*, vol. 7, no. 3 (Nov. 1998), pp. 311-327.

Hoag, Malcolm W., "Nuclear Policy and French Intransigence," *Foreign Affairs*, vol. 41, no. 2 (Jan. 1963), pp. 286-298.

Hughes, Geraint, "'We are not Seeking Strength for its Own Sake': The British Labour Party, West Germany and the Cold War, 1951-64," *Cold War History*, vol. 3, no. 1 (Oct. 2002), pp. 67-94.

Jones, Matthew, "A Decision Delayed: Britain's Withdrawal from South East Asia Reconsidered," *English Historical Review*, vol. 117, no. 472 (Jun. 2002), pp. 569-595.

Jones, Matthew, "The Radford Bombshell: Anglo-Australian-US Relations, Nuclear Weapons and the Defence of South East Asia, 1954-57," *The Journal of Strategic Studies*, vol. 27, no. 4 (Dec. 2004), pp. 636-662.

Jones, Matthew, "Up the Garden Path?: Britain's Nuclear History in the Far East, 1954-1962," *The International History Review*, vol. 25, no.2 (Jun. 2003), pp. 306-333.

Jones, Matthew and Young, John W., "Polaris, East of Suez: British Plans for a Nuclear Force in the Indo-Pacific, 1964-1968," *Journal of Strategic Studies*, vol. 33, no. 6 (Dec. 2010), pp. 847-870.

Kohl, Wilfred L., "Nuclear Sharing in NATO and the Multilateral Force," *Political Science Quarterly*, vol. 80, no. 1 (Mar. 1965), pp. 88-109.

Kotch, John B., "NATO Nuclear Arrangements in the Aftermath of MLF: Perspectives on a Continuing Dilemma," *Air University Review*, vol. 18, no. 3 (Mar.-Apr. 1967), pp. 78-88.

Krieger, Wolfgang, "NATO and Nuclear Weapons-An Introduction to Some Historical and Current Issues," Schmidt, Gustav ed., *A History of NATO: The First Fifty Years*, vol. 3 (New York: Palgrave, 2001), pp. 101-119.

Lewis, Julian, "Britain's Need for a Nuclear Deterrent," *Defence Studies*, vol. 8, no. 3 (Nov. 2008), pp. 262-285.

Locher, Anna and Nuenlist, Christian, "What Role for NATO? Conflicting Western Perceptions of Détente, 1963-1965," *Journal of Transatlantic Studies*, vol. 2, no. 2 (Autumn 2004), pp. 185-208.

Martin, J. J., "Nuclear Weapons in NATO's Deterrent Strategy," *Orbis*, vol. 22, no. 3 (Winter 1979), pp. 875-895.

Melissen, Jan, "The Thor Saga: Anglo-American Nuclear Relations, US IRBM Development and Deployment in Britain, 1955-1959," *Journal of Strategic Studies*, vol. 15, no. 2 (Jun. 1992), pp. 172-207.

Middeke, Michael, "Britain's Global Military Role, Conventional Defence and Anglo-American Interdependence after Nassau," *Journal of Strategic Studies*, vol. 24, no. 1 (Mar. 2001), pp. 143-164.

Middeke, Michael, "Anglo-American Nuclear Weapons Cooperation after the Nassau Conference: The British Policy of Interdependence," *Journal of Cold War Studies*, vol. 2, no. 2 (Spring 2000), pp. 69-96.

Miksche, F. O., "The Case for Nuclear Sharing," *Orbis*, vol. 5, no. 3 (Fall 1961), pp. 292-305.

Miller, David, "Britain Ponders Single Warhead Option," *International Defence Review*, vol. 45, no. 9 (Sep. 1994), pp. 45-51.

Newson, David D., "US-British Consultation: An Impossible Dream?," *International Affairs*, vol. 63, no. 2 (Spring 1987), pp. 225-238.

Noorani, A. G., "India's Quest for a Nuclear Guarantee," *Asian Survey*, vol. 7, no. 7 (Jul. 1967), pp. 490-502.

Nuti, Leopoldo, "'Me Too, Please': Italy and the Politics of Nuclear Weapons, 1945-1975," *Diplomacy & Statecraft*, vol. 4, no. 1 (Mar. 1993), pp. 114-148.

Priest, Andrew, "In American Hands: Britain, the United States and Polaris Nuclear Project 1962-1968," *Contemporary British History*, vol. 19, no. 3 (Sep. 2005), pp. 353-376.

Priest, Andrew, "'In Common Cause': The NATO Multilateral Force and the Mixed-Manning Demonstration on the USS Claude V. Ricketts, 1964-1965," *The Journal of Military History*, vol. 69, no. 3 (Jul. 2005), pp. 759-788.

Priest, Andrew, "The President, the 'Theologians' and the Europeans: The Johnson Administration and NATO Nuclear Sharing," *International History Review*, vol. 33, no. 2 (Jun. 2011), pp. 257-275.

Quinlan, Michael, "The Future of United Kingdom Nuclear Weapons: Shaping the Debate," *International Affairs*, vol. 82, no. 4 (Jul. 2006), pp. 627-637.

Redford, Duncan, "The 'Hallmark of a First-Class Navy': The Nuclear-Powered Submarine in the Royal Navy 1960-77," *Contemporary British History*, vol. 23, no. 2 (Jun. 2009), pp. 181-197.

Ritchie, Nick, "Deterrence Dogma? Challenging the Relevance of British Nuclear Weapons," *International Affairs*, vol. 85, no. 1 (Jan. 2009), pp. 81-98.

Rogers, Paul, "Big Boats and Bigger Skimmers: Determining Britain's Role in the Long War," *International Affairs*, vol. 82, no. 4 (Jul. 2006), pp. 651-665.

Rühle, Michael, "NATO and Extended Deterrence in a Multinuclear World," *Compara-

tive Strategy, vol. 28, no. 1 (Jan. 2009), pp. 10-16.

Schrafstetter, Susanna, "Preventing the 'Smiling Buddha': British-Indian Nuclear Relations and the Commonwealth Nuclear Force, 1964-68," *The Journal of Strategic Studies,* vol. 25, no. 3 (Sep. 2002), pp. 87-108.

Schrafstetter, Susanna, "The Long Shadow of the Past: History, Memory and the Debate over West Germany's Nuclear Status, 1954-69," *History and Memory*, vol. 16, no. 1 (Spring/Summer 2004), pp. 118-145.

Schrafstetter, Susanna and Twigge, Stephen, "Trick or Truth? The British ANF Proposal, West Germany and US Nonproliferation Policy, 1964-68," *Diplomacy & Statecraft*, vol. 11, no. 2 (Jul. 2000), pp.161-184.

Scott, Len, "Labour and the Bomb: the First 80 Years," *International Affairs*, vol. 82, no. 4 (Jul. 2006), pp. 685-700.

Scott, Len and Dylan, Huw, "Cover for Thor: Divine Deception Planning for Cold War Missiles," *Journal of Strategic Studies*, vol. 33, no. 5 (Oct. 2010), pp. 759-775.

Smith, Martin A., "British Nuclear Weapons and NATO in the Cold War and beyond," *International Affairs*, vol. 87, no. 6 (Nov. 2011), pp. 1385-1399.

Snyder, Glenn H., "Deterrent and Power," *The Journal of Conflict Resolution*, vol. 4, no. 2 (Jun. 1960), pp.163-178.

Spinardi, Graham, "Golfballs on the Moor: Building the Fylingdales Ballistic Missile Early Warning System," *Contemporary British History*, vol. 21, no. 1 (Mar. 2007), pp. 87-110.

Stoddart, Kristan, "Maintaining the 'Moscow Criterion': British Strategic Nuclear Targeting 1974-1979," *Journal of Strategic Studies*, vol. 31, no. 6 (Dec. 2008), pp. 897-924.

Stoddart, Kristan, "Nuclear Weapons in Britain's Policy towards France, 1960-1974," *Diplomacy & Statecraft*, vol. 18, no. 4 (Dec. 2007), pp. 719-744.

Stoddart, Kristan, "The Wilson Government and British Response to Anti-Ballistic Missiles, 1964-1970," *Contemporary British History*, vol. 23, no. 1 (Mar. 2009), pp. 1-33.

Tal, David, "The Burden of Alliance: The NPT Negotiations and the NATO Factor, 1960-1968," Nunlist, Christian and Locher, Anna eds., *Transatlantic Relations at Stake: Aspects of NATO, 1956-1972* (Zurich: Center for Security Studies, 2006), pp. 97-124.

Twigge, Stephen, "Britain, the United States, and the Development of NATO Strategy, 1950-1964," *Journal of Strategic Studies*, vol. 19, no. 2 (Jun. 1996), pp. 260-281.

Twigge, Stephen, "Operation Hullabaloo: Henry Kissinger, British Diplomacy, and the Agreement on the Prevention of Nuclear War," *Diplomatic History*, vol. 33, no. 4 (Sep. 2009), pp. 689-701.

Wenger, Andreas, "Crisis and Opportunity: NATO's Transformation and Multilateralization of Détente, 1966-1968," *Journal of Cold War Studies*, vol. 6, no. 1 (Winter 2004), pp. 37-60.

Wheeler, Michael O., "NATO Nuclear Strategy, 1949-90," Schmidt, Gustav ed., *A History of NATO: The First Fifty Years,* vol. 3 (New York: Palgrave, 2001), pp. 121-139.

Wiegele, Thomas C., "Nuclear Consultation Processes in NATO," *Orbis*, vol. 16, no. 2 (Summer 1972), pp. 462-487.

Wiegele, Thomas C., "The Origins of the MLF Concept, 1957-1960," *Orbis*, vol. 12, no. 2 (Summer 1968), pp. 465-489.

Widén, J. J. and Colman, Jonathan, "Lyndon B. Johnson, Alec Douglas-Home, Europe and the NATO Multilateral Force, 1963-64," *Journal of Transatlantic Studies*, vol. 5, no. 2 (Autumn 2007), pp. 179-198.

Wohlstetter, Albert, "Nuclear Sharing: NATO and the N+1 Country," *Foreign Affairs*, vol. 39, no. 3 (Apr. 1961), pp. 355-385.

Young, John W., "International Factors and the 1964 Election," *Contemporary British History*, vol. 21, no. 3 (Sep. 2007), pp. 351-371.

Young, John W., "Killing the MLF? The Wilson Government and Nuclear Sharing in Europe, 1964-66," *Diplomacy & Statecraft*, vol. 14, no. 2 (Jun. 2003), pp. 295-324.

Young, Ken, "A Most Special Relationship: The Origins of Anglo-American Nuclear Striking Planning," *Journal of Cold War Studies*, vol. 9, no. 2, (Spring 2007), pp. 5-31.

Young, Ken, "No Blank Cheque: Anglo-American (Mis)understandings and the Use of the English Airbases," *The Journal of Military History*, vol. 71, no. 4 (Oct. 2007), pp. 1133-1167.

Young, Ken, "The Skybolt Crisis of 1962: Muddle or Mischief ?," *The Journal of Strategic Studies*, vol. 27, no. 4 (Dec. 2004), pp. 614-635.

Zimmermann, Hubert, "The Sour Fruits of Victory: Sterling and Security in Anglo - German Relations during the 1950s and 1960s," *Contemporary European History*, vol. 9, no. 2 (Jul. 2000), pp. 225-243.

ウォルフ・メンデル「第二次世界大戦後の英仏の安全保障政策と核武装問題」『新防衛論集』第27巻，第1号（1999年6月），61-80頁。

青野利彦「1963年デタントの限界──キューバ・ミサイル危機後の米ソ交渉と同盟政治 1962-63年」『一橋法学』第8巻，第2号（2009年7月），121-168頁。

青野利彦「キューバ・ミサイル危機における米英関係」『一橋論叢』第123巻，第1号（2000年1月），148-169頁。

新垣拓「ジョンソン政権における核シェアリング政策── NATO核問題と政策協議方式案の採用」『国際政治』第163号（2011年1月），68-80頁。

梅本哲也「『柔軟反応』戦略と在欧戦域核」上野明・鈴木啓介編著『ボーダーレス時代の国際関係』（北樹出版，1991年），123-140頁。

小川伸一「『核の傘』の理論的検討」『国際政治』第90号（1989年3月），91-102頁。

川嶋周一「冷戦と独仏関係──二つの大構想と変容する米欧関係の間で　1959-1963年」

『国際政治』第134号(2003年11月), 56-69頁.
菅英輝「冷戦の終焉と60年代性——国際政治史の文脈において」『国際政治』第126号(2001年2月), 1-22頁.
倉科一希「米欧同盟と核兵器拡散問題——ケネディ政権の対西独政策」『国際政治』第163号(2011年1月), 55-67頁.
黒崎輝「アメリカ外交と核不拡散条約の成立(1)・(2)」『法學』第65巻, 第5号(2001年12月), 36-97頁・第65巻, 第6号(2002年2月), 35-88頁.
小窪千早「フランス外交とデタント構想——ドゴールの『東方外交』とその欧州観(1)・(2)」『法学論叢』第153巻, 第3号(2003年6月), 47-68頁・第4号(2003年7月号), 69-91頁.
小島かおる「ジョージ・ボールと『大西洋パートナーシップ』構想——多角的核戦力(MLF)問題を中心に」『法学政治学論究』第44号(2000年3月), 59-95頁.
小林弘幸「第一次ハロルド・ウィルソン政権とポラリス・ミサイル搭載型潜水艦建造問題, 1964年-1965年」『法学政治学論究』第94号(2012年9月), 101-125頁.
坂出健「核不拡散レジームと軍事産業基盤——1966年NATO危機をめぐる米英独核・軍事費交渉(1966年3月〜1967年4月)」『アメリカ研究』第42号(2008年), 99-118頁.
坂出健「ケネディ『大構想』とナッソー協定」『富大経済論集』第43巻, 第3号(1998年3月), 693-712頁.
坂出健「スカイボルト危機とNSAM40」『富大経済論集』第42巻, 第2号(1996年11月), 429-445頁.
坂出健「NATO核武装計画と英米特殊関係」『富大経済論集』第42巻, 第1号(1996年7月), 35-52頁.
芝崎祐典「多角的戦力(MLF)構想とウィルソン政権の外交政策, 1964年」『ヨーロッパ研究』第3号(2003年), 63-79頁.
高野浩「英国の戦略核戦力について」『レファレンス』第38巻, 第2号(1988年2月), 54-60頁.
塚本勝也・工藤仁子・須江秀司「核武装と非核の選択——拡大抑止が与える影響を中心に」『防衛研究所紀要』第11巻, 第2号(2009年1月), 1-42頁.
永野隆行「イギリスの東南アジアへの戦略的関与と英軍のスエズ以東撤退問題」『独協大学英語研究』第53号(2001年3月), 45-66頁.
橋口豊「戦後イギリス外交の変容と英米間の『特別な関係』——マクミラン政権のヨーロッパ統合政策を中心に」『龍谷法学』第39巻, 第3号(2006年12月), 23-50頁.
橋口豊「ハロルド・ウィルソン政権の外交 1964年-1970年——『三つのサークル』の中の英米関係」『龍谷法学』第38巻, 第4号(2006年3月), 67-119頁.
橋口豊「冷戦の中の英米関係——スカイボルト危機とナッソー協定をめぐって」『国際政治』第126号(2001年2月), 52-64頁.
橋口豊「冷戦の中の英米対立——スカイボルト危機をめぐって」『名古屋大学法政論集』第178号(1999年6月), 1-44頁.

細谷雄一「パートナーとしてのアメリカ——イギリス外交の中で」押村高編『帝国アメリカのイメージ——国際社会との広がるギャップ』（早稲田大学出版部，2004年），66-91頁。
牧野和伴「MLF構想と同盟戦略の変容（1）・（2）」『成蹊大学法学政治学研究』第21号（1999年12月），25-46頁・第22号（2000年6月），57-81頁。
山本健「ヨーロッパ冷戦史——ドイツ問題とヨーロッパ・デタント」日本国際政治学会編『日本の国際政治学　第4巻　歴史の中の国際政治』（有斐閣，2009年），133-149頁。
山本健太郎「MLF（多角的核戦力）構想とドゴール外交」『法と政治』第58巻，第3・4号（2008年1月），31-102頁。
力久昌幸「イギリス労働党の核兵器政策——一方的核軍縮運動の盛衰1945年-1991年（1）・（2）」『法学論叢』第131巻，第6号（1992年9月），67-94頁・第133巻，第4号（1993年7月），90-123頁。

関連年表

年　月（日）	事　項
1939 年 9 月	ドイツ軍のポーランド侵攻，第二次世界大戦の勃発
1940 年 4 月	モード委員会の設置
1940 年 5 月	チャーチル挙国一致内閣成立
1941 年 7 月	モード委員会が報告書を提出
1943 年 8 月	ケベック協定の締結
1944 年 9 月	チャーチルとルーズベルトが戦後の核協力に合意（ハイドパーク合意）
1945 年 4 月	ルーズベルト死去，トルーマンがアメリカ大統領に就任
1945 年 7 月	アトリー労働党内閣成立
	ウィルソンが下院議員に初当選，建設省政務次官に就任
1945 年 8 月	アメリカが広島・長崎に原爆投下
1946 年 8 月	アメリカ上院がマクマホン法を制定
1947 年 1 月	アトリー内閣において独力での原爆開発の継続を決定
1948 年 6 月	ソ連のベルリン封鎖（～ 49 年 5 月）
1948 年 7 月	アメリカ空軍の B-29 のアングリア空軍基地への配備
1949 年 4 月	北大西洋条約調印
1949 年 8 月	ソ連が原爆実験に成功
1951 年 10 月	アトリーとトルーマンが核使用に関する申し合わせに合意
	チャーチル保守党内閣成立
1952 年 10 月	イギリスが原爆実験に成功
1952 年 11 月	アメリカが水爆実験に成功
1953 年 1 月	アイゼンハワーがアメリカ大統領に就任
1953 年 8 月	ソ連が水爆実験に成功
1953 年 12 月	チャーチルとアイゼンハワーがバミューダで首脳会談
	サンディス英軍需相とウィルソン米国防長官が弾道ミサイル開発協力を協議
1954 年 7 月	チャーチル内閣において水爆開発を決定
1954 年 8 月	アメリカ上院がマクマホン法を改正
1954 年 9 月	SEATO の設立
1954 年 10 月	西ドイツが NATO に加盟
1954 年 11 月	ALCM ブルースティールの開発開始
1955 年 2 月	V 型爆撃機の部隊配備開始
1955 年 3 月	METO の設立（59 年 3 月に CENTO に改称）
1955 年 4 月	イーデン保守党内閣成立
1955 年 5 月	ソ連をはじめとする共産主義諸国がワルシャワ条約に調印
1955 年 6 月	イギリスとアメリカが核使用に関する防衛計画・訓練の際の情報交換の協定を締結
1955 年 8 月	IRBM ブルーストリークの開発開始
1955 年 12 月	ゲイツケルが労働党の党首に就任
1956 年 6 月	イーデン内閣が極東への核配備を決定

1956 年 10 月	スエズ危機（～12 月）
1957 年 1 月	マクミラン保守党内閣成立
1957 年 3 月	マクミランとアイゼンハワーがバミューダで首脳会談
1957 年 5 月	イギリスが水爆実験に成功
1957 年 7 月	危機時の V 型爆撃機のシンガポールへの緊急展開態勢を整備
1957 年 8 月	ソ連が ICBM 実験に成功
1957 年 10 月	ソ連が人工衛星スプートニクの打ち上げ成功
1957 年 11 月	イギリス及びアメリカの空軍が有事の核攻撃の目標配分を協議
1957 年 12 月	NATO 諸国が核備蓄協定及び核協力協定を締結
1958 年 1 月	EEC 発足
	CND 結成
1958 年 2 月	アメリカ空軍の IRBM ソアをイギリス本土に配備
1958 年 7 月	アメリカ上院がマクマホン法を改正
1959 年 1 月	ドゴールがフランス大統領に就任
1960 年 2 月	フランスが原爆実験に成功
1960 年 3 月	マクミランとアイゼンハワーの首脳会談，イギリスがアメリカから開発中の ALBM スカイボルトの提供を受けることに合意
1960 年 4 月	マクミラン内閣が IRBM ブルーストリークの開発中止を決定
1960 年 10 月	マクミラン内閣がシンガポールに配備中のキャンベラ軽爆撃機の核武装と核攻撃能力を有する空母艦隊のシンガポールへの常駐を決定
1960 年 12 月	アメリカが SIOP62 を制定
1961 年 1 月	ケネディがアメリカ大統領に就任
1961 年 8 月	マクミラン首相が EEC に加盟申請
	東ドイツがベルリンの壁構築
1962 年 10 月	キューバ・ミサイル危機
1962 年 12 月	マクミランとケネディがナッソーで首脳会談
1963 年 1 月	ドゴールがイギリスの EEC 加盟拒否を表明
	フランスと西ドイツが協力条約（エリゼ条約）に調印
1963 年 2 月	ウィルソンが労働党の党首に就任
1963 年 4 月	ウィルソンが訪米しケネディと会談
1963 年 6 月	マクミランとケネディがロンドンで首脳会談
	ウィルソンが訪ソしフルシチョフと会談
1963 年 8 月	米英ソが部分的核実験禁止条約調印
1963 年 10 月	ヒューム保守党内閣成立
	エアハルトが西ドイツ首相に就任
	NATO 有志諸国が MLF 作業部会を設置
1963 年 11 月	ケネディ暗殺，ジョンソンがアメリカ大統領に就任
1964 年 3 月	ウィルソンが訪米しジョンソンと会談
1964 年 6 月	ウィルソンが訪ソしフルシチョフと会談
	ジョンソンとエアハルトがワシントンで首脳会談，年末までに MLF 協定を締結することを合意
1964 年 7 月	OPD(O) において MLF 参加の是非に関する検討開始（～10 月）
1964 年 10 月 15 日	総選挙で労働党が勝利

関連年表

1964 年 10 月 16 日	ウィルソン労働党内閣成立
	ウィルソン，ゴードン・ウォーカー，ヒーリーの非公式三者会合
	中国が原爆実験に成功
1964 年 10 月 21 日	ウィルソン内閣での第 1 回 OPD
1964 年 10 月 26 日	ゴードン・ウォーカー外相の訪米（〜 27 日）
1964 年 10 月 30 日	OPD(O)で核戦力構想の草案作業部会の設置指示
1964 年 11 月 2 日	OPD(O)で核戦力構想の骨子を協議
1964 年 11 月 6 日	OPD(O)で核戦力構想の草案を協議
1964 年 11 月 10 日	トレンド内閣官房長からウィルソンに対する ANF 草案の報告
1964 年 11 月 11 日	ウィルソン，ゴードン・ウォーカー，ヒーリーの臨時閣僚小委員会で ANF 構想に合意
1964 年 11 月 21 日	チェッカーズにおける外交・防衛臨時委員会（〜 22 日）で ANF 構想を承認
1964 年 11 月 23 日	ウィルソンが下院の演説で MLF を批判
1964 年 11 月 26 日	閣議で ANF 構想を承認
1964 年 12 月 4 日	ウィルソンとインドのシャーストリー首相が首脳会談
1964 年 12 月 7 日	ウィルソン，ゴードン・ウォーカー，ヒーリーの訪米，英米首脳会談（〜 8 日）
1964 年 12 月 9 日	ゴードン・ウォーカーとグロムイコソ連外相が会談
1964 年 12 月 11 日	ウィルソンとシュレーダー西独外相が会談
1964 年 12 月 15 日	NATO の外相級理事会でゴードン・ウォーカーが NATO 核戦力の構築に向けた多国間協議の開催を提案
1964 年 12 月 16 日	下院での外交政策の集中審議（〜 17 日）
1965 年 1 月 19 日	OPD においてポラリス潜水艦を 4 隻建造することを決定
1965 年 2 月 19 日	ANF 事務官小委員会の設置
1965 年 3 月 7 日	ウィルソンとエアハルトがボンで首脳会談
1965 年 3 月 22 日	スチュワート外相が訪米し，ラスク国務長官と会談
1965 年 5 月 26 日	NATO 有志諸国間での MLF ／ ANF 作業部会の再開
1965 年 6 月 1 日	NATO 国防相級会合でマクナマラが選抜委員会の設置を提案
1965 年 7 月 1 日	参謀本部がポラリス潜水艦のスエズ以東への配備に関する報告書を提出
1965 年 9 月 23 日	ウィルソンが閣議でスエズ以東での同盟体制の見直しを指示
1965 年 11 月 13 日	チェッカーズにおける外交・防衛臨時委員会（〜 14 日）でスエズ以東での同盟体制の見直しをアメリカに提案することを承認
1965 年 11 月 27 日	NATO の国防相級会合で，NPWG において NATO の核問題を協議することに合意
1965 年 12 月 16 日	ウィルソンが訪米しジョンソンと首脳会談（〜 17 日）
1966 年 1 月	スチュワートとヒーリーが訪米しラスクとマクナマラと会談
1966 年 6 月	SEATO 閣僚級会合
1966 年 12 月	閣僚級 NAC で NPG の設立に合意，ANF ／ MLF の創設を断念
1967 年 4 月	NPG の第 1 回会合
1967 年 5 月	ウィルソン首相が EEC への加盟を再申請
1967 年 6 月	中国が水爆実験に成功
1967 年 7 月	EC 発足

221

1967 年 8 月	ポラリス潜水艦の NATO への提供
1967 年 11 月	ポンド切り下げ
1967 年 12 月	NATO の閣僚級 NAC でアルメル報告を採択
1968 年 1 月	ウィルソン首相が 71 年末までにスエズ以東からのイギリス軍の撤退を発表
1968 年 7 月	アメリカ，ソ連，イギリスが核拡散防止条約に調印
1968 年 8 月	フランスが水爆実験に成功
1968 年 10 月	外務省とコモンウェルス省が統合し，外務・コモンウェルス省が発足
1969 年 1 月	ニクソンがアメリカ大統領に就任
1969 年 4 月	ドゴールがフランス大統領を辞任
1970 年 6 月	ヒース保守党内閣成立

人名索引

【ア行】

アイゼンハワー（Dwight D. Eisenhower）…… 21, 23, 24, 26, 30, 41, 73
アチソン（Dean Acheson）…… 10
アデナウアー（Konrad Adenauer）…… 49, 93
アトリー（Clement Attlee）…… 8, 19, 20, 65, 66, 69, 126
アメリー（Julian Amery）…… 98
イーデン（Anthony Eden）…… 122
ウィッグ（George Wigg）…… 79, 81, 157
ウィルソン（Charles E. Wilson）…… 23
ウィルソン（Harold Wilson）…… 2-13, 17, 39, 59, 65, 69-85, 109, 111, 115, 117, 118, 120, 121, 126-128, 132-134, 137, 143-152, 154-162, 167, 170-175, 177-180, 189-198
ウォルステッター（Albert Wohlstetter）…… 71
エアハルト（Ludwig W. Erhard）…… 49, 76, 92, 93, 115-117, 162, 167
オームズビー・ゴア（David Ormsby-Gore）…… 40

【カ行】

カースル（Barbara Castle）…… 6, 71
ガーディナー（Gerald Austin Gardiner）…… 118
ガーナー（Saville Garner）…… 135
カーン（Herman Kahn）…… 71
カズンズ（Frank Cousins）…… 156
カッチア（Harold Caccia）…… 95, 96, 119, 135
キャラハン（James Callaghan）…… 69-71, 85, 118, 156
クリーヴランド（Harlan Cleveland）…… 168
クロスマン（Richard Crossman）…… 6, 66, 71, 79, 81, 156, 157
グロムイコ（Andrei A. Gromyko）…… 162
ゲイツケル（Hugh Gaitskell）…… 66-71, 77
ケネディ（John F. Kennedy）…… 1, 39, 42-46, 48-50, 53-55, 73, 91, 92
ゴードン・ウォーカー（Patrick Gordon-Walker）…… 7, 70-73, 77, 78, 85, 115, 118-122, 127-129, 132, 144, 146, 151, 156, 159, 161-163, 170
コスイギン（Aleksei N. Kosygin）…… 162

【サ行】

ザッカーマン（Solly Zuckerman）…… 6, 99-101
サンディス（Duncan Sandys）…… 22, 27
シェリング（Thomas Schelling）…… 71
シャーストリー（Lal Bahadur Shastri）…… 170
シャックバラ（Evelyn Shuckburgh）…… 58, 117, 122-124, 163, 165
シュトラウス（Franz Josef Strauß）…… 49
シュレーダー（Gerhard Schröder）…… 49, 57, 161
ショア（Peter Shore）…… 71, 79, 81
ジョンソン（Lyndon B. Johnson）…… 73, 80, 92, 115-117, 120, 128, 160, 163, 170, 173, 174
スチュワート（Michael Stewart）…… 171, 175, 176
スミス（Gerard Smith）…… 41
ズルエタ（Philip de Zulueta）…… 80
ソニークロフト（Peter Thornycroft）…… 40, 41, 43, 53, 57, 77, 79, 80, 98, 125, 126, 127, 157

【タ行】

チャーチル（Winston Churchill）…… 18, 19, 21, 30, 66, 73
チャルフォント（Alum Chalfont）…… 157
ドゴール（Charles de Gaulle）…… 44, 48, 49, 92, 93, 108, 193, 198

トレンド（Burke Trend）……… 12, 52, 53, 94, 95, 100, 102-104, 128, 129, 131, 134, 143, 144, 146-148, 150, 155, 175

【ナ行】

ノースタッド（Lauris Norstad）……… 26, 41, 48

【ハ行】

ハーディ（A. W. G. Le Hardy）……… 57, 128, 163
ハードマン（Henry Hardman）……… 99, 121, 134, 135
ハーレック（Lord Harlech）……… 119
バーンズ（E. J. W. Barnes）……… 95, 121-124, 128, 163
パウエル（Richard Powell）……… 135
バザード（Anthony Buzzard）……… 71
バッカン（Alastair Buchan）……… 71
ハッセル（Kai-Uwe von Hassel）……… 49
バトラー（Richard A. Butler）……… 93, 157
パリサー（Michael Palliser）……… 93, 128
ハル（Richard Hull）……… 107
ハワード（Michael Howard）……… 71
バンディ（McGeorge Bundy）……… 160, 163
ヒーリー（Denis Healey）……… 4, 7, 11, 70-72, 75, 78, 79, 85, 118, 121, 123, 126, 127, 132, 144, 146, 147, 156, 159, 166, 167, 175, 176
ヒュー＝ジョーンズ（W. N. Hugh-Jones）‥ 104
ヒューム（Lord Home）……… 43, 53, 80, 81, 84, 94, 157, 158
フット（Michael Foot）……… 66, 67
ブラウン（George Brown）……… 69-72, 84, 118, 156
ブルガーニン（Nikolai Bulganin）……… 98
フルシチョフ（Nikita Khrushchev）……… 73, 116
フレーザー（Hugh Fraser）……… 40
ブロシオ（Manlio Brosio）……… 117, 168
ベヴァン（Aneurin Bevan）……… 70
ベヴィン（Ernest Bevin）……… 20, 66, 71, 126
ベン（Tonny Benn）……… 6, 71, 79, 81

ボーデン（Herbert Bowden）……… 118
ボール（George Ball）……… 42, 43, 46, 49, 50, 92, 116, 119, 120, 127, 154, 163

【マ行】

マーチャント（Livingston Merchant）……… 51
マウントバッテン（The Earl Mountbatten of Burma）……… 101, 103, 104, 106, 107, 133
マクナマラ（Robert S. McNamara）……… 39-42, 48, 75, 76, 120, 127, 159, 164-168, 174
マクマホン（Brien McMahon）……… 19
マクミラン（Harold Macmillan）……… 1, 11, 21, 25-27, 29, 30, 40, 42-47, 50, 52-55, 73, 80, 198
マッキントッシュ（A. M. Mackintosh）……… 104, 128, 163
ミカード（Ian Mikardo）……… 66
ミコヤン（Anastas Mikoyan）……… 70
メイヒュ（Christopher Mayhew）……… 126, 127, 132
モッターヘッド（F. W. Mottershead）……… 128, 163
モネ（Jean Monnet）……… 50

【ラ行・ワ行】

ライト（C. W. Wright）……… 107
ライト（J. K. Wright）……… 128, 163
ラスキー（D. S. Laskey）……… 104, 105, 128
ラスク（Dean Rusk）……… 57, 93, 119, 120, 127, 159, 160, 163, 171
リー（John M. Lee）……… 41
リー（Fred Lee）……… 156
リケッツ（Claude Ricketts）……… 54
ルース（David Luce）……… 132, 133
ルーズベルト（Franklin D. Roosevelt）……… 18, 19
ロジャース（P. Rogers）……… 128, 144, 162
ワトキンソン（Harold Watkinson）……… 25, 39

事項索引

【数字・A～Z】

4カ国同盟 174, 176, 177, 197
ALBM 1, 25-28, 35, 39, 40, 42, 43, 68
ALCM 22, 41, 42
ANF 2-10, 12, 13, 17, 65, 85, 91, 109, 115, 119, 127, 129-133, 136, 137, 143-146, 148, 149, 151-155, 157-164, 166, 169, 171, 175, 177-179, 189-198
B-29 20
B-52 40
B-70 40
BAOR 32, 148
CENTO 33, 110, 151, 154
CND 67
DPC 169
EDC 50
EEC 40, 42, 49, 71, 97, 100, 119, 198
F-104 58
GATT 94
GNP 52, 53
ICBM 23, 24, 40, 72, 119, 125, 129, 152, 159
IRBM 23-25, 28, 29, 40, 68
JSTPS 31
METO 33
MISC16 .... 13, 144, 146, 153, 191
MLF 4-9, 11, 12, 39, 51-55, 57-59, 65, 75-77, 83, 85, 91-97, 99-105, 111, 115-126, 128, 132, 137, 144, 149, 151, 154, 155, 160-164, 166, 169, 170, 190, 191, 193, 196
MLF／ANF作業部会 164
MLF作業部会 53, 55, 57, 92, 116
MNDS 122, 123
MRBM 26, 41, 46, 47, 58, 152, 166
NAC 26, 52, 56, 101, 123, 161, 165, 166, 169, 195
NANCO 124
NATO核戦略 147
NATO核戦力 2, 7, 9, 11, 26, 39, 41, 45-48, 50, 51, 58, 83, 100, 102, 122, 124, 125, 160-163, 190
NATO常駐代表 56, 58, 117, 122, 152, 163, 165, 168
NDAC 169, 195
NPG 5, 9, 143, 169, 195
NPT 4-6, 9
NPWG 166-169
OECD 94
OPD 95, 154, 175, 178
OPD(O) 12, 85, 91, 94-96, 99-109, 111, 124, 128-132, 134, 136, 137, 146, 148, 150, 155, 156, 162, 171-173, 175, 197
PAL 3, 144
SAC 20, 31, 52
SACEUR 26, 52, 56, 99, 160, 167
SACLANT 167
SEATO 33, 42, 53, 110, 151, 154, 174, 177
SHAPE 52
SIOP 31
SLBM 1, 2, 11, 25-27, 39-46, 48, 51, 52, 78, 82, 125, 176
V型爆撃機 19, 22, 23, 25-27, 31, 32, 34, 41, 47, 52, 68, 75, 77-79, 85, 106, 110, 118, 119, 125, 129-131, 136, 145, 146, 151, 153, 173, 178, 179, 195

【ア行】

アジア版MLF 170
アテネ・ガイドライン 166
アトラス 23

インド-太平洋核戦力 ……………… 174-177, 197
英米バランスシート ……………………………… 93

【カ行】

核委員会 …………………………………… 56, 168
核運用 ………………………… 5, 11, 31-34, 94, 152
核共有問題 ……………… 4, 5, 50, 159, 160, 163, 164, 170
核政策協議 ……………… 4, 5, 56, 152, 163, 175, 177, 196
核統制委員会 …………… 56, 57, 122, 124, 126, 129
核不拡散 ……………………… 4-6, 10, 148, 155, 196
核保証 …………………… 13, 135-137, 169-172, 180, 193
キープ・レフト ………………………………… 66, 70
キッチンキャビネット …………………………… 72
キャンプ・デービット合意 ……………………… 28
キャンベラ軽爆撃機 ……………… 31-34, 57, 173
究極の国益条項 …… 2, 7, 9, 43, 45, 79, 84, 120,
  122, 123, 130, 132, 136, 137, 144, 148, 153,
  160, 178, 179, 191
キューバ危機 ……………………………… 10, 42
緊張緩和 …………… 10, 13, 72, 73, 94, 151, 160,
  162, 196
緊密な関係 ………………………… 72, 73, 76, 85
軍縮交渉 …………………………… 73, 76, 147
決定の第二センター ……………………………… 179
ケベック協定 …………………………………… 18, 19
原爆 ………………… 1, 18, 19, 21, 22, 24, 29, 30,
  67, 134, 193
コーポラル ………………………………………… 32
ゴーリスト ………………………… 49, 93, 98, 116
国際化 ………………………… 2, 3, 158, 169, 177
コモンウェルス ……… 71, 82, 83, 110, 151, 158,
  171, 198
コモンウェルス核委員会 ……………………… 170
混成兵員水上艦隊 ……… 51, 54, 57, 91, 97, 99,
  100, 102, 120, 122-125, 131, 137, 146, 148,
  152, 160, 161, 163, 190

【サ行】

シャクルトン哨戒機 ……………………………… 32

柔軟反応戦略 …………………………… 44, 50
ジュピター ……………………………………… 24
水爆 …………………………… 21, 30, 66, 67
スエズ以東 …… 5, 44, 53, 74, 79, 101, 108-111,
  133-137, 143, 145, 146, 149-151, 153-155,
  157, 159, 160, 169, 170, 172-178, 180, 191-
  195, 197
スエズ危機 ………………………… 21, 23, 27, 29, 98
スカイボルト ………… 1, 12, 25-29, 35, 39-43, 67, 68
スプートニク ………………………………… 24, 29
選抜委員会 ……………………………… 164, 165
ソア ……………………………………………… 23, 24

【タ行】

第三勢力構想 ……………………………………… 20
大量報復戦略 …………………………………… 44
第6項核戦力 ……………………… 47, 48, 51, 52
多角的NATO核戦力 …… 57, 124, 126, 129, 137
チェッカーズ会合 …… 6, 13, 149, 151, 153, 155,
  172, 173, 191
同盟国間核戦力 …………………………… 52, 122-124
特別委員会 ……………………………… 165-169
特別な関係 ……… 4, 8, 9, 12, 34, 39, 55, 58, 59,
  76, 93, 94, 97-100, 105, 124, 131, 132, 190,
  191, 193, 194
トルーマン＝アトリー申し合わせ …………… 20

【ナ行】

ナッソー協定 …………… 2, 8, 11, 39, 45, 48,
  58, 78, 83, 98, 101, 119, 120, 125, 136, 148,
  178-180, 190, 191
二重の拒否権 ……………………………… 101, 105
ニュールック ……………………………………… 30

【ハ行】

パーシング …………………………………… 58, 152
ハイドパーク合意 ………………………………… 19
ハウンドドッグ ………………………………… 41, 42
パリ作業部会 …… 5, 58, 117, 122, 124, 162, 163

反核運動 ……………………………… 12, 66, 67
ヒーリーの定理 ……………………………… 75
部分的核実験禁止条約 ……………………… 73
ブルースティール ………………………… 22
ブルーストリーク ……… 23-26, 28, 29, 40, 68
ベンガル湾 ……………………………… 43, 176
保守党政権 ……… 1-3, 7-9, 12, 17, 28, 29, 34, 35, 40, 53, 58, 59, 65-67, 74, 76, 82, 84, 93, 98, 111, 126, 129, 131, 133, 134, 146, 150, 153, 158, 172, 189-191, 195
ポラリス ……………… 1, 2, 11, 25-28, 39-46, 48, 51, 52, 78, 82, 125, 176
ポラリス潜水艦 ……… 1-3, 7, 11, 27, 43-48, 52, 58, 75, 77-80, 83, 85, 106, 110, 118, 119, 126, 129-133, 136, 143, 146, 151-154, 157, 173-179, 195

【マ行】

マクナマラ委員会 ………………………… 166
マクマホン法 ……………………… 19, 21, 24
マニフェスト ……… 80-84, 105, 118, 156, 158
ミニットマン ……… 40, 119, 129, 152, 159
モード委員会 ……………………………… 18

【ラ行・ワ行】

陸上配備混成兵員核戦力 ……… 58, 97, 129
労働党政権 …… 4, 8, 19, 21, 22, 66, 84, 105, 107, 119, 121, 123, 124, 126, 128, 154, 157
ワルシャワ条約機構 ……………………… 167

著者紹介

小川 健一（おがわ・けんいち）
防衛大学校防衛学教育学群准教授。
1969年兵庫県神戸市生まれ。防衛大学校国際関係学科卒業後、陸上自衛隊入隊。筑波大学大学院地域研究研究科修士課程修了、防衛大学校総合安全保障研究科前期課程修了、防衛大学校総合安全保障研究科後期課程修了。博士（安全保障）。
専攻は、ヨーロッパ安全保障、ヨーロッパ国際政治史。
「「自立」をめぐるウィルソン政権内の相克──大西洋核戦力（ANF）構想の立案・決定過程の解明」（『国際政治』第174号、2013年9月）、「OEFとISAFの指揮関係──有志連合と同盟の「共働（synergy）」」（『防衛学研究』第38号、2008年3月）、「戦略文化と政策決定──コソヴォ紛争におけるNATOの武力行使を事例に」（『戦略文化』第4号、2006年12月）、「［解説］ドイツ連邦軍と安全保障政策──冷戦期と冷戦終焉後の変化」（クラウス・ナウマン著／日本クラウゼヴィッツ学会訳『平和はまだ達成されていない──ナウマン大将回顧録』芙蓉書房出版、2009年）。

冷戦変容期イギリスの核政策
大西洋核戦力構想におけるウィルソン政権の相克

2017年4月25日　初版第1刷発行

著　者　　小　川　健　一
発行者　　吉　田　真　也
発行所　　合同会社 吉田書店
102-0072　東京都千代田区飯田橋2-9-6 東西館ビル本館32
TEL：03-6272-9172　FAX：03-6272-9173
http://www.yoshidapublishing.com/

装丁　折原カズヒロ　　　印刷・製本　モリモト印刷株式会社
DTP　閏月社
定価はカバーに表示してあります。
©OGAWA Kenichi, 2017
ISBN978-4-905497-51-6

―――― 吉田書店刊 ――――

ミッテラン――カトリック少年から社会主義者の大統領へ
M・ヴィノック 著　大嶋厚 訳

2期14年にわたってフランス大統領を務めた「国父」の生涯を、フランス政治史学の泰斗が丹念に描く。口絵多数掲載！　3900円

サッチャーと日産英国工場――誘致交渉の歴史　1973-1986年
鈴木均 著

日産がイギリスへ進出した背景にはなにがあったのか。日英欧の資料を駆使して描く。「強い指導者」サッチャーが、日本に見せた顔は……。　2200円

自民党政治の源流――事前審査制の史的検証
奥健太郎・河野康子 編

歴史にこそ自民党を理解するヒントがある。意思決定システムの確信を多角的に分析。執筆＝奥健太郎・河野康子・黒澤良・矢野信幸・岡﨑加奈子・小宮京・武田知己
A5判上製，350頁，3200円

日本政治史の新地平
坂本一登・五百旗頭薫 編著

気鋭の政治史家による16論文所収。執筆＝坂本一登・五百旗頭薫・塩出浩之・西川誠・浅沼かおり・千葉功・清水唯一朗・村井良太・武田知己・村井哲也・黒澤良・河野康子・松本洋幸・中静未知・土田宏成・佐道明広　A5判上製，640頁，6000円

沖縄現代政治史――「自立」をめぐる攻防
佐道明広 著

沖縄対本土の関係を問い直す――。「負担の不公平」と「問題の先送り」の構造を歴史的視点から検証する意欲作。　A5判上製，228頁，2400円

21世紀デモクラシーの課題――意思決定構造の比較分析
佐々木毅 編

日米欧の統治システムを学界の第一人者が多角的に分析。執筆＝成田憲彦、藤嶋亮、飯尾潤、池本大輔、安井宏樹、後房雄、野中尚人、廣瀬淳子　3700円

現代ドイツ政党政治の変容――社会民主党、緑の党、左翼党の挑戦
小野一 著

現代政治において、アイデンティティを問われる事態に直面している"左翼"。左翼の再構築、グローバル経済へのオルタナティヴは可能かを展望。ドイツ緑の党の変遷も紹介！　1900円

定価は表示価格に消費税が加算されます。
2017年4月現在